转录共抑制因子TRIM28
对牛早期胚胎发育的表观调控

马馨 陈玥/著

吉林大学出版社
·长春·

图书在版编目（CIP）数据

转录共抑制因子TRIM28对牛早期胚胎发育的表观调控/
马馨, 陈玥著. -- 长春 : 吉林大学出版社, 2020.7
ISBN 978-7-5692-6751-8

Ⅰ. ①转… Ⅱ. ①马… ②陈… Ⅲ. ①牛－胚胎发生
－研究 Ⅳ. ①S823.3

中国版本图书馆CIP数据核字(2020)第129719号

书　　名：转录共抑制因子TRIM28对牛早期胚胎发育的表观调控
ZHUANLU GONGYIZHI YINZI TRIM28 DUI NIU ZAOQI PEITAI FAYU DE BIAOGUAN TIAOKONG

作　　者：马　馨　陈　玥　著
策划编辑：卢　婵
责任编辑：卢　婵
责任校对：刘守秀
装帧设计：刘　瑜
出版发行：吉林大学出版社
社　　址：长春市人民大街4059号
邮政编码：130021
发行电话：0431-89580028/29/21
网　　址：http://www.jlup.com.cn
电子邮箱：jdcbs@jlu.edu.cn
印　　刷：长春市昌信电脑图文制作有限公司
开　　本：787mm×1092mm　　1/16
印　　张：17
字　　数：330千字
版　　次：2020年7月　第1版
印　　次：2020年7月　第1次
书　　号：ISBN 978-7-5692-6751-8
定　　价：66.00元

前　言

　　养牛业在国民经济中占有重要地位，但是近年来牛繁殖效率呈逐年下降趋势，限制了养牛业的发展，造成了严重的经济损失。早期胚胎在发育第一周发生丢失，是造成牛繁殖效率低的重要原因。然而，由于可获得的牛早期胚胎发育机制的信息有限，使人们对这个繁育难题的理论基础知之甚少，故早期胚胎发育机制的基础研究亟待开展。

　　受精后，卵母细胞提供的母源转录本和蛋白对于早期胚胎发育至关重要。一些母系转录本，在胚胎发育初始阶段还参与配子染色质的重塑，维持适当的印记基因甲基化状态，参与胚胎基因的激活并使胚胎获得多能性。Tripartite Motif Containing 28（TRIM28）蛋白，又称TIF1β或KAP-1，就是在早期胚胎发育过程中起关键作用的母源因子之一。作者广泛收集、分析和归纳整理近年来国内外关于母源因子TRIM28及早期胚胎发育表观调控的文献资料、研究进展、实验数据等基础上，结合自己多年来的科研成果，撰写出版该书。

　　本书内容共计五章，主要涉及母源效应因子TRIM28分子特征、TRIM28对牛胎儿成纤维细胞基因表达及表观遗传修饰模式的影响、TRIM28对牛卵母细胞成熟的影响、TRIM28对牛早期胚胎发育及基因组印记的表观调控及TRIM28对牛体细胞核移植胚胎发育及基因组印记的表观调控等内容。本书内容新颖翔实、科学实用、语言通俗易懂，反映了早期胚胎表观调控的国内外最新研究动态及作者多年来在母源因子TRIM28与牛早期发育的研究成果。该书可作为牛早期胚胎发育、牛体细胞核移植胚胎发育研究的重要参考书之一，适合作为高等院校相关专业本科、研究生及相关领域科研工作者阅读参考。

本书大部分研究成果是在马馨副教授主持的国家自然科学基金青年基金（31302047）、吉林省自然科学基金项目（20170101018JC）及陈玥讲师主持的国家自然基金青年基金（31701076）、黑龙江省自然科学基金项目（QC2017016）的基础上取得的，在此忠心感谢国家自然科学基金及吉林省/黑龙江省自然科学基金的支持。本书由马馨副教授和陈玥讲师共同撰写修改，其中马馨副教授主要编写本书的第二章、第四章及第五章，共计23万字；陈玥讲师主要编写本书的第一章及第三章，共计10万字。由于作者水平有限，书中不妥和错误之处，敬请读者斧正。

目　　录

第一章　TRIM28概述

引　言

　　TRIM28，又名KAP1、TIF1β，具有多种功能的表观遗传共抑制因子，在多种细胞中表达，在早期胚胎发育、多潜能干细胞中高表达。缺乏TRIM28会诱导小鼠多潜能干细胞的分化，TRIM28敲除鼠显示了E5.5天的胚胎致死[1]。

　　TRIM28隶属于TIF1家族，编码该家族成员的基因在果蝇到人的各物种间高度保守[2]，N端RBCC结构域参与自我组装[3-6]，C端PHD指结构及溴结构域在染色质层面发挥调控作用[7]。

第一节　TIF1家族

　　哺乳动物的TIF1家族含有四个成员：TIF1α、TIF1β、TIF1γ、TIF1δ[4,8-10]，果蝇中是Bonus[11]。TIF1α是该家族的创始成员，通过酵母遗传筛选鉴定出调节视黄醇X受体的范式激活蛋白[12]。随后发现，单个PxVxL基序与多个核受体（包括维甲酸、甲状腺、维生素D_3、雌激素）的AF-2转录激活域相互作用[9]。TIF1α是一种富含常染色质的染色体蛋白，在多个组织及发育早期[13,14]广泛表达。在小鼠NIH/3T3细胞中，TIF1α被报道在RXR/RAR的生长抑制活性中起作用，并且在与截短的B-Raf融合时表现出转化活性[15]。这一证据支持TIF1α的生物学功能是通过调节染色质状态来实现的观点，TIF1α被证明具有内在的转录沉默活性，需要组蛋白去乙酰化[16]。此外，TIF1α具有与异染色质蛋白1（HP1）家族成员直接相互作用的能力[9]，异染色质蛋白是一类非组蛋白染色体蛋白，作为染色质结构的剂量依赖性调节因子，促进常染色质基因沉默[17,18]。通过鉴定TIF1α与HP1相互作用域，发现了一个位于其中心区域的保守PxVxL基序，该基序直接与HP1蛋白的C-末端色影域结合[9]，其广泛存在于其他潜在的转录调控靶点中[19]。

TIF1β的发现揭示了TIF1家族作为转录辅因子的功能[9]。TIF1β（也称为KAP-1或TRIM28）因其与小鼠HP1α和人Krüppel样蛋白KOX1[3,20]和Kid-1[21]的KRAB域相互作用而被发现[9]。KRAB转录抑制域是一个广泛分布的基序，常见于锌指蛋白的N端Krüppel Cys2-His2型[22]。TRIM28最重要的功能是其对于转座元件的调控。该功能的实现，依赖于KRAB-ZFPs的招募作用[23]。KRAB 锌指蛋白家族（KRAB-ZFPs）具有KRAB结构域以及一系列C2H2的锌指结构，KRAB结构域包含75个氨基酸，具有两个功能区：行使抑制功能的A-box以及增强KRAB结构域功能的B-box。迄今为止，研究的KRAB结构域的所有变体都是通过招募TIF1β起作用的。KRAB-ZFPs 首先通过KRAB结构域招募名为TRIM28的支架蛋白进而介导异染色质的形成。TRIM28作为一种支架蛋白，招募抑制性染色质修饰因子，如H3K9me3的甲基转移酶SETDB1[24]，组蛋白去乙酰化酶NuRD复合体，异染色质蛋白HP1。通过蛋白复合体的形式介导特定基因组区域的转录抑制。此外，胚胎干细胞中组蛋白变异体H3.3与TRIM28在重复元件存在共定位，通过H3K9me3抑制转座元件的表达。在早期发育阶段，在TRIM28的解离后，转录抑制的效果依然能够保持。

TIF1家族的第三个成员TIF1γ，是将TIF1α作为探针，通过低强度杂交筛选发现的[4]。氨基酸比较显示，在这个家族的三个成员中，TIF1γ与TIF1β的序列相似度为30%，与TIF1α的序列相似度为50%[4,25]。在体外，TIF1α和TIF1γ形成异源多聚体的效率与同源多聚体的效率一样高，而TIF1β仅形成同源多聚体，并不与TIF1α和TIF1γ形成异源多聚体[6,26]。此外，有研究表明，在细胞中过表达TIF1γ可干扰TIF1α的转录抑制作用。最新研究证实了TIF1α、TIF1γ二者之间的联系，一项儿童甲状腺乳头状癌的研究中发现了RET重排的两种新类型：PTC6和PTC7，它们的RET受体酪氨酸激酶结构域分别与TIF1α（PTC6）和TIF1γ（PTC7）的RBCC结构域融合[27]。在人和小鼠中，TIF1γ转录本在成体和胎儿多组织中广泛表达。与其他TIF1家族成员相似，TIF1γ包含一种内在的转录沉默功能。然而，介导基因沉默的下游靶点尚待鉴定。

TIF1δ是新近发现的TIF1家族成员[10]，与TIF1家族的其他成员共有30%的同源性，显示出TSA（组蛋白去乙酰酶抑制剂）敏感的抑制功能。该蛋白不同于家族成员，仅在睾丸中表达。免疫组化显示，完成减数分裂的雄性生殖细胞以及处于早期伸长阶段的精子细胞中可见该蛋白的表达。蛋白定位于核仁，且与HP1γ存在潜在的相互作用。

第二节　TIF1结构

TIF1β最早于1996年被发现[3,28-30]（见图1-1），通过亲和色谱分离并鉴定的一种辅助抑制因子，并发现其能同KRAB结构域相互作用。同年，利用酵母双杂交系统鉴定此因子为97 kDa的核磷蛋白。小鼠的TIF1β位于7号染色体7A2，含有17个外显子，人的TIF1β位于19号染色体，位置19q13.4，含有16个外显子。

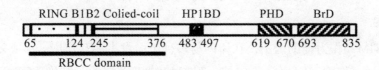

图1-1　TIF1β结构示意图[31]

TIF1家族各成员含有一些在进化上保守的区域（见图1-2），在N端，C3HC4锌指结构/环指结构，连接有由两个富含半胱氨酸的锌指结构（B boxes）、α螺旋、coiled-coil结构域组成的RBCC结构域；在C端有C3HC4锌指结构/PHD指结构[32]，连接Bromodomain（BrD）结构域[33,34]。上述的区域为保守度较高的区域，在中部是该家族内保守度相对较低的区域，TIF1α、TIF1β含有HP1 box，该区域含有保守的PxVxL基序（其中x可以为任意氨基酸），与HP1结合的区域[16]。TIF1δ中部含有与TIF1α和Bonus相似的LxxLL基序，使得TIF1δ不能与核因子发生直接相互作用。

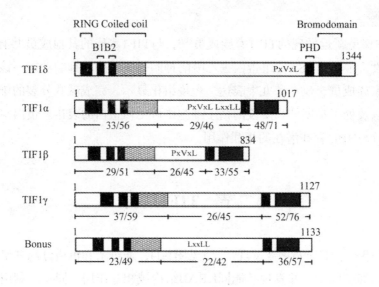

图1-2　TIF1家族各成员功能区示意图[10]

第三节　TIF1β相互作用分子

TRIM28作为辅助因子，在体内与多种蛋白发生相互作用，形成复合体调控转录。作为TIF1家族的成员，TRIM28拥有N端的三结构（TRIM）、RBCC结构域、TSS结构域、HP1结合域、C端的PHD和BrD结构域。

TRIM28的RBCC结构域在其与KRAB-ZFPs相互作用中发挥重要的作用，TSS结构域位于RBCC结构域之后[35]，TRIM28的TSS结构域的功能尚未定义，PxVxL位于TRIM28的中间位置，命名为HPABD，该区域可与HP1的色影域相结合，发挥基因沉默的功能[36-39]，同时，TRIM28-HP1复合体在异染色质的形成以及基因沉默的过程中发挥重要的作用。事实上，HPABD对于TRIM28的核保留是必需的，体内研究表明，破坏TRIM28-HP1复合体，通过影响组蛋白及DNA的甲基化水平使得印记基因重新激活表达[40,41]。TRIM28 C端的PHD及BrD结构域识别组蛋白尾，使得TRIM28招募组蛋白修饰因子进而介导基因沉默。TRIM28可与CHD3/NuRD、SETDB1形成复合体[42,43]，提示组蛋白修饰因子采用TRIM28依赖性模式介导组蛋白甲基化及异染色质的形成进而完成基因沉默的作用[44]。

TRIM28的carboxyl-terminus属于PTM，一些研究表明，TRIM28被SUMO化，且TRIM28的SUMO化对于其发挥抑制功能是必需的[45-47]。在PB结构域及其附近发现六个赖氨酸位点：554、575、676、750、779和804为SUMO化位点（见图1-3），不同位点的SUMO化影响BrD结构域与SETDB1和CDH3的相互作用[45-48]。TRIM28的SUMO化程度受到去SUMO化酶，SENP1、SENP7以及TRIM28 824位丝氨酸的磷酸化状态调控[45,49-51]。

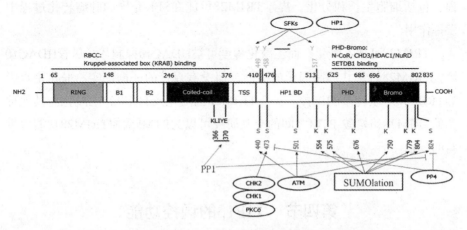

图1-3　TRIM28的分子功能区[52]

　　TRIM28 824位丝氨酸被PIKKs酶磷酸化，包括ATM、ATR、DNA-PKcs。ataxia-telangiectasia mutated (ATM), ataxia telangiectasia and Rad3 related (ATR), and DNA-dependent Protein Kinase catalytic subunit (DNA-PKcs)[53]。824位丝氨酸磷酸化可从多方面影响DNA损伤修复[49,54]，ATM介导的TRIM28 824位丝氨酸磷酸化负责激活DNA损伤检验点并使染色质松散，ATR、DNA-PKcs在ATM失活的情况下发挥补偿效应[55]。TRIM28 473位丝氨酸磷酸化同样在DNA损伤下的DNA修复及细胞存活过程中发挥作用。TRIM28 473位丝氨酸磷酸化广泛存在于核中而非在损伤位点聚集成斑块[56,57]。TRIM28 473位丝氨酸磷酸化具有调控细胞周期进程的作用，研究表明，细胞周期S期，PKCδ磷酸化TRIM28 473位丝氨酸，阻止TRIM28与HP1γ相互作用，并解除cyclinA2的作用，促进细胞周期S进程[58]。TRIM28 473位丝氨酸磷酸化阻止TRIM28与HP1γ的相互作用，使其广泛存在于细胞核，该情况的发生可能与PxVxL结构域的结构改变有关，该结构域正是TRIM28与HP1的结合区域。TRIM28失去与HP1结合作用的突变体在细胞质中易位分布。多项研究表明，TRIM28 473位丝氨酸磷酸化与免疫反应相关。胸腺组织中T细胞受体的激活与TRIM28 473位丝氨酸磷酸化有关[59,60]；KSHV病毒感染会使内皮细胞TRIM28 473位丝氨酸磷酸化[61]；TRIM28的相互作用分子：STAT1/3、NF-κB、IRF5/7参与炎症与免疫反应过程[61-64]。

TRIM28第449、458、517位的酪氨酸可被Src家族的酶（SFKs）磷酸化[65]，同样可以影响TRIM28与HP1的相互作用。SFKs参与一系列的肿瘤发生过程，包括细胞生长和分化，提示TRIM28可能在SFK介导的肿瘤转化过程中发挥作用。

TRIM28可被乙酰化，而乙酰化程度可被HDAC10抑制[66]。尽管HDAC10调控TRIM28转录共抑制因子的活性，但没有直接的证据证实乙酰化是否影响TRIM28对于转录的调控。关于TRIM28乙酰化及TRIM28乙酰化与其他种类的TRIM28赖氨酸-PTM之间的交互研究可以为PTMs调控TRIM28功能提供新的线索。

第四节　TIF1β的调控功能

最初，TRIM28被鉴定与KRAB-ZFPs相互作用，揭示了其转录调控功能。除了RBCC结构域之外，TRIM28还能够同其他蛋白相互作用，如，HATs、HDACs、HMTs以及DNMTs。因此，TRIM28可以从多个途径调控转录，不同的途径依赖于PTMs、位置以及相互作用分子。

1.组蛋白修饰及染色质重塑

RBCC结构域对于KRAB-ZFPs招募TRIM28是必需的，而TRIM28的结合位点在KRAB-ZFPs的启动子区域富集，似乎TRIM28与KRAB-ZFPs之间的调控关系是自然而然的。然而，近期研究发现，TRIM28并不调控这些ZFPs及其他TRIM28与启动子区域结合的基因，那些被TRIM28调控的基因的TRIM28结合区域远离其转录起始位点。此外，RBCC结构域的敲除并不显著影响TRIM28与相关启动子区域的结合。以上结果揭示，TRIM28通过与HP1及其他组蛋白修饰因子相互作用来进行长距离的转录抑制调控。

除了基本的转录调控，TRIM28还参与染色质重塑实现转录激活的调控。研究发现，DNA损伤诱导的TRIM28 824位丝氨酸的磷酸化降低了泛素化的TRIM28，进而降低标志基因表达抑制的组蛋白标记分子H3K9二甲基化及三甲基化两种修饰，通过提高TRIM28启动子区域标志基因激活的组蛋白标记分子H3K14乙酰化水平，进一步使得染色质结构变疏松的同时，激活驱动周期阻滞及细胞凋亡基因的表达，如p21、Gadd45a、Bax、Noxa以及Puma等基因[67-69]。病毒蛋白激酶通过TRIM28 824位丝氨酸的磷酸化诱导染色质的重塑，进而激活促使细胞溶解的基因表达来支持KSHV的裂解性复制。值得注意的是，DNA损伤及溶菌引发的TRIM28介导的染色质重塑集中在靶基因的启动子区域，而在转录激活的过程中，TRIM28是怎样通过染色质重塑来调控远端基因的调控区域的？进一步研究表明，TRIM28与SWI/SNF样ATP依赖性染色质重塑蛋白SMARCAD1相互作用，形成的复合体调控整体水平的H3K9me3及H3/H4去乙酰化来保持DNA复制过程的相应区域的沉默[70]。在其他环境下，TRIM28是否通过这一复合体来行使转录抑制功能有待进一步研究。

2. DNA甲基化

越来越多的证据表明，TRIM28所形成的复合体不仅与组蛋白修饰相关，还调控DNA的甲基化。TRIM28所介导的DNA甲基化对于胚胎发生过程中的基因组印记及在表观遗传重编程过程中发挥重要作用[71-75]。研究表明，KRAB锌指蛋白家族成员ZFP57在维持印记基因甲基化中发挥重要作用，该蛋白通过招募TRIM28在印记控制区（ICRs）聚集并与NP95发生互作，NP95通过招募DNMTs对DNA甲基化来维持ICRs的基因组印记[71,74]。上述研究表明，TRIM28通过间接招募DNMTs到特定区域，但是TRIM28具体哪个结构域行使该功能有待进一步明确。除此之外，DNA甲基化及组蛋白修饰间存在内在联系，且组蛋白赖氨酸残基的甲基化在维持ICRs区域的基因组印记中发挥作用，TRIM28是否在两种表观遗传修饰的相互联系间发挥作用有待进一步研究。

3. 转录共调控因子

前面的论述中已经阐明，TRIM28能够通过染色质重塑及DNA甲基化来调控基因表达，但是在特定环境下，TRIM28的调控基因在很大程度上未知。这里我们对TRIM28是如何调控转录因子对于特定基因的调控展开阐述。

TRIM28没有DNA结合结构域，但是，KRAB-ZFPs通过其RBCC结构域来招募TRIM28，因此，TRIM28被认为是通过与KRAB-ZFPs相互作用结合在靶基因的特定启动子区域来研究转录抑制功能[76]。KRAB-ZFPs家族包含400个基因编码的700多个蛋白质，仅有少数的研究证实了TRIM28参与了KRAB-ZFP介导的转录抑制作用[77]。1996年，TRIM28最先被发现与人类锌指蛋白KOX1/ZNF10 KRAB结构域相互作用发挥转录抑制的功能。随后的研究发现，KRAB-ZFP家族成员ZBRK1通过招募TRIM28抑制Gadd45a和p21的表达[67,68,78]。另有研究发现，泛素化的TRIM28通过增强组蛋白的甲基化影响ZBRK1-TRIM28介导的基因抑制功能，而非通过ZBRK1-TRIM28相互作用的改变来发挥功能[67,68]。KRAB-ZFP家族另一成员ZNF160在小肠上皮细胞中通过与TRIM28相互作用抑制TLR4的表达进而调控肠道共生细菌的免疫耐受功能[79]。近期研究发现，KRAB-ZFP家族成员ZNF689通过招募TRIM28抑制自噬相关的miRNAs的表达。在红细胞成熟过程中，TRIM28抑制自噬相关的miRNAs进而引发线粒体自噬[80]。

有趣的是，含有KRAB结构域但是不包含DNA结合区域的蛋白同样被报道可作为TRIM28介导的基因抑制的桥梁[81-83]。KRAB-O蛋白作为仅包含KRBA结构域的蛋白通过招募TRIM28到性别决定因子SRY来调控SRY的下游基因。另一含有KRAB结构域的VHLaK基因通过形成HIF-1α-VHLaK-TRIM28复合体来抑制HIF-1α通路[81]。FOXP3通过与包含KRAB结构域的蛋白FIK相互作用招募TRIM28到FOXP3的结合区域实现对于其下游靶基因的转录抑制调控[83]。其他不包含KRAB结构域的转录因子包括Myc、Oct3/4、E2F1、p53、IRF5/7、Nrf2、STAT1/3以及NF-κB等同样可以与TRIM28相互作用调控基因表达[62-64,84-89]。TRIM28与转录因子相互作用是否依赖其他桥蛋白有待进一步验证。

一些研究证实，TRIM28能够改变组蛋白或转录因子乙酰化状态。通常情况下，TRIM28介导HDAC引起基因表达的负向调控，主要途径是组蛋白去乙酰化及异染色质的维持[90]，TRIM28-HDAC1复合体能够降低转录因子的乙酰化水平。TRIM28通过E2F1-HDAC1复合体，去乙酰化E2F1，进一步抑制E2F1下游的DNA损伤响应相关凋亡基因的表达[89]。TRIM28同样参与MDM2-p53-HDAC1复合体，启动去乙酰化作用及MDM2介导的p53降解[84]。黑色素瘤抗原（MAGE）家族蛋白在多种肿瘤中高表达，它通过增强TRIM28-p53复合体的形成，降低p53的乙酰化水平[91]。另有研究发现，MAGE能够增强TRIM28的E3泛素化连接酶活性进而泛素化p53使其降解[92]。

上述研究提示，能够阻止TRIM28-MAGE复合体形成的小分子为潜在的抗肿瘤药物靶点[93]。

另一报道证实TRIM28调节去乙酰酶复合体活性的功能，它能够阻碍NF-κB和p300复合体的形成，使NF-κB的乙酰化水平降低，转录活性被抑制[63]。除此之外，TRIM28与STAT家族成员间的相互作用被证实，TRIM28负向调控STAT1及STAT3通路[62,94]。上述结果的分子机制有待进一步研究，与此同时，TRIM28是否调节STAT家族的PTMs尚待明确。

4. 非转录调节功能

TRIM28对于转录的调控已经进行了较为广泛的研究，但关于其非转录调节功能的相关研究却鲜有报道。事实上，在DNA修复过程中，TRIM28具有非常重要的非转录依赖性功能。越来越多的证据表明，TRIM28的酶活性在多种细胞过程中是必需的。接下来，我们会对TRIM28作为一个DNA修复过程中的支架蛋白，及其作为SUMO及E3泛素连接酶的功能展开叙述。

5. DNA损伤反应中的信号支架蛋白

White及同事鉴定出PIKK作为DNA损伤后的效应蛋白，磷酸化TRIM28的824位丝氨酸。824位丝氨酸磷酸化的TRIM28与多种DNA修复因子共定位，包括γH2AX、53BP1以及TopBP1，提示TRIM28在DNA修复过程中发挥作用[53,54]。TRIM28 824位丝氨酸的磷酸化引发ATM介导的染色质疏松，是DNA双链断裂（DSB）修复过程中至关重要的一步[54]。多种证据表明，TRIM28在DSB修复过程中发挥的作用与染色质状态及细胞周期状态相关。约有25%的DSBs发生在异染色质处，需要ATM通路来进行修复，下调TRIM28会因为ATM作用的抑制而避开修复过程，证明TRIM28为ATM介导的异染色质修复的直接下游效应分子[95]。尽管未被直接证实，但TRIM28的泛素化对于异染色质的维持似乎至关重要，TRIM28与核小体重塑因子相互作用，CDH3需要泛素化形式的TRIM28，在DDR过程中，CDH3的染色质保留作用对于染色质的可塑性至关重要[45,51,96]。证据表明，ATM介导的TRIM28 824位丝氨酸的磷酸化扰乱泛素化依赖性的TRIM28 C端与CHD3间的相互作用，进一步导致异染色质的去凝集[96]。另一种可能是，去泛素化酶SENP7负向调控TRIM28的泛素化状态，释放CHD3并引发染色质疏松[51]，但在损伤位点SENP7是如何被招募对TRIM28去泛素化的有待进一步证实。此外，伴随TRIM28磷酸化依赖性的染色质去凝集，ATM释放所介导的TRIM28依赖性异染色质重建是无错误的同源重组（HR）修复的先决条件[97]。TRIM28是如何参与异染色质重建且TRIM28的重新泛素化对于重建是否必需有待进一步验证。除了参与异染色质的HR修复，TRIM28引发常染色质的非同源末端连接（NHEJ）修复[98]。TRIM28在染色质的定位决定其在DSB修复中发挥的各异的作用尚待进一步证实。一些研究发现，HP1在TRIM28招募到异染色质的DNA损伤位点进行修复过程中发挥重要作用[56,99]，破坏HP1与TRIM28的相互作用结构域导致824位丝氨酸被磷酸化的TRIM28的foci无法形成，而这一foci被认为是DSB修复的重要信号[56]。HP1是如何招募TRIM28的，且TRIM28是否影响HP1介导的DSB修复有待更一步的研究。

G_1细胞中，敲除TRIM28可以修复因ATM被抑制所造成的NHEJ修复缺陷[95,100]。在ATM被抑制的G_2细胞中下调TRIM28可恢复HR修复，以上实验证实，TRIM28所参与的特定DSB修复通路是细胞周期依赖性的。在异染色质区域，TRIM28 824位丝氨酸的磷酸化被53BP1所增强，而磷酸化的TRIM28信号引发NHEJ修复[100]。在另一方面，近期研究发现，在G_2期，53BP1对于TRIM28 824位丝氨酸的磷酸化的增强及HR修复是必需的。TRIM28在DSB修复中发挥重要作用，TRIM28在染色质上的结合在G_2期大幅降低，提示TRIM28与染色质的相互作用呈现细胞周期依赖性，并且TRIM28在染色质的定位对于DSB通路的选择至关重要。

综上，在DSB修复中，TRIM28介导的染色质重塑发挥重要作用。因为TRIM28包含多个蛋白-蛋白相互作用结构域，我们有理由相信TRIM28具有除染色质重塑以外的其他多种功能，诸如招募DNA修复机器的成员等。

6. 酶的活性

就在近期，研究发现，TRIM28具有SUMO E3连接酶的活性，通过其PHD结构域招募泛素结合酶UBC9[45]。之后又发现IRF7和Vps34可作为TRIM28介导的泛素化修饰的底物。IRF7作为行使IFN-Ⅰ依赖性免疫反应的调节因子功能的转录因子，TRIM28环指结构域介导的SUMO化抑制其转录活性，因此，TRIM28作为IRF7的抑制因子抑制IFN依赖的免疫反应。IRF7是到目前为止唯一一个被鉴定为TRIM28 SUMO化作用靶标的转录因子。一些转录因子可被SUMO化，且越来越多的证据表明，SUMO化抑制转录[88]。TRIM28介导的SUMO化是否抑制其他的转录因子有待进一步研究。

有趣的是，TRIM28不仅SUMO化核蛋白，同样能够作用于胞质蛋白

Vps34。Vps34介导自噬小体的形成且在自噬过程中发挥重要作用。在HSP70的存在下，SUMO化形式的Vps34更易与Beclin1结合并引发自噬小体的形成。该研究还发现，在HDAC抑制剂处理的细胞中，TRIM28更多的在胞质中聚集。

除了SUMO E3连接酶，TRIM28的环指结构域拥有E3泛素连接酶的活性。研究发现，在MAGE存在的情况下，TRIM28泛素化p53及ZNF382使其降解[91,92]，这有可能是TRIM28调控基因表达的又一机制。综上，研究发现了TRIM28的SUMO及E3泛素连接酶活性，形成了一系列的非经典功能。TRIM28这些新功能不仅局限在细胞层面，很有可能调控不同环境下的细胞生理反应。

7. 对于细胞生理功能的影响

TRIM28在多种细胞生理功能中发挥作用。首先，TRIM28在胚胎发育中发挥至关重要的作用。TRIM28的全身性敲除会造成小鼠胚胎致死，而且发育终止于原肠胚形成之前[1]。TRIM28在保持小鼠胚胎干细胞（ESCs）全能性中发挥作用。采用条件性敲除TRIM28的小鼠研究发现，TRIM28在精子发生，红细胞生成，T、B淋巴细胞发育过程中发挥重要作用[80]。除了参与T细胞及B细胞的分化以外，TRIM28还在免疫反应中发挥其他作用。比如说，TRIM28与FOXP3复合体相互作用，抑制调节T细胞的活性。此外，TRIM28还参与免疫球蛋白家族的重组过程。近期研究发现，TRIM28与STAT1及STAT3相互作用调控免疫应答，并且负调控其下游的信号通路。上述研究揭示了TRIM28在免疫应答中的作用[62,63,94]。

通过小鼠模型实验，Jakobsson等人证实，前脑特异性敲除TRIM28引发较高的焦虑表现，提示TRIM28在压力反馈行为过程中发挥作用。调控该表型的分子机制有待进一步探究，但TRIM28很可能是通过调控海马区的基因表达进而影响相关生理功能。在海马区的调控基因中存在一些印记基因。一些研究证实，在早期胚胎发育中，TRIM28通过招募DNMTs到ICRs调控DNA甲基化水平[71,74,75]，我们有理由推测，TRIM28对于特定印记基因的维持是必要的。

之前说到TRIM28在正常细胞生理过程中的功能，TRIM28在不同压力响应的相关分子信号通路中也具有重要的调控作用。一部分研究关注TRIM28在DDR中的作用。在DNA损伤的时候，TRIM28 824位丝氨酸可以被ATM

磷酸化，并转换下游的信号通路[53,54]。ATM介导的TRIM28磷酸化导致p21，Gadd45α、Bax、Puma和Noxa抑制作用解除，引发细胞周期停止及细胞凋亡[67-69]。在DSB诱导的异染色质疏松过程中，TRIM28作为ATM的下游调节因子控制DNA的修复[54,95,96]。TRIM28与MDM2相互作用降解p53，进而抑制p53相关通路。为此，TRIM28的PTMs在调控p53的活性中具有重要作用。

TRIM28除了具有转录共抑制因子的功能之外，在特殊环境下，它还能够以转录共激活因子的角色发挥作用。研究表明，在小鼠NIH3T3细胞中，TRIM28与Nrf2相互作用，增强Nrf2介导氧化应激下的细胞保护作用[119]。然而，TRIM28作为转录共激活因子在人类细胞中的功能未见报道。

一些研究发现，TRIM28能够调控滤过性毒菌的基因表达，进而在滤过性毒菌潜伏期发挥功能。特别是，TRIM28能够与KSHV的细胞溶解相关基因相互作用，进而抑制其表达，保证病毒的潜伏。同样的发现在MLV以及HTLV-1等病毒的研究中被证实。在胚胎干细胞中，TRIM28能够沉默ERVs所产生的可插入到基因组的反转录转座子的功能，进而保护基因组的完整性。此外，TRIM28-HDAC1复合体通过去乙酰化作用，抑制HIV的整合酶活性，减少了HIV的感染及对宿主基因组的破坏。

8. 癌生物学中的临床应用

TRIM28在疾病中的临床应用有待评估。现在研究中，人们将更多的目光转移到了肿瘤相关的研究中。TRIM28的高表达与宫颈癌的转移相关。TRIM28的高表达可能为结肠癌患者的潜在分子标志，且TRIM28的高表达与胃癌患者及甲状腺癌患者较差的预后相关。上述临床相关研究提示，在一些癌症中，TRIM28的高表达通常与较差的预后相关联。但也有一部分研究提出了反面的证据，一项研究表明，TRIM28高表达的早期肺癌患者拥有相对较乐观的生存期。利用小鼠模型研究发现，TRIM28在肝脏中的敲除增加雄性患肝腺瘤的风险。

对于转录调控的研究发现，TRIM28抑制p53的转录活性，并被认为是潜在抗肿瘤药物的治疗靶点。此外，TRIM28能够抑制原癌转录因子HIF-1α和STAT3的活性[94]。利用肿瘤细胞系进行的体外研究也给出了一些线索，TRIM28能够抑制乳腺癌细胞及肺癌细胞的生长，增强TRIM28的活性能够提高宫颈癌细胞的侵袭能力[91]。综上，现在还很难对TRIM28在肿瘤发生过程中的作用进行定论。TRIM28作为一种多功能的蛋白，其功能具有组织特异性及时空特异性。希望有更多的研究专注于TRIM28在不同器官肿瘤发生中的作用机制，并进一步确认TRIM28能否作为肿瘤治疗药物的靶点。

参考文献

[1]Cammas F, Mark M, Dolle P, et al. Mice lacking the transcriptional corepressor TIF1beta are defective in early postimplantation development[J]. Development, 2000, 127(13): 2955-2963.

[2]Pabo C O, Sauer R T. TRANSCRIPTION FACTORS - STRUCTURAL FAMILIES AND PRINCIPLES OF DNA RECOGNITION[J]. Annual Review of Biochemistry, 1992, 61: 1053-1095.

[3]Friedman J R, Fredericks W J, Jensen D E, et al. KAP-1, a novel corepressor for the highly conserved KRAB repression domain[J]. Genes & Development, 1996, 10(16): 2067-2078.

[4]Venturini L, You J, Stadler M, et al. TIF1 gamma, a novel member of the transcriptional intermediary factor 1 family[J]. Oncogene, 1999, 18(5): 1209-1217.

[5]Delfino F J, Shaffer J M, Smithgall T E. The KRAB-associated co-repressor KAP-1 is a coiled-coil binding partner, substrate and activator of the c-Fes protein tyrosine kinase[J]. Biochemical Journal, 2006, 399: 141-150.

[6]Peng H Z, Feldman I, Rauscher F J. Hetero-oligomerization among the TIF family of RBCC/TRIM domain-containing nuclear cofactors: A potential mechanism for regulating the switch between coactivation and corepression[J]. Journal of Molecular Biology, 2002, 320(3): 629-644.

[7]Schultz D C, Friedman J R, Rauscher F J. Targeting histone deacetylase complexes via KRAB-zinc finger proteins: the PHD and bromodomains of KAP-1 form a cooperative unit that recruits a novel isoform of the Mi-2 alpha subunit of NuRD[J]. Genes & Development, 2001, 15(4): 428-443.

[8]Ledouarin B, Pierrat B, Baur E V, et al. A NEW VERSION OF THE 2-HYBRID ASSAY FOR DETECTION OF PROTEIN-PROTEIN INTERACTIONS[J]. Nucleic Acids Research, 1995, 23(5): 876-878.

[9]Ledouarin B, Nielsen A L, Garnier J M, et al. A possible involvement of TIF1 alpha and TIF1 beta in the epigenetic control of transcription by nuclear receptors[J]. Embo Journal, 1996, 15(23): 6701-6715.

[10]Khetchoumian K, Teletin M, Mark M, et al. TIF1delta, a novel HP1-interacting member of the transcriptional intermediary factor 1 (TIF1) family expressed by elongating spermatids[J]. J Biol Chem, 2004, 279(46): 48329-48341.

[11]Beckstead R, Ortiz J A, Sanchez C, et al. Bonus, a Drosophila homolog of TIF1 proteins, interacts with nuclear receptors and can inhibit beta FTZ-F1-dependent transcription[J]. Molecular Cell, 2001, 7(4): 753-765.

[12]Ledouarin B, Zechel C, Garnier J M, et al. THE N-TERMINAL PART OF TIF1, A PUTATIVE MEDIATOR OF THE LIGAND-DEPENDENT ACTIVATION FUNCTION (AF-2) OF NUCLEAR RECEPTORS, IS FUSED TO B-RAF IN THE ONCOGENIC PROTEIN T18[J]. Embo Journal, 1995, 14(9): 2020-2033.

[13]Niederreither K, Remboutsika E, Gansmuller A, et al. Expression of the transcriptional intermediary factor TIF1 alpha during mouse development and in the reproductive organs[J]. Mechanisms of Development, 1999, 88(1): 111-117.

[14]Remboutsika E, Lutz Y, Gansmuller A, et al. The putative nuclear receptor mediator TIF1 alpha is tightly associated with euchromatin[J]. Journal of Cell Science, 1999, 112(11): 1671-1683.

[15]Zhong S, Delva L, Rachez C, et al. A RA-dependent, tumour-growth suppressive transcription complex is the target of the PML-RAR alpha and T18 oncoproteins[J]. Nature Genetics, 1999, 23(3): 287-295.

[16]Nielsen A L, Ortiz J A, You J, et al. Interaction with members of the heterochromatin protein 1 (HP1) family and histone deacetylation are differentially involved in transcriptional silencing by members of the TIF1 family[J]. Embo Journal, 1999, 18(22): 6385-6395.

[17]Eissenberg J C, Elgin S C R. The HP1 protein family: getting a grip on chromatin[J]. Current Opinion in Genetics & Development, 2000, 10(2): 204-210.

[18]Li Y H, Kirschmann D A, Wallrath L L. Does heterochromatin protein 1 always follow code?[J]. Proceedings of the National Academy of Sciences of the United States of America, 2002, 99: 16462-16469.

[19]Smothers J F, Henikoff S. The HP1 chromo shadow domain binds a consensus peptide pentamer[J]. Current Biology, 2000, 10(1): 27-30.

[20]Moosmann P, Georgiev O, Ledouarin B, et al. Transcriptional repression by RING finger protein TIF1 beta that interacts with the KRAB repressor domain of KOX1[J]. Nucleic Acids Research, 1996, 24(24): 4859-4867.

[21]Kim S S, Chen Y M, Oleary E, et al. A novel member of the RING finger family, KRIP-1, associates with the KRAB-A transcriptional repressor domain of zinc finger proteins[J]. Proceedings of the National Academy of Sciences of the United States of America, 1996, 93(26): 15299-15304.

[22]Looman C, Abrink M, Mark C, et al. KRAB zinc finger proteins: An analysis of the

molecular mechanisms governing their increase in numbers and complexity during evolution[J]. Molecular Biology and Evolution, 2002, 19(12): 2118-2130.

[23]Abrink M, Ortiz J A, Mark C, et al. Conserved interaction between distinct Kruppel-associated box domains and the transcriptional intermediary factor 1 beta[J]. Proceedings of the National Academy of Sciences of the United States of America, 2001, 98(4): 1422-1426.

[24]Schultz D C, Ayyanathan K, Negorev D, et al. SETDB1: a novel KAP-1-associated histone H3, lysine 9-specific methyltransferase that contributes to HP1-mediated silencing of euchromatic genes by KRAB zinc-finger proteins[J]. Genes & Development, 2002, 16(8): 919-932.

[25]Yan K P, Dolle P, Mark M, et al. Molecular cloning, genomic structure, and expression analysis of the mouse transcriptional intermediary factor 1 gamma gene[J]. Gene, 2004, 334: 3-13.

[26]Germain-Desprez D, Bazinet M, Bouvier M, et al. Oligomerization of transcriptional intermediary factor 1 regulators and interaction with ZNF74 nuclear matrix protein revealed by bioluminescence resonance energy transfer in living cells[J]. Journal of Biological Chemistry, 2003, 278(25): 22367-22373.

[27]Klugbauer S, Rabes H M. The transcription coactivator HTIF1 and a related protein are fused to the RET receptor tyrosine kinase in childhood papillary thyroid carcinomas[J]. Oncogene, 1999, 18(30): 4388-4393.

[28]Kim S S, Chen Y M, O'leary E, et al. A novel member of the RING finger family, KRIP-1, associates with the KRAB-A transcriptional repressor domain of zinc finger proteins[J]. Proceedings of the National Academy of Sciences of the United States of America, 1996, 93(26): 15299-15304.

[29]Le Douarin B, Nielsen A L, Garnier J M, et al. A possible involvement of TIF1 alpha and TIF1 beta in the epigenetic control of transcription by nuclear receptors[J]. The EMBO Journal, 1996, 15(23): 6701-6715.

[30]Moosmann P, Georgiev O, Le Douarin B, et al. Transcriptional repression by RING finger protein TIF1 beta that interacts with the KRAB repressor domain of KOX1[J]. Nucleic acids research, 1996, 24(24): 4859-4867.

[31]Yang D, Jiang Y, He F C. [KAP-1, a scaffold protein in transcription regulation][J]. Yi Chuan, 2007, 29(2): 131-6.

[32]Aasland R, Gibson T J, Stewart A F. THE PHD FINGER - IMPLICATIONS FOR CHROMATIN-MEDIATED TRANSCRIPTIONAL REGULATION[J]. Trends in

Biochemical Sciences, 1995, 20(2): 56-59.

[33]Jeanmougin F, Wurtz J M, Ledouarin B, et al. The bromodomain revisited[J]. Trends in Biochemical Sciences, 1997, 22(5): 151-153.

[34]Dyson M H, Rose S, Mahadevan L C. Acetyllysine-binding and function of bromodomain-containing proteins in chromatin[J]. Frontiers in Bioscience, 2001, 6: D853-D865.

[35]Venturini L, You J, Stadler M, et al. TIF1gamma, a novel member of the transcriptional intermediary factor 1 family[J]. Oncogene, 1999, 18(5): 1209-1217.

[36]Lechner M S, Begg G E, Speicher D W, et al. Molecular determinants for targeting heterochromatin protein 1-mediated gene silencing: direct chromoshadow domain-KAP-1 corepressor interaction is essential[J]. Mol Cell Biol, 2000, 20(17): 6449-6465.

[37]Sripathy S P, Stevens J, Schultz D C. The TRIM28 corepressor functions to coordinate the assembly of de novo HP1-demarcated microenvironments of heterochromatin required for KRAB zinc finger protein-mediated transcriptional repression[J]. Mol Cell Biol, 2006, 26(22): 8623-8638.

[38]Nielsen A L, Ortiz J A, You J, et al. Interaction with members of the heterochromatin protein 1 (HP1) family and histone deacetylation are differentially involved in transcriptional silencing by members of the TIF1 family[J]. EMBO J, 1999, 18(22): 6385-6395.

[39]Ryan R F, Schultz D C, Ayyanathan K, et al. KAP-1 corepressor protein interacts and colocalizes with heterochromatic and euchromatic HP1 proteins: a potential role for Kruppel-associated box-zinc finger proteins in heterochromatin-mediated gene silencing[J]. Mol Cell Biol, 1999, 19(6): 4366-4378.

[40]Iyengar S, Ivanov A V, Jin V X, et al. Functional analysis of TRIM28 genomic recruitment[J]. Mol Cell Biol, 2011, 31(9): 1833-1847.

[41]Riclet R, Chendeb M, Vonesch J L, et al. Disruption of the interaction between transcriptional intermediary factor 1{beta} and heterochromatin protein 1 leads to a switch from DNA hyper- to hypomethylation and H3K9 to H3K27 trimethylation on the MEST promoter correlating with gene reactivation[J]. Mol Biol Cell, 2009, 20(1): 296-305.

[42]Schultz D C, Friedman J R, Rauscher F J, 3rd. Targeting histone deacetylase complexes via KRAB-zinc finger proteins: the PHD and bromodomains of KAP-1 form a cooperative unit that recruits a novel isoform of the Mi-2alpha subunit of NuRD[J]. Genes Dev, 2001, 15(4): 428-443.

[43]Schultz D C, Ayyanathan K, Negorev D, et al. SETDB1: a novel KAP-1-associated histone H3, lysine 9-specific methyltransferase that contributes to HP1-mediated silencing of euchromatic genes by KRAB zinc-finger proteins[J]. Genes Dev, 2002, 16(8): 919-932.

[44]Iyengar S, Farnham P J. TRIM28 protein: an enigmatic master regulator of the genome[J]. J Biol Chem, 2011, 286(30): 26267-26276.

[45]Ivanov A V, Peng H, Yurchenko V, et al. PHD domain-mediated E3 ligase activity directs intramolecular sumoylation of an adjacent bromodomain required for gene silencing[J]. Mol Cell, 2007, 28(5): 823-837.

[46]Lee Y K, Thomas S N, Yang A J, et al. Doxorubicin down-regulates Kruppel-associated box domain-associated protein 1 sumoylation that relieves its transcription repression on p21WAF1/CIP1 in breast cancer MCF-7 cells[J]. J Biol Chem, 2007, 282(3): 1595-1606.

[47]Mascle X H, Germain-Desprez D, Huynh P, et al. Sumoylation of the transcriptional intermediary factor 1beta (TIF1beta), the Co-repressor of the KRAB Multifinger proteins, is required for its transcriptional activity and is modulated by the KRAB domain[J]. J Biol Chem, 2007, 282(14): 10190-10202.

[48]Peng H, Gibson L C, Capili A D, et al. The structurally disordered KRAB repression domain is incorporated into a protease resistant core upon binding to KAP-1-RBCC domain[J]. J Mol Biol, 2007, 370(2): 269-289.

[49]Li X, Lee Y K, Jeng J C, et al. Role for TRIM28 serine 824 phosphorylation and sumoylation/desumoylation switch in regulating TRIM28-mediated transcriptional repression[J]. J Biol Chem, 2007, 282(50): 36177-36189.

[50]Li X, Lin H H, Chen H, et al. SUMOylation of the transcriptional co-repressor TRIM28 is regulated by the serine and threonine phosphatase PP1[J]. Sci Signal, 2010, 3(119): ra32.

[51]Garvin A J, Densham R M, Blair-Reid S A, et al. The deSUMOylase SENP7 promotes chromatin relaxation for homologous recombination DNA repair[J]. EMBO Rep, 2013, 14(11): 975-983.

[52]Cheng C T, Kuo C Y, Ann D K. KAPtain in charge of multiple missions: Emerging roles of TRIM28[J]. World J Biol Chem, 2014, 5(3): 308-320.

[53]White D E, Negorev D, Peng H, et al. TRIM28, a novel substrate for PIKK family members, colocalizes with numerous damage response factors at DNA lesions[J]. Cancer Res, 2006, 66(24): 11594-11599.

[54]Ziv Y, Bielopolski D, Galanty Y, et al. Chromatin relaxation in response to DNA double-strand breaks is modulated by a novel ATM- and KAP-1 dependent pathway[J]. Nat Cell Biol, 2006, 8(8): 870-876.

[55]Tomimatsu N, Mukherjee B, Burma S. Distinct roles of ATR and DNA-PKcs in triggering DNA damage responses in ATM-deficient cells[J]. EMBO Rep, 2009, 10(6): 629-635.

[56]White D, Rafalska-Metcalf I U, Ivanov A V, et al. The ATM substrate TRIM28 controls

DNA repair in heterochromatin: regulation by HP1 proteins and serine 473/824 phosphorylation[J]. Mol Cancer Res, 2012, 10(3): 401-414.

[57]Blasius M, Forment J V, Thakkar N, et al. A phospho-proteomic screen identifies substrates of the checkpoint kinase Chk1[J]. Genome Biol, 2011, 12(8): R78.

[58]Chang C W, Chou H Y, Lin Y S, et al. Phosphorylation at Ser473 regulates heterochromatin protein 1 binding and corepressor function of TIF1beta/TRIM28[J]. BMC Mol Biol, 2008, 9: 61.

[59]Zhou X F, Yu J, Chang M, et al. TRIM28 mediates chromatin modifications at the TCRalpha enhancer and regulates the development of T and natural killer T cells[J]. Proc Natl Acad Sci U S A, 2012, 109(49): 20083-20088.

[60]Chikuma S, Suita N, Okazaki I M, et al. TRIM28 prevents autoinflammatory T cell development in vivo[J]. Nat Immunol, 2012, 13(6): 596-603.

[61]Bruno J, Helfand A E. Physical medicine considerations in managing the older patient[J]. J Am Podiatr Med Assoc, 1990, 80(7): 364-369.

[62]Kamitani S, Ohbayashi N, Ikeda O, et al. TRIM28 regulates type I interferon/STAT1-mediated IRF-1 gene expression[J]. Biochemical and Biophysical Research Communications, 2008, 370(2): 366-370.

[63]Kamitani S, Togi S, Ikeda O, et al. Krüppel-Associated Box-Associated Protein 1 Negatively Regulates TNF-α–Induced NF-κB Transcriptional Activity by Influencing the Interactions among STAT3, p300, and NF-κB/p65[J]. The Journal of Immunology, 2011, 187(5): 2476-2483.

[64]Eames H L, Saliba D G, Krausgruber T, et al. TRIM28/TRIM28: An inhibitor of IRF5 function in inflammatory macrophages[J]. Immunobiology, 2012, 217(12): 1315-1324.

[65]Kubota S, Fukumoto Y, Aoyama K, et al. Phosphorylation of KRAB-associated protein 1 (TRIM28) at Tyr-449, Tyr-458, and Tyr-517 by nuclear tyrosine kinases inhibits the association of TRIM28 and heterochromatin protein 1alpha (HP1alpha) with heterochromatin[J]. J Biol Chem, 2013, 288(24): 17871-17883.

[66]Lai I L, Lin T P, Yao Y L, et al. Histone deacetylase 10 relieves repression on the melanogenic program by maintaining the deacetylation status of repressors[J]. J Biol Chem, 2010, 285(10): 7187-7196.

[67]Lee Y-K, Thomas S N, Yang A J, et al. Doxorubicin Down-regulates Krüppel-associated Box Domain-associated Protein 1 Sumoylation That Relieves Its Transcription Repression on p21WAF1/CIP1in Breast Cancer MCF-7 Cells[J]. Journal of Biological Chemistry, 2006, 282(3): 1595-1606.

[68]Li X, Lee Y-K, Jeng J-C, et al. Role for TRIM28 Serine 824 Phosphorylation and Sumoylation/Desumoylation Switch in Regulating TRIM28-mediated Transcriptional Repression[J]. Journal of Biological Chemistry, 2007, 282(50): 36177-36189.

[69]Li X, Lin H H, Chen H, et al. SUMOylation of the transcriptional co-repressor TRIM28 is regulated by the serine and threonine phosphatase PP1[J]. Science signaling, 2010, 3(119): ra32-ra32.

[70]Rowbotham S P, Barki L, Neves-Costa A, et al. Maintenance of silent chromatin through replication requires SWI/SNF-like chromatin remodeler SMARCAD1[J]. Mol Cell, 2011, 42(3): 285-296.

[71]Quenneville S, Verde G, Corsinotti A, et al. In embryonic stem cells, ZFP57/TRIM28 recognize a methylated hexanucleotide to affect chromatin and DNA methylation of imprinting control regions[J]. Molecular cell, 2011, 44(3): 361-372.

[72]Messerschmidt D M, De Vries W, Ito M, et al. TRIM28 Is Required for Epigenetic Stability During Mouse Oocyte to Embryo Transition[J]. Science, 2012, 335(6075): 1499-1502.

[73]Quenneville S, Turelli P, Bojkowska K, et al. The KRAB-ZFP/TRIM28 system contributes to the early embryonic establishment of site-specific DNA methylation patterns maintained during development[J]. Cell reports, 2012, 2(4): 766-773.

[74]Zuo X, Sheng J, Lau H-T, et al. Zinc finger protein ZFP57 requires its co-factor to recruit DNA methyltransferases and maintains DNA methylation imprint in embryonic stem cells via its transcriptional repression domain[J]. The Journal of biological chemistry, 2012, 287(3): 2107-2118.

[75]Takikawa S, Wang X, Ray C, et al. Human and mouse ZFP57 proteins are functionally interchangeable in maintaining genomic imprinting at multiple imprinted regions in mouse ES cells[J]. Epigenetics, 2013, 8(12): 1268-1279.

[76]Urrutia R. KRAB-containing zinc-finger repressor proteins[J]. Genome Biol, 2003, 4(10): 231.

[77]Jin V X, O'geen H, Iyengar S, et al. Identification of an OCT4 and SRY regulatory module using integrated computational and experimental genomics approaches[J]. Genome Res, 2007, 17(6): 807-817.

[78]Zheng L, Pan H, Li S, et al. Sequence-specific transcriptional corepressor function for BRCA1 through a novel zinc finger protein, ZBRK1[J]. Mol Cell, 2000, 6(4): 757-768.

[79]Takahashi K, Sugi Y, Hosono A, et al. Epigenetic Regulation of TLR4 Gene Expression in Intestinal Epithelial Cells for the Maintenance of Intestinal Homeostasis[J]. The Journal of Immunology, 2009, 183(10): 6522-6529.

[80]Barde I, Rauwel B, Marin-Florez R M, et al. A KRAB/TRIM28-miRNA cascade regulates erythropoiesis through stage-specific control of mitophagy[J]. Science, 2013, 340(6130): 350-353.

[81]Li Z, Wang D, Na X, et al. The VHL protein recruits a novel KRAB-A domain protein to repress HIF-1alpha transcriptional activity[J]. The EMBO journal, 2003, 22(8): 1857-1867.

[82]Peng H, Ivanov A V, Oh H J, et al. Epigenetic gene silencing by the SRY protein is mediated by a KRAB-O protein that recruits the TRIM28 co-repressor machinery[J]. The Journal of biological chemistry, 2009, 284(51): 35670-35680.

[83]Huang C, Martin S, Pfleger C, et al. Cutting Edge: a novel, human-specific interacting protein couples FOXP3 to a chromatin-remodeling complex that contains TRIM28/ TRIM28[J]. Journal of immunology (Baltimore, Md. : 1950), 2013, 190(9): 4470-4473.

[84]Wang C, Ivanov A, Chen L, et al. MDM2 interaction with nuclear corepressor TRIM28 contributes to p53 inactivation[J]. The EMBO journal, 2005, 24(18): 3279-3290.

[85]Tian C, Xing G, Xie P, et al. KRAB-type zinc-finger protein Apak specifically regulates p53-dependent apoptosis[J]. Nature Cell Biology, 2009, 11(5): 580-591.

[86]Seki Y, Kurisaki A, Watanabe-Susaki K, et al. TIF1beta regulates the pluripotency of embryonic stem cells in a phosphorylation-dependent manner[J]. Proceedings of the National Academy of Sciences of the United States of America, 2010, 107(24): 10926-10931.

[87]Maruyama A, Nishikawa K, Kawatani Y, et al. The novel Nrf2-interacting factor TRIM28 regulates susceptibility to oxidative stress by promoting the Nrf2-mediated cytoprotective response[J]. Biochemical Journal, 2011, 436(2): 387-397.

[88]King C A. Kaposi's sarcoma-associated herpesvirus kaposin B induces unique monophosphorylation of STAT3 at serine 727 and MK2-mediated inactivation of the STAT3 transcriptional repressor TRIM28[J]. Journal of virology, 2013, 87(15): 8779-8791.

[89]Wang C, Rauscher F J, 3rd, Cress W D, et al. Regulation of E2F1 function by the nuclear corepressor TRIM28[J]. J Biol Chem, 2007, 282(41): 29902-29909.

[90]Takahashi K, Sugi Y, Hosono A, et al. Epigenetic regulation of TLR4 gene expression in intestinal epithelial cells for the maintenance of intestinal homeostasis[J]. J Immunol, 2009, 183(10): 6522-6529.

[91]Yang B, O'herrin S M, Wu J, et al. MAGE-A, mMage-b, and MAGE-C proteins form complexes with TRIM28 and suppress p53-dependent apoptosis in MAGE-positive cell lines[J]. Cancer Res, 2007, 67(20): 9954-9962.

[92]Doyle J M, Gao J, Wang J, et al. MAGE-RING protein complexes comprise a family of E3

ubiquitin ligases[J]. Mol Cell, 2010, 39(6): 963-974.

[93]Bhatia N, Yang B, Xiao T Z, et al. Identification of novel small molecules that inhibit protein-protein interactions between MAGE and KAP-1[J]. Arch Biochem Biophys, 2011, 508(2): 217-221.

[94]Tsuruma R, Ohbayashi N, Kamitani S, et al. Physical and functional interactions between STAT3 and TRIM28[J]. Oncogene, 2008, 27(21): 3054-3059.

[95]Goodarzi A A, Noon A T, Deckbar D, et al. ATM signaling facilitates repair of DNA double-strand breaks associated with heterochromatin[J]. Mol Cell, 2008, 31(2): 167-177.

[96]Goodarzi A A, Kurka T, Jeggo P A. KAP-1 phosphorylation regulates CHD3 nucleosome remodeling during the DNA double-strand break response[J]. Nat Struct Mol Biol, 2011, 18(7): 831-839.

[97]Geuting V, Reul C, Lobrich M. ATM release at resected double-strand breaks provides heterochromatin reconstitution to facilitate homologous recombination[J]. PLoS Genet, 2013, 9(8): e1003667.

[98]Liu J, Xu L, Zhong J, et al. Protein phosphatase PP4 is involved in NHEJ-mediated repair of DNA double-strand breaks[J]. Cell Cycle, 2012, 11(14): 2643-2649.

[99]Baldeyron C, Soria G, Roche D, et al. HP1alpha recruitment to DNA damage by p150CAF-1 promotes homologous recombination repair[J]. J Cell Biol, 2011, 193(1): 81-95.

[100]Noon A T, Shibata A, Rief N, et al. 53BP1-dependent robust localized KAP-1 phosphorylation is essential for heterochromatic DNA double-strand break repair[J]. Nat Cell Biol, 2010, 12(2): 177-184.

第二章　TRIM28对牛胎儿成纤维细胞基因表达及表观遗传修饰模式的影响

第一节　牛TRIM28基因分子克隆

　　TRIM28又称KAP1（KRAB相关蛋白1）或转录中间因子1β（TIF1β）。TRIM28在转录抑制中发挥作用，因为它具有特征性的环指基序、锌结合基序和卷曲-卷曲区域[1]。TRIM28是一种共抑制因子，它与HP1（异染色质蛋白1）蛋白和染色质抑制复合物相互作用，如组蛋白甲基转移酶SETDB1（SET-domain-biftchited 1）和核小体重塑和组蛋白去乙酰化（NuRD），导致Krüppel相关盒状锌指蛋白（KRAB-ZFPs）转录调控因子异染色质的形成[2-4]。此外，TRIM28参与了许多功能，包括细胞分化和增殖、转录调节、DNA损伤修复反应和凋亡[5]。已经证明，KRAB结构域锌指蛋白57（ZFP57）及其辅因子TRIM28是印记gDMRs（生殖系差异甲基化区域）的关键因子，它们参与5-甲基胞嘧啶的维持，并在转录抑制中发挥重要作用。

　　TRIM28参与多个生理过程的调控，如胚胎发育、细胞分化、病毒复制、免疫反应、DNA损伤、肿瘤发生、维持基因组完整性以及学习记忆障碍等。对于TRIM28多种生理功能的研究已经进行多年，但是TRIM28调节这些生理过程的具体机制还不清楚，特别是在大家畜牛中更是鲜有报道。为了进一步研究TRIM28在牛的功能，有必要克隆牛的TRIM28基因并构建表达载体。

　　（一）材料

　　1.材料

　　牛卵巢（购自长春本地屠宰场）。

2. 主要试剂及常用仪器（未降重）

长链DNA聚合酶（LA Taq TaKaRa），高G+C含量的缓冲液，DEPC水，Trizol Reagent (TaKaRa)，DNase Ⅰ (Promega)，oligo-dT，SuperScript反转录试剂盒（TaKaRa），DMEM细胞培养液，PCR仪（东胜龙ETC811），电泳仪（DYY-10C型电泳仪），凝胶成像仪（WEALTEC Dolphin-DOC），紫外白光透射仪（WD-9403F），CO_2培养箱（Thermo BB150），移液器（DRAGONMED），超净工作台（S-SW-CT-IFD），离心机（SiGMA），倒置荧光显微镜（OLYMPUS IX73），体式显微镜（MOTIC SMZ-140 SERIES），高压蒸汽灭菌器（Panasonic MLS-3751L）。

（二）研究方法

1. 卵泡颗粒细胞的分离

从当地屠宰场采集牛卵巢，30℃ 2 h内运到实验室。利用10 mL的一次性注射器抽取牛卵巢表面大卵泡中富含颗粒细胞的卵泡液，转移至15 mL离心管中静置5 min，在无菌环境下，将10 mL上清液移至另一新的15 mL离心管中，加入1%胰酶37℃消化2 min，1 000 r/min离心10 min，弃上清，用含10%血清的DMEM培养液吹吸收集颗粒细胞并转移至30 mm培养皿中，放入38.5℃，5% CO_2培养箱中培养，2 h细胞贴壁后更换培养液。后按正常培养细胞方法，每48小时换1次液培养即可。

2. 卵泡颗粒细胞总RNA的提取和cDNA的合成

提取卵泡颗粒细胞总RNA（Trizol Reagent-TaKaRa），RNA颗粒溶解在DEPC（焦碳酸二乙酯）处理过的水中。为了去除DNA污染，添加10个单位的DNA酶Ⅰ（Promega）。利用oligo-dT primer和Random primer及SuperScript反转录试剂盒（TaKaRa）反转录cDNA。

RNA提取步骤如下：

①收集细胞（将细胞利用胰酶消化后，悬浮于PBS中，离心去上清）。

②加入1 mL Trozol裂解细胞，并于室温下放置10 min。

③加入冰氯仿0.2 mL，充分摇荡离心管，室温静置10 min，12 000×g离心10 min。

④小心吸取上层水相加入另一离心管，再加入500 μL异丙醇，静置10 min，离心10 min。

⑤小心除去上清液体（不要晃动管底沉淀），加入1 mL用DEPC水配置

的75%冰酒精，混匀，离心，并重复一次。

⑥小心弃去上清液，然后室温于超净台中静置5～10 min让除残酒精挥发。

⑦离心管中加入30～50 μL DEPC水，使mRNA充分溶解，测定浓度。

反转录步骤如下：

提取的总RNA反转录得到cDNA。在20 μL体系中，各成分用量见表2-1，操作过程在冰盒上完成。

表2-1　反转录体系

组成	用量
RNA	13 μL
dNTP（10 mmol/L）	1.0 μL
随机引物	1.0 μL
5×buffer	4.0 μL
RNA酶抑制剂	0.5 μL
反转录酶	0.5 μL

反转录条件：室温（10 min）；42～60℃（45 min）；95℃（5 min）；冰浴（5 min）。

3. 卵泡颗粒细胞中TRIM28基因的鉴定

（1）RT-PCR鉴定：利用TRIM28鉴定引物对卵泡颗粒细胞中TRIM28 mRNA的表达进行RT-PCR检测，鉴定引物如下：

T-TRIM28-F: 5′-CATGTGCAACCAGTGCGAAT-3′

T-TRIM28-R: 5′-TGGGGAGAAGGTGGAGTCAG-3′

（2）卵泡中TRIM28的免疫组织化学染色：取1 cm³左右大小的牛卵巢组织，将其包埋于OCT包埋液中，在冰冻切片机中，待包埋液完全冷却凝固后，利用冰冻切片机切片，设定组织厚度为5 μm。随后，用丙酮（冷）固定10 min，PBS洗3次，每次5 min。用免疫组画笔在组织的周围画圈将组织圈出，PBS洗3次，每次5 min，再向组织上滴加30 μL试剂A（过氧化物酶阻断液），37℃孵育10 min，PBS冲洗3次，每次5 min，用力甩干净后再滴加30 μL试剂B（正常非免疫动物血清），37℃孵育10 min，甩掉试剂B直接向组织上滴加30 μL的一抗（羊抗兔TRIM28，1∶200稀释，SC-33186, Santa Cruz Biotechnology, Inc.），37℃孵育1 h，PBS冲洗3次，每次5 min，滴加30

μL试剂C（二抗），37℃、10 min；滴加PBS洗3次，每次5 min，再滴加30 μL试剂D（链霉菌抗生物素-过氧化物酶溶液），37℃孵育10 min；滴加PBS洗3次，每次5 min，每张切片滴加100 μL新配制的DAB溶液（按试剂盒要求：850μL H_2O+50 μL A液（DAB缓冲液）+50 μL B（DAB底物）+50 μL C液（DAB色原）对组织进行染色，观察切片，待组织呈现黄褐色时，终止染色，苏木素复染2 min，返蓝约10 min（观察切片，组织变蓝即可终止），酒精脱水，每个浓度3 min（酒精浓度为70%、85%、95%、无水乙醇Ⅰ和无水乙醇Ⅱ），二甲苯透明，封片。使用光学显微镜镜检。

4. 牛TRIM28基因的克隆

TRIM28序列长且GC含量高达59.4%，因此本研究采用了LA-Taq DNA聚合酶和高GC含量缓冲液。以牛卵泡颗粒细胞cDNA为模板，PCR反应体系为25 μL：0.5 μL LA Taq DNA聚合酶（5 U/μL，TaKaRa））、25 μL 2×GC缓冲液Ⅰ、8 μL dNTP混合物（各2.5 mmol/L）、2 μL TRIM28克隆引物（10 mmol/L）、1 μL模板cDNA和11.5 μL ddH_2O。PCR反应条件：94℃、3 min，94℃、30 s，60℃、30 s，72℃、2 min，35个循环，最后72℃延伸10 min。

根据牛TRIM28 mRNA（NCBI Reference Sequence: NM_001206809.1）设计克隆引物，引物序列如下：

C-TRIM28-F: 5′-GTGAATGGCGGCTTCGGCTGCG-3′

C-TRIM28-R: 5′-GGAGGAGTGACAGGACATAGA-3′

由于LA Taq DNA聚合酶的产物是平末端，因此需对该片段加A尾后，才可连接T载体，测序。加A的方法如下：

在50 μL的最终体积中加入46.5 μL PCR产物、3 μL dNTP和0.5 μL Taq聚合酶，然后进行72℃的延伸步骤10 min。

5. 牛TRIM28的测序

（1）TRIM28 PCR产物的纯化：PCR产物（5 μL）经0.8%琼脂糖凝胶电泳分离，大于2 kb的条带即为TRIM28扩增阳性条带，切胶回收目的片段并克隆到PMD18-T载体（TaKaRa）中。

凝胶回收步骤如下：

①通过琼脂糖凝胶（0.8%），100 V 30 min以分离目的片段。

②紫外灯下小心地将含有TRIM28的琼脂糖凝胶用刀片切下，装入已经确定重量的1.5 mL EP管中。注意：目的条带在紫外灯下的曝露时间最好在

30 s内。

③称取装有凝胶片段的离心管重量，减去空离心管的重量以计算出含有目的片段的凝胶的重量（100 mg凝胶加入100 μL凝胶液）。

④将凝胶与凝胶液混合均匀后，在57℃金属浴溶胶，期间不断取出颠倒混匀，直至凝胶完全熔化。

⑤晃动离心管，确定凝胶完全溶解后，将其在室温或4℃完全冷却，这样可以提高回收效率，溶液冷却后加入吸附柱中，室温10 000×g，离心1 min，弃废液。

⑥向吸附柱中加入回收漂洗液PW700 μL，10 000×g 1 min，弃废液。

⑦重复步骤⑥一次。

⑧室温下空吸附柱13 000×g，离心2 min，去废液。室温放置，晾干。

⑨取1.5 mL灭菌EP管，滴加30～50 μL洗脱缓冲液，室温静置2 min，离心收集回收片段溶液。重复一次步骤⑨可提高回收效率。

（2）PMD18-T-TRIM28载体的构建：回收片段测定浓度，并与T载体连接，连接体系如表2-2所示。

表2-2　T载体连接体系

组成	含量
PCR产物	4 μL
盐溶液	3 μL
PMD18-T	1 μL
ddH$_2$O	2 μL
总体系	10 μL

条件：4℃过夜。

（3）重组质粒的转化：-80℃超低温冰箱中取出TOP10感受态（北京天根生化科技有限公司），于冰水中静置2 min左右融化，加入连接产物5 μL混于50 μL感受态中，于冰水混合物中孵育30 min后，置于42℃金属浴中60～90 s热激，然后快速移至冰浴中冷却2～3 min，加入450 μL无菌无抗生素LB培养基，37℃、150 r/min震荡培养45 min，无菌操作涂板，放入温箱培养12～14 h。

挑取单菌落，放入装有1 mL培养基的1.5 mL离心管中，摇床震荡培养5 h，利用T载体通用引物M13进行菌液PCR鉴定，阳性菌落送测序。

（三）结果

1.卵泡颗粒细胞中TRIM28基因表达鉴定

利用TRIM28一抗对牛卵巢冰冻切片进行免疫组织化学染色，结果表明：TRIM28分布于卵泡颗粒细胞核内，并且具有较高的表达水平（见图2-1）。

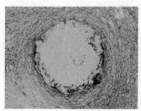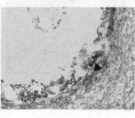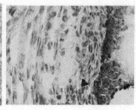

图2-1　牛颗粒细胞TRIM28免疫组化染色结果

左：TRIM28在颗粒细胞中分布情况　250×；

中、右：TRIM28在颗粒细胞中分布情况　1000×

利用鉴定引物（T-TRIM28-F/R），通过RT-PCR检测卵泡颗粒细胞cDNA是否有TRIM28的表达。由图2-2可见，卵泡颗粒细胞在280 bp处出现了特异性条带，且位置正确，表明牛卵泡颗粒细胞中存在TRIM28 mRNA的表达。

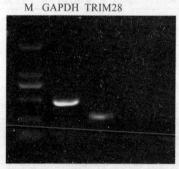

图2-2　牛卵泡颗粒细胞中TRIM28基因的表达鉴定

2.牛TRIM28基因编码区的分子克隆

以牛卵泡颗粒细胞cDNA为模板，采用LA-Taq DNA聚合酶和高GC含量缓冲液，通过克隆引物（C-TRIM28-F/R）对TRIM28基因编码区进行RT-PCR扩增。由图2-3可见，产物条带位于2 572 bp处，包含TRIM28 编码区全长。翻译起始位点位于核苷酸5，TGA终止密码子位于核苷酸2 433 bp，牛TRIM28基因的开放阅读框为2 438 bp，G+C含量为59.4%，编码812个氨基酸，蛋白质分子量估计为88.61 kDa。由于LA Taq的产物是平末端，为连接T载体测序，PCR产物加入A尾，然后克隆到PMD18-T载体中。RT-PCR产物的直接测序证实与牛TRIM28 mRNA（NM 001206809.1）100%同源。

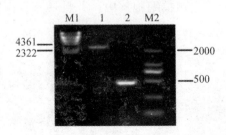

图2-3　用RT-PCR方法从卵泡颗粒细胞mRNA中获得牛TRIM28全长cDNA

M1: λDNA; M2: DL2000; 1: RIM28; 2: GAPDH

将TRIM28编码序列与人、猪和小鼠进行比较（见表2-3），牛TRIM28与人和猪的核苷酸同源性分别为88%和91%，与小鼠的核苷酸同源性为83%。牛TRIM28与其他TRIM28蛋白的多重对比（见表2-2和图2-3）显示了非常高的序列同源性。牛与猪、人与小鼠的TRIM28氨基酸同源性分别为97%、97%和94%。

表2-3　牛TRIM28核酸序列相似性分析

	核酸	氨基酸
牛编码区全长	2 438	812
与人的同源性	88%	97%
与猪的同源性（Hamm et al.,2014）[35]	91%	97%
与小鼠的同源性	83%	94%

```
bovine  HKDHQYQFLEDAVRNQRKLLASLVKRLGDKHATLQKNTKEVRSS1RQVSDVQKRVQVDVK MA1LQ1MKELNKRGRVLVNDAQKVTEGQQERLERQHWTMTK1QKHQEHILRFASWALESD
human   HKDHQYQFLEDAVRNQRKLLASLVKRLGDKHATLQKNTKEVRSS1RQVSDVQKRVQVDVK MA1LQ1MKELNKRGRVLVNDAQKVTEGQQERLERQHWTMTK1QKHQEH1LRFASWALESD
mouse   HKDHQYQFLEDAVRNQRKLLASLVKRLGDKHATLQKNTKEVRSS1RQVSDVQKRVQVDVK MA1LQ1MKELNKRGRVLVNDAQKVTEGQQERLERQHWTMTK1QKHQEH1LRFASWALESD

bovine  NNTALLLSKKL1YFQLHRALKM1VDPVEPHGEMKFQWDLNAWTKSAEAFGK1VAERPGTN STGPAPMAPPRAPGPLGKQGSGSSQPMEVQEGYGFGS-DDPYSSAEPHVSGVKRPRSGDG
human   NNTALLLSKKL1YFQLHRALKM1VDPVEPHGEMKFQWDLNAWTKSAEAFGK1VAERPGTN STGPAPMAPPRAPGPLSKQGSGSSQPMEVQEGYGFGSGDDPYSSAEPHVSGVKRSRSGEG
mouse   NNTALLLSKKL1YFQLHRALKM1VDPVEPHGEMKFQWDLNAWTKSAEAFGK1VAERPGTN STGPGPMAPPRAPGPLSKQGSGSSQPMEVQEGYGFGS-DDPYSSAEPHVSGVKRSRSGEG

bovine  EVSGLMRKVPRVSLERLDLDLTADSQPVFKVFPGNTTEDYNL1V1ERGAAAAAGQPGT APGSVPGAPPLPGMA1VKEEETEA1GAPPATEGPETKPVLMALGEGPGAEGPRLASPS
human   EVSGLMRKVPRVSLERLDLDLTADSQPVFKVFPGNTTEDYNL1V1ERGAAAAAGQPGT APAGTPGAPPLAGMA1VKEEETEA1GAPPATEGPETKPVLMALAEGPGAEGPRLASPS
mouse   EVSGLRRKVPRVSLERLDLDLTSDSQPVFKVFPGNTTEDYNL1V1ERGAAAAAGQAGT VPPGAPGAPPLPGMA1VKEEETEA1GAPPAAPEGPETKPVLMPLTEGPGAEGPRLASPS

bovine  GSTSSGLEVVAPEGTSVPAGGPGSLDDSAT1CRVCQKPGDLVMCNQCEFCFHLDCHLPA1 QDVPGEEWSCSLCHVLPDLKEEDGSLNLDGGDSTGVVAKLSPANQQKCERVLLALFCHEP
human   GSTSSGLEVVAPEGTSVPAGGPGSLDDSAT1CRVCQKPGDLVMCNQCEFCFHLDCHLPA1 QDVPGEEWSCSLCHVLPDLKEEDGSLSLDGADSTGVVAKLSPANQRKCERVLLALFCHEP
mouse   GSTSSGLEVVAPEVTSAPVSGPG1LDDSAT1CRVCQKPGDLVMCNQCEFCFHLDCHLPA1 QDVPGEEWSCSLCHVLPDLKEEDGSLSLDGADSTGVVAKLSPANQRKCERVLLALFCHEP

bovine  CRPLHQLATDSTFSPDQPGDTLDLTL1RARLQEKLSPPYSSPEFAQDVGRMFKQFNKLT CRPLHQLATDSTFSPDQPGDTLDLTL1RARLQEKLSPPYSSPQEFAQDVGRMFKQFNKLT
human   CRPLHQLATDSTFSLDQPGDTLDLTL1RARLQEKLSPPYSSPQEFAQDVGRMFKQFNKLT CRPLHQLATDSTFSLDQPGDTLDLTL1RARLQEKLSPPYSSPQEFAQDVGRMFNKLT
mouse   CRPLHQLATDSTFSMEQPGDTLDLTL1RARLQEKLSPPYSSPQEFAQDVGRMFKQFNKLT CRPLHQLATDSTFSMEQPGDTLDLTL1RARLQEKLSPPYSSPQEFAQDVGRMFKQFNKLT
```

图2-4　牛TRIM28蛋白序列Clustal X 相似性分析

"*"保守的氨基酸残基；"·"高度相似；":" 相似性低

（四）讨　论

TRIM28作为一个转录调节复合物的支架蛋白，对于染色质的重塑和印记基因的维持同样意义重大。人们发现，TRIM28参与调节许多生理机制，如胚胎发育、细胞分化、病毒复制、免疫反应、DNA损伤、肿瘤发生、基因完整性的维持以及学习记忆的损伤等。TRIM28的这些不同细胞功能虽然近几年均有报道，但其具体调节机制仍有许多不明之处，尤其是对牛的研究。为进一步研究牛TRIM28基因的功能，克隆该基因并进一步构建其表达载体十分必要。

TRIM28是正常发育和分化所必需的。有研究报道，TRIM28在小鼠卵巢、颗粒细胞和卵母细胞和早期胚胎中都有表达，并在不同的癌细胞系中广泛表达，但在正常组织中没有表达[14]。本研究首先利用RT-PCR的方法检测TRIM28 mRNA在牛卵泡颗粒细胞中的表达，证明卵泡颗粒细胞中存在TRIM28 mRNA的表达。由于卵泡颗粒细胞数量多而且存在TRIM28的表达，最重要是卵泡颗粒细胞mRNA较卵母细胞和早期胚胎更容易获得，因此，本研究利用卵泡颗粒细胞提取mRNA进行TRIM28基因的分子克隆。

本研究首次成功克隆了牛TRIM28全长cDNA，牛TRIM28位于18号染色体上，包含2 438个核苷酸编码序列（CDS），编码812个氨基酸的多肽，分子量为86.61 kDa。已有研究表明，TRIM28是超甲基化的，TRIM28的超甲基化是其发挥转录抑制功能所必需的[16-19]，5'端（1～1 580 bp）的G+C含量可达62.66%，因此很难设计引物并扩增TRIM28的全长序列。我们设计了多对引物对其进行克隆，并利用LA-Taq DNA聚合酶和高G+C缓冲液成功地克隆了富含G+C的TRIM28基因编码区全长。

第二节　牛TRIM28基因真核表达载体pIRES2-EGFP-TRIM28的构建

（一）材　料

同第一节。

（二）研究方法

1. TRIM28两端酶切位点的克隆

根据TRIM28基因的序列和载体pIRES2-EGFP的多克隆位点设计了两个引物在TRIM28两端加上*Sal*Ⅰ和*Bam*HⅠ酶切位点，在上游引物5′端引入*Sal*Ⅰ酶切位点（下划线部分）和保护碱基序列（gcc），下游引物5′端引入*Bam*HⅠ酶切位点（下划线部分）和保护碱基序列（cgc）。以质粒PMD18-T-TRIM28为模板，利用引物上游引物*Sal*Ⅰ-TRIM28-F及下游引物*Bam*HⅠ-TRIM28-R进行PCR扩增，引物序列如下：

*Sal*Ⅰ-TRIM28-F:GCCGTCGACGTGATGGCGGCTTCGGCTGCG

*Bam*HⅠ-TRIM28R:

CGCGGATCGGAGGTAGAGAGAGAGAGAGAGAGATAGAGAGAGATAGA

PCR反应体系见表2-4。

表2-4　PCR反应体系

组成	含量
10×PCR Buffer（含25 mmol/L MgCl$_2$）	2.5 μL
dNTPs（2.5 mmol/L）	2 μL
模板DNA	1 μL
上游引物（10 pmol/L）	1 μL
下游引物（10 pmol/L）	1 μL
ExTaq DNA聚合酶（5 U/μL）	0.125 μL
ddH$_2$O	17.375 μL
总体系	25 μL

扩增产物经胶回收见第一节，连接T载体见第一节，测序。

2. 真核表达载体pIRES2-EGFP-TRIM28的构建

将测序正确的质粒PMD18-T-*Sal*Ⅰ-TRIM28-*Bam*HⅠ用*Sal*Ⅰ（NEB）和*Bam*HⅠ（NEB）限制性内切酶消化，用胶回收试剂盒（OMEGA）回收（如前所述）；将真核表达载体pIRES2-EGFP经*Sal*Ⅰ和*Bam*HⅠ酶切后，用回收试剂盒回收，将TRIM28片段与pIRES2-EGFP以摩尔比例5：1，用T4-DNA连接酶（MBI）进行连接。

（1）酶切体系

见表2-4。

表2-5 酶切体系

	PMD18-T-*Sal*I-TRIM28-*Bam*HI	pIRES2-EGFP
10×缓冲液	2 μL	2 μL
*Sal*I	1 μL	1 μL
*Bam*HI	1 μL	1 μL
质粒DNA	10 μL（0.5 mg/mL）	10 μL（0.5 mg/mL）
ddH$_2$O	6 μL	6 μL
总体系	20 μL	20 μL
条件	37℃金属浴 6h	

（2）连接体系：目的片段与载体片段回收产物的连接，构建重组质粒pIRES2-EGFP-TRIM28，凝胶回收后的目的片段进行浓度测定，确定最终的连接反应体系，见表2-5。

表2-6 酶切体系

组 成	用 量
10×Buffer	1 μL
载体（100 ng/μL）	2 μL
目的片段（80 ng/μL）	4 μL
T4 DNA连接酶	1 μL
ddH$_2$O	2 μL
总体积	10 μL
条件	4℃过夜

（3）重组质粒的小量制备：转化后，随机挑取10个单菌落放入液体LB培养基（Amp抗性），摇床震荡培养12～16 h。应用质粒小量提取试剂盒（OMEGA）提取质粒。

①室温10 000×g离心，将适量菌体收集到1.5 mL EP管中。

②250 μL Solution Ⅰ加入EP管中，反复吹打，重悬菌体沉淀。

③250 μL Solution Ⅱ加入EP管中，立即上下颠倒混匀，直至溶液清亮，室温静置2 min。

④350 μL Solution Ⅲ加入EP管中，轻柔地上下颠倒混匀，室温静置2 min，13 000×g离心15～30 min，具体离心时间根据菌体的量和离心情况而定。

⑤700 μL上清至吸附柱中（试剂盒自带），室温离心10 000×g 1 min，弃废液。

⑥500 μL的洗脱缓冲液HB洗柱，弃废液。

⑦700 μL的Wash Buffer洗柱，Wash Buffer使用前要确定已经加入乙醇，弃废液。

⑧重复洗柱一次。

⑨以最高速室温离心2 min，弃废液。

⑩晾干洗涤液，加30～50 μL洗脱缓冲，换干净的1.5 mL EP管收集产物。

3.重组质粒PIRES2-EGFP-TRIM28的鉴定

以载体pIRES2-EGFP通用引物对载体进行PCR鉴定。

酶切鉴定，取质粒5 μL（约1 μg），加入*Sal*Ⅰ和*Bam*HⅠ各0.5 μL，再加入1 μL 10×H Buffer，加去离子水至终体积10 μL，混匀，37℃、1 h，取5 μL产物电泳观察酶切结果。

4. 重组质粒PIRES2-EGFP-TRIM28的牛成纤维细胞表达

（1）原代牛胎儿成纤维细胞的分离：取遗传背景清楚的45日龄牛胎儿，在75%酒精中浸洗消毒后，剥去包在胎儿表面的胎膜，在加入双抗的PBS溶液（加入双抗）中洗2次，去除头、四肢以及内脏，在100 mm培养皿中将其剪碎，加入30 mL胰酶（Gibco 0.25%）中消化37℃、30 min，期间定时从培养箱中拿出摇匀，消化结束后加胎牛血清终止消化，用DMEM洗3次，DMEM高糖、10%FBS、38.5℃及5% CO_2中培养，待细胞释放出后，冷冻保存。

（2）细胞的复苏与传代：细胞复苏：冻存细胞从液氮中取出后，37℃水浴迅速解冻复苏，将其加入10 mL离心管中，再加入9 mL无血清细胞培养液，1 000 r/min离心10 mim，收集细胞，在超净台内加入60 mm培养皿中，加入含10%胎牛血清的DMEM高糖培养液，细胞均匀铺满培养皿皿底。

细胞传代：吸出培养液，并以PBS洗去死细胞，加入少量胰酶对细胞进行消化，30～60 s后（镜下观察待细胞变圆），将胰酶吸出，以培养液多次吹打皿底细胞，收集细胞悬液，按1∶2或1∶3的比例分皿或是分板，半小时后换液，彻底去除胰酶。

（3）重组质粒大量提取：所用质粒大量提取试剂盒为无内毒素质粒大量提取试剂盒（北京天根科技），方法如下。

①质粒大提前1 d，1 L锥形瓶中装入200～300 mL LB培养基（含Amp），

37℃震荡过夜。

②吸附柱中加入2.5 mL平衡液，平衡吸附柱。

③菌液的浓度，在10 000 r/min、3 min下，反复离心收集适量菌体。

④加入P1 7 mL（一定确认P1是否加入RNaseA），并使细菌细胞充分悬浮。

⑤加入P2 7 mL，随后温和上下颠倒，室温静置10 min。

⑥加入P4 7 mL，随后温和上下颠倒，室温静置，10 000 r/min 15~30 min，将上清加入CS过滤器中，过滤到50 mL EP管中。

⑦加入0.3倍体积的异丙醇，混匀，移入吸附柱CP5。

⑧10 000 r/min、5 min，弃废液。

⑨利用已加入无水乙醇的10 mL PW（使用前确认加入无水酒精的），漂洗液洗柱两次，弃废液。

⑩最后，无水酒精洗柱（10 000 r/min，3 min）弃废液后10 000 r/min 5 min空离，彻底除去残留液体。

室温静置，晾干残留漂洗液，利用1~2 mL的洗脱缓冲液，收集大提质粒，为提高提取效率可以两次洗膜。

（4）重组质粒的纯化与浓度测定：质粒大量提取后，利用乙醇沉淀法纯化大提质粒，提高其浓度和纯度，以便进行如下细胞转染。

①200 μL质粒中加入20 μL醋酸钠（pH = 5.2）混匀，再加400 μL冰无水酒精混匀，−20℃、1 h以上。

②从冰箱取出后，4℃离心机，以最高速度离心15 min，回收DNA。

③加入70%冰酒精500 μL，洗沉淀，并重复一次此步骤。

④于室温下晾干，并用适量纯水溶解DNA。

⑤测定浓度。

（5）质粒转染条件的摸索：根据脂质体3000的使用说明，对转染试剂与DNA的最适比例进行优化，得到适合本实验的最佳转染条件。方法如下。

①100 μL无血清的DMEM培养液中加入1~4 μg重组质粒，37℃孵育15 min（实验中使用的EP管、中枪头、小枪头均为无酶的）。

②100 μL无血清的DMEM培养液中加入4 μL脂质体3000，并充分混匀复合物，室温静置15 min。

③将稀释的脂质体3000加入稀释的DNA中，轻轻混匀，孵育15 min（室温）。

④待转染细胞需要换不含血清的细胞培养液，温箱中孵育15 min后，将转染复合物均匀滴加到细胞培养液中，孵育6～8 h。

⑤转染后6～8 h，需要换上含10%胎牛血清的培养液，继续培养。

⑥24 h收集细胞观察荧光。

（6）pIRES2-EGFP-TRIM28转染牛胎儿成纤维细胞：牛成纤维细胞在添加10%胎牛血清（Gibco）、l%MEM非必需氨基酸（Gibco）和1%谷氨酰胺（Gibco）的DMEM（Gibco）培养基中培养，培养条件37℃、5%CO$_2$。牛胎儿成纤维细胞在转染的前1 d复苏，均匀接种于60 mm培养皿，传代后接种于24孔板，细胞在70%～80%汇合时转染。细胞分为两组：脂质体3000 + pIRES2-EGFP（pIRES2组）和脂质体3000 + pIRES2-EGFP-TRIM28（TRIM28组）。脂质体3000与PIRES2-EGFP-TRIM28载体的比例为4∶1（2 μL∶0.5 μg），放置于CO$_2$培养箱中培养8 h，换上含10%FBS的培养液，于转染后24 h观察荧光，确定转染效率。

（7）转染细胞蛋白提取和Western blotting：转染后72 h后，收集细胞，PBS洗2～3次，加入细胞裂解液RIPA，提取细胞总蛋白。加入1/2体积的4×上样buffer，在沸水中煮沸8 min，离心，取上清点样（10 μL）。

Western blotting及SDS-PAGE电泳如下。

①配制10%的分离胶，室温30 min以上，凝固。

②当分离胶与水液面之间可见清晰的分界线时，将水层弃去，残留水分用滤纸吸干，灌入浓缩胶（浓缩胶浓度低，凝固时间较长，一般室温要1 h以上才能凝固）。

③胶凝固后，安装放入电泳槽内，注入适量电泳缓冲液并轻轻将梳子拔出。

④点样（小枪头缓慢注入蛋白样品），进行电泳，一般电压为60 V，待上样buffer进入分离胶后，可调整电压至100 V继续电泳（小蛋白也可恒压一直跑到底）。当上样buffer的线接近玻璃板底部时，停止电泳，如果使用的是预染marker，可以根据预染marker来确定电泳时间。

⑤电泳结束后，撬开含有凝胶的玻璃板，根据预染marker位置切胶，切下胶条室温在转移缓冲液中平衡0.5 h左右。

⑥提前将滤纸、PVDF膜（甲醇中预先浸泡激活2 min然后水洗30 s），在转移缓冲液中浸湿平衡，利用半干转移系统转膜，按照从正极到负极依次滤纸、PVDF膜、凝胶和滤纸的顺序摆放。

⑦转膜条件为TRIM28（电压10 V，时间40 min），内参β-actin（电压10 V，时间30 min）。

⑧转膜结束后，膜在PBST（PBS含0.1% Tween 20）中稍洗，然后封闭，即将载有蛋白的PVDF膜放入用PBST配制的5%的脱脂奶粉中，水平摇床37 ℃摇动2 h。

⑨一抗孵育，按照抗体使用说明，将一抗-牛TRIM28 (SC-33186, Santa Cruz Biotechnology, Inc.) 按照1∶200的比例，使用含1% BSA的PBST（PBS含0.1% Tween 20）进行稀释，4℃过夜。

⑩洗膜，将PVDF膜放入PBST中洗10 min、3次，置于水平摇床，以除去残留的一抗。

⑪二抗稀释比例为1∶5 000，加入二抗后，37℃摇动孵育2 h。

⑫水平摇床上利用PBST洗PVDF膜10 min，3次。

⑬显影及定影。在暗室内，将发光液A、B混合，滴于膜上，覆上胶片，置暗盒中曝光1～5 min，于显影液中显影，出现条带后，在定影液中定影。

⑭清水洗膜干燥。

（三）结　果

1. 真核表达载体PIRES2-EGFP-TRIM28的酶切鉴定

为了增加限制性内切酶切位点*Sal*Ⅰ和*Bam*HⅠ，以PMD18-T-TRIM28为模板，用限制性内切酶切位点对TRIM28基因进行PCR扩增。然后，用*Sal*Ⅰ和*Bam*HⅠ双酶切表达载体PIRES2-EGFP和TRIM28，连接PIRES2-EGFP和TRIM28基因片段。通过限制性内切酶切（见图2-5）、PCR分析和DNA测序鉴定阳性克隆。

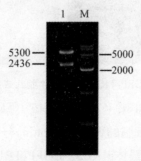

图2-5　*Sal*Ⅰ和*Bam*HⅠ酶切和电泳pIRES2-EGFP-TRIM28真核表达载体

M：DNA标记dl15000；1: pIRES2-EGFP-TRIM28质粒经*Sal*Ⅰ和*Bam*HⅠ消化

2. 牛胎儿成纤维细胞的分离培养及主要印记基因DMRs甲基化鉴定

取遗传背景清楚的45胎龄牛胎儿,剪碎胰酶消化,DMEM/high glucose + 10% FBS、38.5℃和5% CO_2中培养,冷冻保存,用于体细胞核移植胚胎制作及筛选siRNA的干涉效率。同时,本研究对牛胎儿成纤维细胞进行了主要印记基因的甲基化状态分析(见图2-6)。结果表明:45胎龄牛胎儿成纤维细胞父源印记基因H19及母源印记Snrpn、Mest和Peg10甲基化水平分别为38.3%、69%、91%及81.7%。

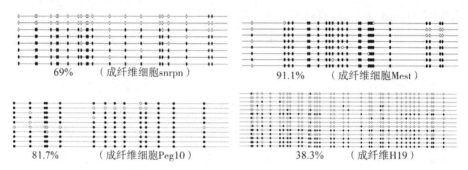

| 69% | (成纤维细胞snrpn) | 91.1% | (成纤维细胞Mest) |
| 81.7% | (成纤维细胞Peg10) | 38.3% | (成纤维H19) |

图2-6 牛胎儿成纤维细胞H19、Peg10及Mest DMRs甲基化状态分析

3. 转染牛胎儿成纤维细胞荧光观察

表达载体pIRES2-EGFP-TRIM28通过脂质体3000转染牛胎儿成纤维细胞,24 h收集细胞用于荧光观察,结果表明大约30%牛胎儿成纤维细胞表达绿色荧光(见图2-7)。

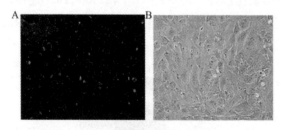

图2-7 PIRES2-EGFP-TRIM28转染牛胎儿成纤维细胞荧光观察

A应该图像(570X);B明场对照(570X)

4. 转染牛胎儿成纤维细胞的Western blotting分析

用脂质体3000将表达载体pIRES2-EGFP-TRIM28转染牛胎儿成纤维细胞,72 h后进行Western印记分析,结果表明:TRIM28组比pIRES2空载体对照组表达更多的TRIM28蛋白(图2-8)。

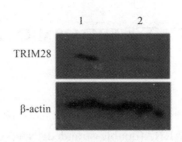

图2-8 TRIM28过表达组表达更多的TRIM28蛋白

1: TRIM28 组；2: pIRES2 组

（四）讨 论

脂质体3000转染具有副作用小、重复性好及转染过程相对容易等优点，因此，我们采用脂质体3000转染牛胎儿成纤维细胞。真核表达载体PIRES2-EGFP具有增强的绿色荧光蛋白（EGFP）基因和新霉素、卡那霉素抗性基因及IRES（内部核糖体进入位点），当IRES片段位于真核mRNA分子的两个开放阅读框之间时，它可以独立于与mRNA分子5′端结合的5′-cap结构，驱动下游蛋白质编码区的翻译。在这种结构中，两种蛋白质都在细胞中产生，因此，插入基因和EGFP会同时表达。EGFP有助于在显微镜下观察和筛选阳性细胞。利用相差荧光显微镜观察细胞，PIRES2-EGFP-TRIM28组观察到绿色荧光，表明已成功地将所报道的基因转染到靶细胞中。这证明用脂质体3000转染pIRES2-EGFP-TRIM28至牛胎儿成纤维细胞是可行的。

总之，本研究克隆了TRIM28的全长，并成功构建了pIRES2-EGFP-TRIM28。采用脂质体转染法将其导入牛胎儿成纤维细胞，表达TRIM28。目前，应用最广泛的靶基因功能研究方法是应用分子技术人为对靶基因进行高表达或低表达。因此，TRIM28分子克隆和高表达载体pIRES2-EGFP-TRIM28的构建可能对其功能研究有重要意义。

第三节 下调TRIM28 siRNA的筛选

引　言

RNA干扰，即双链RNA(double-strandedRNA，dsRNA)通过靶向mRNA的降解，诱导序列特异性的基因沉默的一种生物学过程，RNA干扰作为一种抑制基因转录后表达的工具目前已被广泛应用于研究基因的细胞功能。本部分主要综述使用基因特异性的短RNA干扰片段（siRNA）在哺乳动物细胞中诱导基因沉默的相关内容，并讨论与siRNA技术相关的潜在挑战和问题。

特异性抑制或敲低培养细胞中的基因表达已被广泛用于研究个体基因功能缺失突变的影响。基因特异性降解mRNA是抑制个体基因表达的一种方法。RNA干扰技术是使用最广泛的诱导这种基因特异性RNA降解的技术之一。RNA干扰在秀丽线虫体内被首次发现是作为对小双链RNA(dsRNA)的反应，这导致了序列特异性基因沉默[6]。

RNA干扰是一个多步骤的过程。将dsRNA导入细胞后，首先被RNaseⅢ家族核糖核酸酶Dicer识别并加工成21～23碱基对小干扰RNA（siRNA）。然后，这些短干扰RNA被整合到RNA诱导沉默复合体（RISC）中，并将其导向目标RNA。RISC是一种核酸酶复合体，负责最终破坏目标RNA和基因沉默[7]。在2001年，Tuschl和他的同事[8]观察到将人工合成的21个碱基对双链siRNA转染到哺乳动物细胞中，可以有效地以序列特异性的方式抑制内源基因的表达。这一发现预示了siRNA在哺乳动物系统中作为基因沉默的应用。siRNA寡核苷酸（21～22个碱基对）可以由化学合成，也可以用T7 RNA聚合酶寡核苷酸进行体外转录获得。此外，siRNAs可以通过质粒或病毒/细菌载体传递到细胞中内源性地以小发夹RNA（shRNA）的形式表达。化学合成的siRNAs相对简单，生成速度快。近年来，许多公司已经开始提供siRNA寡核苷酸合成，这极大地促进了合成siRNAs在研究中的应用。

一、siRNA应用于细胞功能研究的注意事项

①针对一个基因的不同区域设计的siRNA寡核苷酸可以有不同的下调效

率[9]。虽然目前的siRNA设计算法在选择有效的siRNA序列方面做得越来越好，但只有大约四分之一的siRNA能达到80%的下调效率。因此，获得每个靶基因的多个siRNA序列（通常是2～4个）并对其进行个体优化势在必行。或者，可以在一次转染中多个siRNAs合并使用，以达到预期下调效率。

②实验中包括一个阴性对照的siRNA，以区分序列（或基因）特异性效应和非序列特异性效应。阴性对照siRNAs可以是与基因特异性siRNA具有相同的核苷酸组成siRNA序列，但与人类基因组或siRNAs缺乏明显的序列没有已知的同源性（通常称为非靶向性siRNA）。非靶向性siRNAs可以从公司获得。

③阳性对照siRNA用于检测siRNA转染细胞的效率。这些都是已知的小干扰RNA序列，可以在体外诱导基因的下调。如果阳性对照siRNA靶向的基因对细胞生存至关重要，那么这个特定基因的下调将导致细胞的快速死亡，并且在显微镜下可以评估siRNA转染的效率。我们发现，靶向Ubiquitinb（UBB）基因或QIAGEN的AllStars细胞死亡控制siRNA是产生细胞快速死亡的良好阳性对照。

④应根据靶标基因的表达水平选择细胞进行评价。为了优化siRNA的下调条件，应该使用目的基因表达水平高的细胞系。

⑤细胞培养的时候，常在培养基中加入抗生素青霉素和链霉素，以防止细菌污染。然而，由于转染试剂增加了细胞的通透性，抗生素的传递也可能增加，这可能导致细胞增加毒性。因此，不建议在转染培养基中添加抗生素。

⑥市场上有许多基于脂质的转染试剂。它们的转染效率在各细胞系间不尽相同。明智的做法是首先查阅文献，确定是否有任何其他研究团队报道了siRNA在相同细胞系/类型中的转染，然后开始使用相同的转染试剂和条件进行实验。

⑦Lonza已经开发了五种不同的Nucleofector™试剂，用于不同的细胞系/细胞类型。各公司还为一些细胞系和原代细胞类型开发了优化建议。应该购买含有制造商推荐的优化Nucleofector™试剂解决方案的试剂盒。文献中还报道了其他的退火缓冲液，如50 mmol/L Tris，pH7.5～8.0，100 mmol/L NaCl和5 mmol/L EDTA(5X)。

⑧应该选择针对感兴趣的基因不同区域的2～4个siRNA序列进行实验。

⑨siRNA的普通转染及电转两种方式优缺点比较。普通转染方法简单，不需要专门的设备，但它不适用于原代细胞和悬浮细胞。电穿孔法虽然常常导致细胞死亡，但即使在难以转染的细胞中也能达到很高的传递效率。它还需要专门的设备（例如，电转化器）。选择正确的方法将取决于实验条件，例如正在使用的细胞和转染后要进行的实验。

⑩细胞的接种数量必须针对不同的细胞系进行优化。目标是在第2天达到50%～70%的结合度。根据转染后的需要进行的其他实验，可以使用不同的培养皿。根据培养皿的表面积，试剂的用量可能需要按比例增大或减小。关于不同培养容器的介质容量和试剂用量，请参阅说明书。Silenfect™的用量可能需要使用2.5～20 μL的体积范围来优化。

⑪所需的siRNA的有效浓度可能取决于所使用的细胞系和靶基因本身。建议通过使用不同浓度的siRNA(最终浓度)进行转染来优化siRNA的浓度。如果正在使用的同一siRNA浓度不足，则可以制备混合物。

⑫建议添加只用转染试剂（不添加siRNA）的组别作为对照。

⑬基因下调早在4 h就可以检测到，在某些情况下可以持续5 d，甚至7 d。然而，一般来说，24～96 h是进行基因下调效率和相关功能实验的理想时间。小干扰RNA可以再次转染细胞，延长基因下调的时间。

⑭不要让细胞在转染试剂中的时间过长，因为长时间暴露可能导致转染效率和细胞活力降低。

⑮小干扰RNA的最佳浓度因细胞系而异。如果不知道最佳浓度，则应使用一个浓度范围(30～300 nm)。

⑯除了Western blot法，其他方法，如免疫荧光染色法和酶联免疫吸附法(ELISA)也可以用来监测siRNA对基因表达的下调效率。

基于以上原则，研究设计合成3个TRIM28的siRNA，开展细胞实验。

二、实验研究

（一）材　料

1. 实验材料

牛成纤维细胞及siRNA。

2. 实验主要试剂及常用仪器

主要试剂：荧光定量PCR试剂盒：SYBR®Premix Ex TaqTM Ⅱ (Tli

RNaseH Plus, TaKaRa），AxyPrep DNA凝胶回收试剂盒［爱思进生物技术（杭州）有限公司］，PMD-18T载体试剂盒［宝生物工程（大连）有限公司］，大肠杆菌Top10感受态细胞，DNase/RNase-free deionized water［天根生化科技（北京）有限公司］，PBS粉末（博士德生物有限公司），PVP-360，氨苄青霉素，琼脂粉，胰蛋白胨，酵母粉，NaCl，Tris粉末，浓HCl，EDTA，十二烷基硫酸钠（SDS），酒精，乙醇，化学合成的3对针对牛TRIM28的siRNA和1对无义siRNA（上海吉玛公司），脂质体3000 Transfection Kit（invitrogen）等，其余同第一节。

常用仪器：美国ABI公司StepOne荧光定量PCR仪，其余同第一节。

（二）研究方法

1. 牛胎儿成纤维细胞的分离及培养

同第二章第二节。

2. siRNA转染牛颗粒细胞

设计合成3条针对TRIM28的siRNA（由上海吉玛公司化学），分别为1、6和7，以及1对无义siRNA（＋），siRNA序列见表2-7。

表2-7　siRNA序列

	正义	反义
＋（对照）	5′-UGACCUCAACUACAUGGUUTT-3′	5′-AACCAUGUAGUUGAGGUCATT-3′
1	5′-GCGUGCAAGUGGAUGUUAATT-3′	5′-UUAACAUCCACUUGCACGCTT-3′
6	5′-GCAGCAAUGUUUCUCCAAATT-3′	5′-UUUGGAGAAACAUUGCUGCTT-3′
7	5′-GCACUAGCUGUGAGGAUAATT-3′	5′-UUAUCCUCACAGCUAGUGCTT-3′

通过转染牛胎儿成纤维细胞筛选TRIM28下调效果最好的siRNA，用以进行后续实验。转染的具体步骤如下。

①将分离培养的牛成纤维细胞复苏后，传代1次后，转入24孔板培养，待细胞密度达到70%～80%融合时，进行转染。

②转染前半小时将细胞换液（不含血清）。

③将25 μL DMEM（不含血清）与1 μL脂质体3000充分混合。

④将25 μL DMEM（不含血清）与4 μL siRNA充分混合。

⑤将3和4中的预混液充分混合，37℃孵育5 min。

⑥吸取50 μL步骤5中混合液分别加入24孔板中的细胞，标记培养。所加

siRNA种类及体积具体见表2-8。

表2-8　siRNA种类及体积（浓度相同）

名称	体积
+（对照）	4 μL
1	4 μL
6	4 μL
7	4 μL
1+6+7（3种混合）	4 μL（混合后总体积）

⑦培养6~8 h后给细胞换液（换为含10% FBS的DMEM），继续培养。

⑧培养48 h后提取转染后细胞总RNA。

3.转染后细胞RNA的提取及RNA的反转录反应

同第一节。

4.实时荧光定量PCR检测TRIM28基因下调效果

以获得的cDNA为模板，用荧光定量PCR试剂盒（TaKaRa公司），SYBR®Premix Ex TaqTM Ⅱ（Tli RNaseH Plus）进行荧光定量PCR。

荧光定量引物设计如下：

根据牛TRIM28（Genbank:NM_001206809.1）和18sRNA（Genbank:NM_001034457.2）设计引物，序列如下：

QTRIM28-F145　　5′-CTGGATGGGGGGGATAGTA-3′

QTRIM28-R145　　5′-CTGGGGAGAAGGTGGAGTC-3′

18sRNA-F　　　　5′-GGAGAGGGAGCCTGAGAAAC-3′

18sRNA-R　　　　5′-TCGCGGAAGGATTTAAAGTG-3′

5.卵巢RNA的提取及RNA的反转录

将组织加入−80℃预冷的研钵中，再加入液氮，充分研磨30~50 mg卵巢组织，加入1 mL RNAiso Plus，吸取1 mL研磨后匀浆转至1.5 mL 无酶离心管中，室温静置5 min后再4℃离心机，13 500 r/min，离心5 min。将上清移至无酶的1.5 mL 离心管中。其余步骤同第一节。

6.标准曲线的制作

（1）以牛卵巢组织cDNA为模版，对内参基因18sRNA和目的基因TRIM28进行PCR扩增，PCR体系见表2-9。

表2-9　PCR反应体系（25 μL）

成份	体积
rTaq Mix	12.5 μL
上游引物	1 μL
下游引物	1 μL
模版	1 μL
ddH$_2$O	to 25 μL

PCR扩增程序：94℃、5 min；94℃、30 s，58℃、30 s，72℃、30 s，40个循环，72℃、10 min延伸，4℃保存。

（2）扩增产物1%琼脂糖凝胶电泳检测，观察记录结果。

（3）PCR产物纯化回收及验证：使用凝胶回收试剂盒对上述PCR扩增产物进行回收，具体步骤见第一节。

（4）重组质粒的制备及测序

①连接：将凝胶回收后的目的条带与T克隆载体相连（pMD18-T vector，TAKARA），连接体系见表2-10。

表2-10　T载体连接体系（10 μL）

成　分	体　积
Solution Ⅰ	5 μL
PM-18T	0.5 μL
模版	4.5 μL

连接总体系为10 μL，16℃连接3.5 h。

②转化：见第一节。

③涂板：取出步骤2中离心管，13 500 r/min离心1 min，弃除350 μL上清液，将剩余菌液混匀，涂于Amp+的LB平板上，放置在37℃恒温培养箱中过夜培养。

④挑菌：挑取单克隆5个，放置于1 mL Amp+ LB培养液中，37℃摇5～10 h。

⑤目的基因的鉴定：进行菌液PCR鉴定，PCP体系见表2-11。

表2-11　PCR反应体系（20 μL）

成　分	体　积
2 × Taq PCR Green Mix	10 μL
上游引物	0.4 μL
下游引物	0.4 μL
模　版	1 μL
ddH$_2$O	to 20 μL

PCR扩增程序：95℃、1 min，94℃、30 s，58℃、30 s，72℃、30 s，40个循环，72℃延伸10 min，4℃保存。

PCR产物1%琼脂糖凝胶电泳，选出2个阳性克隆送到上海生工测序。

（5）阳性克隆的大量扩增：将测序成功的阳性克隆200 μL加入5 mL LB培养液中，37℃摇床培养8 h。

（6）质粒的提取，按照SanPrep Column Plasmid Mini-Preps Kit（生工生物工程）说明书进行，具体步骤见第一节。

（7）将TRIM28和18sRNA的阳性重组质粒以1∶10的比例进行梯度稀释（依次是1 × 10^{-2}，1 × 10^{-3}，1 × 10^{-4}，1 × 10^{-5}和1 × 10^{-6}），将适合浓度的质粒作为标准品，使用Applied Biosystems StepOne^{TM}实时荧光定量PCR仪进行扩增（PCR反应液的配制需在冰上进行），具体反应体系见表2-12。

表2-12　荧光定量PCR反应体系（20 μL）

成份	体积
SYBR®Premix Ex Taq Ⅱ（Tli RNaseH Plus）（2×）	10 μL
ROX ReferenceDye（50×）	0.4 μL
PCR Forward Primer（20 μmol/L）	0.8 μL
PCR Reverse Primer（20 μmol/L）	0.8 μL
DNA模板	2 μL
ddH$_2$O	to 20 μL

反应条件：95℃、30 s，95℃、5s，60℃、30 s，40个循环。

PCR仪将自动生成各基因的标准曲线。

7. 采用荧光定量PCR相对定量的方法检测TRIM28下调情况

标准曲线制作完成，摸索好质粒最佳反应条件以后，以转染后所得成纤维细胞（阳性对照、1、6、7以及1、6、7三种混合）的cDNA为模板，每个样本设置3个重复反应孔，且每个基因均设置阴性对照（PCR反应体系同标准曲线制作体系）。

8.采用Q-PCR相对定量的方法分析实验结果

通过绘制内参基因TRIM28 18sRNA和18sRNA的标准曲线，各基因具有一致的扩增效率且接近100%，满足了△△CT法的条件。

以18sRNA作为内参基因，采用2-△△CT法计算各组基因表达水平，△△CT =实验组（目的基因CT-内参基因CT）-对照组（目的基因CT-内参基因CT），2-△△CT表示：实验组目的基因表达相对于对照组的变化倍数。

9.数据整理与分析

运用spss19.0通过独立样本t检验的方法对数据进行分析，P < 0.05时，认为差异显著。

（三）结　果

1.内参基因18sRNA和目的基因TRIM28扩增结果

内参基因18sRNA和目的基因TRIM28，经普通PCR反应扩增，验证其特异性，产物进行1%琼脂糖凝胶电泳检测，图像显示条带清晰，目的片段特异性较好，可用于后续的荧光定量PCR反应（见图2-9）。

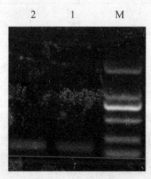

图2-9　内参基因18sRNA和目的基因TRIM28扩增结果

2.荧光定量PCR 18sRNA和TRIM28的标准曲线

将TRIM28和18sRNA的阳性重组质粒按1：10比例的梯度稀释，并作为标准品进行实时荧光定量PCR扩增，绘制标准曲线（见图2-10），标准曲线R^2值分别为0.997和0.998，均大于0.980，说明内参基因18sRNA和目的基因TRIM28的扩增效率大致相同，具有一定的线性关系，可以满足△△CT法的条件，可用于相对荧光定量PCR分析。

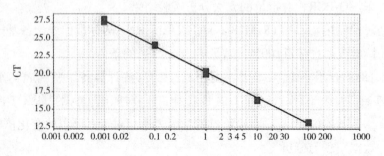

TRIM28 R^2: 0.998

标准曲线

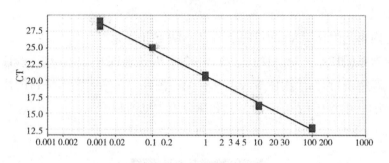

18sRNA R^2: 0.997

图2-10 TRIM28基因（上）与18sRNA基因（下）实时荧光定量PCR标准曲线

3. TRIM28下调情况分析

siRNA转染牛成纤维细胞（对照、1、6、7以及1、6、7混合）后，提取mRNA，以反转cDNA为模板，以牛18sRNA为内参基因，TRIM28为目的基因进行相对荧光定量PCR，每个样本设置3个重复反应孔，且每个基因均设置阴性对照，得到相应的RQ值（见如图2-11）。

通过对比RQ值可知，虽然1、6、7组的TRIM28与对照组相比都显著降低，但是1、6和7三种siRNA的混合物对TRIM28的下调效果比分别单独使用1、6和7 siRNA的下调效果更明显，与对照相比，TRIM28的表达下调了82.6%，因此，本研究选用1、6和7三种siRNA的混合物进行后续实验。

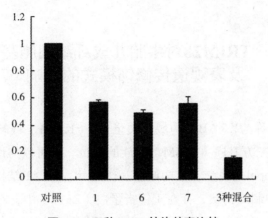

图2-11　三种siRNA转染效率比较

（四）讨　论

siRNA 1、6和7对TRIM28基因均显著的下调效果，siRNA 1、6和7混合物对TRIM28的下调作用最为明显，达到了下调效果高于70%的要求，与对照组相比，下调率可达84.47%。RNA干扰（RNAi）是一种非常有效的基因沉默技术，目的基因沉默是通过引入与内源mRNA同源的双链RNA（dsRNA），诱导同源靶mRNA的特异性降解。siRNA是由Dicer酶处理的双链microRNA，含有19～21个核苷酸，每条链的3′端有两个悬挂碱基，它可以通过多种不同的转染技术导入细胞。siRNA序列与靶mRNA序列的匹配程度影响RNA干扰的效率，单个碱基的不匹配可能导致RNA干扰失效。

siRNA混合物干扰效率高的原因可能是siRNA混合物对靶基因不同位点进行干扰，作用比对靶基因单个位点的干扰作用更明显。在过去的十年中，RNAi技术已广泛用于哺乳动物基因功能研究领域，大量研究表明，siRNA具有特异性、高效率和高稳定性的特点[10-12]。siRNA可以绕过抗病毒干扰素反应，并在体外培养的哺乳动物细胞中实现基因敲除作用。对于敲除后将导致胚胎死亡的某些基因，RNAi技术可用于研究其在体外培养细胞中的功能。此外，RNAi技术可用于干扰胚胎干细胞中某些基因的表达，从而研究它们是否在增殖和分化过程中发挥作用。由于传统基因敲除技术在大型动物中的应用受到成功率低、成本高等诸多因素的限制，因此，siRNA介导的转录后基因沉默，即RNA干扰技术已成为基因敲除的替代技术。基因敲除，用于研究某些基因在早期胚胎发育过程中的功能，这项技术已被应用于许多动物，例如牛、小鼠和猪等动物[70-72, 74]。

第四节　TRIM28对牛胎儿成纤维细胞基因表达及表观遗传修饰模式的影响

TRIM28也称为KRAB结构域相关蛋白1（KAP1）或转录中间因子1β（TIF1β），是三方基序（TRIM）家族的成员。它可以与许多转录因子中的KRAB（Krüppel相关盒）结构域相互作用[13]。KRAB结构域是一个高效且高度保守的抑制结构域，存在于锌指蛋白（ZFPs）中，ZFPs是最大的转录因子家族。由于TRIM28与保守的KRAB抑制结构域结合，因此，它是一个关键的转录共同抑制因子[14-16]。TRIM28通过与多个因子结合形成转录抑制复合物从而表观调控基因表达。与TRIM28结合形成转录抑制复合物的蛋白，包括异染色质相关蛋白1（HP1）、组蛋白甲基转移酶（HMTs）、核因子（N-CoR）和组蛋白脱乙酰酶（HDACs）[14-16]。此外，TRIM28还可以调节缺乏KRAB结构域的转录因子，例如c-Myc和E2F1[16, 21-24]。小鼠胚胎中TRIM28的缺失导致胚胎致死[25]表明TRIM28在胚胎发育过程中至关重要。TRIM28作为一种支架蛋白稳定和调节染色质重塑的转录复合物，在维持基因组印记方面也发挥着重要作用。

组蛋白H3K9me3参与构成异染色质[26]。众所周知，基因启动子的活性增加了H3K9特异性甲基转移酶的活性，导致异染色质的形成，从而抑制转录。Vakoc等人[27]的研究（2005）发现，H3K9me3存在于多个基因的转录域中，与蛋白HP1γ、H3K9异染色质甲基化识别区以及转录区的RNA聚合酶Ⅱ结合，在基因沉默中起作用。

总地来说，本节主要研究TRIM28和TRIM28相关基因的表达，如下调TRIM28对HP1BP3（异染色质蛋白1，结合蛋白3）、DNMT（DNA甲基转移酶）、SETDB1、多能基因TP53（肿瘤蛋白p53），以及凋亡基因BAX、Bcl和抗氧化基因SOD的影响，TRIM28过度表达时这些基因的变化，最后对siRNA转染后TRIM28与H3K9me3的相互作用进行检测。

（一）材　料

（1）牛胎儿成纤维细胞为本实验室分离保存于吉林农业大学形态学实验室。

（2）主要溶液配制。

（二）方　法

1. 细胞爬片的制作

盖玻片依次用浓硫酸浸泡12 h，蒸馏水反复洗涤，无水乙醇浸泡6 h，再用蒸馏水洗涤3次，高压并烘干。使用聚赖氨酸处理盖玻片，使细胞更紧密地黏附在玻璃片上。最后，在超净台中放置于细胞培养皿底。

2. 细胞复苏及培养

将牛成纤维细胞从液氮中快速取出，37℃水浴中解冻，用70%乙醇擦洗后，将成纤维细胞从试管中取出，将细胞悬液转移到离心管中，在超净工作台中加入8 mL Dulbecco改良的Eagle培养基（DMEM）。离心后，弃上清。细胞培养液DMEM中，添加10%胎牛血清（Gibco，Life Technologies），培养条件38.5℃、5% CO_2（Thermo BB150，美国）。24 h后，换细胞培养液，细胞继续生长。

3. 传　代

当细胞汇合时，丢弃上清液，用PBS洗涤细胞两次，并用0.25%胰蛋白酶消化约2 min。适当时，添加完全培养基以终止消化。轻轻收集细胞，离心，给予新鲜培养基，并传代培养。细胞在转染前用处理过的盖玻片在培养皿中培养。观察细胞生长情况。细胞融合后，进行成纤维细胞免疫荧光染色。

4. 重组p-EGFP-IRES2-TRIM28质粒转染牛胎儿成纤维细胞

重组p-EGFP-IRES2-TRIM28质粒转染的细胞系，表达绿色荧光蛋白。真核表达载体p-EGFP-IRES2-TRIM28制备见本章第一节。

5. siRNA转染牛胎儿成纤维细胞

三对siRNA购自上海吉玛，序列见第二节。根据脂质体3000转染试剂操作指南（美国Life Technologies公司）对牛成纤维细胞进行了siRNA和重组p-EGFP-IRES2质粒的转染。细胞在30 mm培养皿中生长，约70%～90%汇合。转染前约30 min，将培养液改为不含FBS的DMEM。简言之，将7.5 μL脂质体3000和125 μL DMEM分别置于1.5 mL试管中，30 μL siRNA/4 μL重组p-EGFP-IRES2质粒和125 μL DMEM置于1.5 mL试管（无血清）中，在二氧化碳培养箱中培养5 min。接下来，将脂质体3000和30 μg siRNA在1.5 mL试管中在二氧化碳培养箱中混合5 min。将转染混合物加入细胞中，细胞在

38.5℃孵育6～8 h，加入2 mL胎血清培养基。2 d后，对转染细胞进行分析。

6. 牛成纤维细胞免疫荧光染色

对细胞爬片进行免疫荧光染色。细胞在含0.2%聚乙烯醇（PVA）的PBS中洗涤3次，固定于4%多聚甲醛中15 min，用0.2% Triton X-100在PBS溶液中渗透20 min，洗涤3次，滤纸干燥后，用2%牛血清白蛋白（BSA）在27～37℃下封闭30 min。然后，用滤纸将细胞干燥，在湿培养基中用H3K9me3在二氧化碳培养箱中培养2 h。在用滤纸洗涤和干燥后，将二级抗体（FITC标记的山羊抗兔IgG（Boster）用于H3K9me3）在二氧化碳培养箱（黑暗中）中培养1 h。用Hoechst对DNA染色10 min后，用抗荧光淬灭剂将细胞贴在玻片上，并使用配备198台Nikon DS-Ri1数码相机（日本东京Nikon）的Nikon Eclipse Ti-S显微镜进行分析。

7. RNA分离、cDNA合成和qRT-PCR

牛成纤维细胞中mRNA及cDNA反转录提取见本章第二节。qRT-PCR混合物（20 μL）由2 μL cDNA、10 μL SYBR-green-master混合物、0.4 μL ROX参考染料、6 μL RNase游离水和0.8 μL正向和反向引物（10 pmol）组成。用qRT-PCR和阈值周期（ΔΔCT）法分析相关基因表达数据。

8. 统计分析

所有数据均采用单因素方差分析方法（SPSS21）进行统计产出分析，$P < 0.05$显著性差异，在$P < 0.01$极显著性差异。

（三）结 果

1. 牛成纤维细胞siRNA转染的免疫荧光观察

免疫荧光染色后，紫外光激发核染料呈现蓝色荧光，绿光激发二抗发红色荧光，如图2-12所示。脂质体3000对siRNA转染成纤维细胞的免疫荧光染色结果显示，H3K9me3分布于细胞核内。下调TRIM28后，H3K9me3免疫荧光染色信号较对照组弱（见图2-12A）。此外，细胞核荧光强度和FITC标记的山羊抗兔IgG明显降低（见图2-12B），表明转染组H3K9me3表达水平显著降低（$P < 0.05$）。

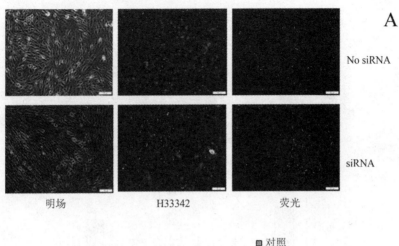

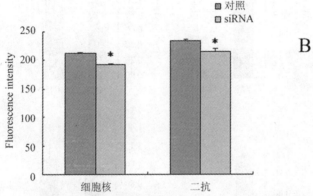

图2-12 下调TRIM28牛成纤维细胞H3K9me3免疫荧光染色

2. 牛成纤维细胞中siRNA的转染

为了评估TRIM28在siRNA转染成纤维细胞中的下调水平，我们进行了实时RT-PCR。如图2-13所示，与对照组相比，转染组TRIM28的相对表达显著降低（$P < 0.01$）（见图2-13A）。此外，与对照组相比，HP1BP3和DNMT转染组的相对表达显著降低（$P < 0.01$）（见图2-13B、C）。有趣的是，当TRIM28下调时，SETDB1的表达（见图2-13D）没有明显改变。此外，多能基因TP53（见图2-13E）和抗凋亡基因Bcl（见图2-13H）的相对表达显著低于对照组（$P < 0.01$）；促凋亡基因BAX（见图2-13G）高于对照组（$P < 0.01$）；抗氧化基因SOD（见图2-13H、F）无显著性差异（$P > 0.05$）。

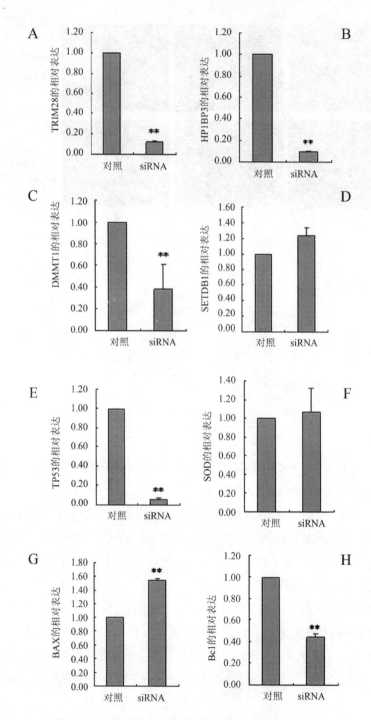

图2-13　下调**TRIM28**牛成纤维细胞基因表达水平变化

3. 质粒转染牛成纤维细胞

用脂质体 3000将重组的p-EGFP-IRES2-TRIM28质粒转染牛成纤维细胞24h后，用荧光显微镜观察细胞荧光的表达（见图2-14）。结果表明，TRIM28在牛成纤维细胞中表达。

明场　　　　　　　　　　　　　　　荧光

图2-14　过表达载体p-EGFP-IRES2-TRIM28转染牛成纤维细胞绿色荧光蛋白表达

检测重组p-EGFP-IRES2-TRIM28质粒转染牛成纤维细胞的基因表达。图2-15所示的结果表明，转染后的TRIM28在牛成纤维细胞中的表达显著增加（$P < 0.01$）（见图2-15A），表明TRIM28过度表达。然而，HP1BP3和DNMT1的表达减少（$P > 0.05$）（见图2-15B、C），Setdb1增加（$P > 0.05$）（见图2-15D），但不显著，表明当TRIM28在牛成纤维细胞中过度表达时，对TRIM28相关基因没有显著影响。多能性基因TP53和抗氧化基因SOD在转染组表达增加，但变化不显著（$P > 0.05$）（见图2-15E、F和H）。此外，转染组中促凋亡基因BAX的相对表达显著降低（$P < 0.01$）（见图2-15G）。结果表明，TRIM28的过表达抑制了细胞凋亡，降低了DNMT1和HP1BP3的表达水平，这可能意味着TRIM28与zfp57的结合位点在TRIM28上调时变化不大，对TRIM28及其相关基因的转录调控也未造成显著影响。

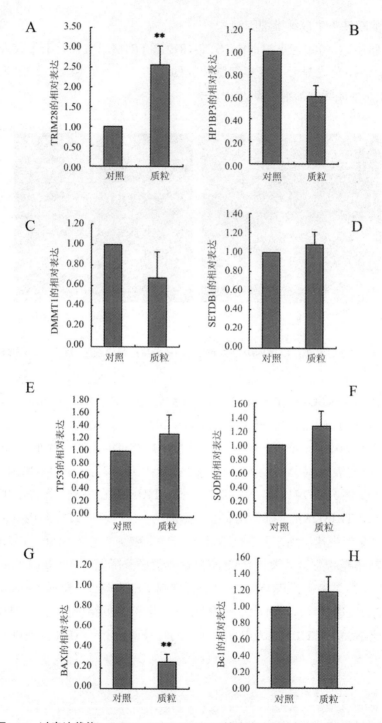

图2-15　过表达载体p-EGFP-IRES2-TRIM28转染牛成纤维细胞对基因表达影响

（四）讨 论

H3K9me3和TRIM28与HP1蛋白相互作用，调节转录过程。然后，RNA干扰（RNAi）主要在转录后基因沉默中发挥作用，导致目标基因的抑制或沉默[28-32]。此外，siRNA转染是完成RNAi的关键。因此，我们推测H3K9me3表达下调，可能通过TRIM28下调限制了牛成纤维细胞的转录调控。

一些研究表明，TRIM28蛋白的C末端包含三个保守结构域：HP1、PHD和BROMO，它们通过将TRIM28与HP1BP3、SETDB1和DNMT1结合形成异染色质以实现转录抑制[2, 3, 5, 33]。在我们的研究中，我们研究了HP1BP3、SETDB1和DNMT1与TRIM28的相互作用。RNAi下调TRIM28表达抑制成纤维细胞HP1BP3、SETDB1和DNMT1表达及细胞生长。

编码p53蛋白的TP53基因是一种转录因子，在基因组稳定、细胞生长停滞和凋亡中起着重要作用。此外，它可能恢复DNA损伤[34]。然而，除此之外，TP53和TP53依赖性凋亡受TRIM28活性的控制[35]。因此，这表明siRNA诱导的TP53减少将抑制细胞生长，促进促凋亡基因的表达。

细胞凋亡由外部或内部刺激激活，并由细胞中的凋亡调节蛋白调节。凋亡蛋白分为两类：促凋亡蛋白和抗凋亡蛋白。Bcl-2在细胞凋亡中起关键作用。Bcl-2和BAX蛋白水平与细胞凋亡直接相关。BAX升高促进细胞凋亡，Bcl-2升高抑制细胞凋亡。在我们的实验中，根据BAX和Bcl的表达，我们推断下调的TRIM28抑制细胞生长。

在SOD的表达方面，下调的TRIM28在牛成纤维细胞抗氧化作用的进展中只起了很小的作用。可能作为支架蛋白，TRIM28首先与锌指蛋白57（ZFP57）位点结合，但ZFP57的结合位点在DNA上，因此，TRIM28下调时，TRIM28与ZFP57的结合位点可能没有明显变化，新招募的TRIM28蛋白可能也没有明显变化[37]。

根据结果分析，我们推测下调的TRIM28表达可诱导特异基因下调，从而促进细胞凋亡，诱导抗凋亡基因沉默。牛成纤维细胞中TRIM28特异性siRNA的转染可导致TRIM28相关基因的抑制或沉默，从而导致细胞周期阻滞和转录抑制，影响细胞生长。然而，这项研究可以作为治疗各种疾病的有效方法，包括癌症和动脉粥样硬化。此外，质粒转染导致TRIM28的过度表达，与预后不良有关。因此，我们推测TRIM28的表达水平具有重要的意义，可能被认为是一个有价值的增殖、凋亡和组蛋白H3K9me3的生物分子，也是肿瘤诊断和治疗的潜在靶点。

参考文献

[1]Hatakeyama S. TRIM proteins and cancer[J]. Nat Rev Cancer, 2011; 11: 792-804.

[2]Schultz DC, Ayyanathan K, Negorev D, Maul GG, Rauscher FR. SETDB1: a novel KAP-1-associated histone H3, lysine 9-specific methyltransferase that contributes to HP1-mediated silencing of euchromatic genes by KRAB zinc-finger proteins[J]. Genes Dev, 2002; 16: 919-932.

[3]Schultz DC, Friedman JR, Rauscher FR. Targeting histone deacetylase complexes via KRAB-zinc finger proteins: the PHD and bromodomains of KAP-1 form a cooperative unit that recruits a novel isoform of the Mi-2alpha subunit of NuRD[J]. Genes Dev, 2001; 15: 428-443.

[4]Nielsen AL, Ortiz JA, You J, Oulad-Abdelghani M, Khechumian R, Gansmuller A, Chambon P, Losson R. Interaction with members of the heterochromatin protein 1 (HP1) family and histone deacetylation are differentially involved in transcriptional silencing by members of the TIF1 family[J]. EMBO J, 1999; 18: 6385-6395.

[5]Iyengar S, Farnham PJ. KAP1 protein: an enigmatic master regulator of the genome[J]. J Biol Chem, 2011; 286: 26267-26276.

[6]Fire A, Xu S, Montgomery MK, Kostas SA, Driver SE, Mello CC. Potent and specific genetic interference by double-stranded RNA in Caenorhabditis elegans[J]. Nature, 1998; 391: 806-811.

[7]Sontheimer EJ. Assembly and function of RNA silencing complexes[J]. Nat Rev Mol Cell Biol, 2005; 6: 127-138.

[8]Elbashir SM, Harborth J, Lendeckel W, Yalcin A, Weber K, Tuschl T. Duplexes of 21-nucleotide RNAs mediate RNA interference in cultured mammalian cells[J]. Nature, 2001; 411: 494-498.

[9]Dykxhoorn DM, Novina CD, Sharp PA. Killing the messenger: short RNAs that silence gene expression[J]. Nat Rev Mol Cell Biol, 2003; 4: 457-467.

[10]Timmons L, Court DL, Fire A. Ingestion of bacterially expressed dsRNAs can produce specific and potent genetic interference in Caenorhabditis elegans[J]. Gene, 2001; 263: 103-112.

[11]Kawasaki H, Taira K. Short hairpin type of dsRNAs that are controlled by tRNA(Val) promoter significantly induce RNAi-mediated gene silencing in the cytoplasm of human cells[J]. Nucleic Acids Res, 2003; 31: 700-707.

[12]石智, 符立梧. RNAi及其在肿瘤研究中的应用[J]. 生物化学与生物物理进展, 2004; 31: 492-499.

[13]Abrink M, Ortiz JA, Mark C, Sanchez C, Looman C, Hellman L, Chambon P, Losson R. Conserved interaction between distinct Kruppel-associated box domains and the transcriptional intermediary factor 1 beta[J]. Proc Natl Acad Sci USA, 2001; 98: 1422-1426.

[14]Kim SS, Chen YM, O'Leary E, Witzgall R, Vidal M, Bonventre JV. A novel member of the RING finger family, KRIP-1, associates with the KRAB-A transcriptional repressor domain of zinc finger proteins[J]. Proc Natl Acad Sci USA, 1996; 93: 15299-15304.

[15]Moosmann P, Georgiev O, Le Douarin B, Bourquin JP, Schaffner W. Transcriptional repression by RING finger protein TIF1 beta that interacts with the KRAB repressor domain of KOX1[J]. Nucleic Acids Res, 1996; 24: 4859-4867.

[16]Satou A, Taira T, Iguchi-Ariga SM, Ariga H. A novel transrepression pathway of c-Myc. Recruitment of a transcriptional corepressor complex to c-Myc by MM-1, a c-Myc-binding protein[J]. J Biol Chem, 2001; 276: 46562-46567.

[17]Gritz L, Davies J. Plasmid-encoded hygromycin B resistance: the sequence of hygromycin B phosphotransferase gene and its expression in Escherichia coli and Saccharomyces cerevisiae[J]. Gene, 1983; 25: 179-188.

[18]Fu J, Qin L, He T, Qin J, Hong J, Wong J, Liao L, Xu J. The TWIST/Mi2/NuRD protein complex and its essential role in cancer metastasis[J]. Cell Res, 2011; 21: 275-289.

[19]Iyengar S, Farnham PJ. KAP1 protein: an enigmatic master regulator of the genome[J]. J Biol Chem, 2011; 286: 26267-26276.

[20]Iyengar S, Ivanov AV, Jin VX, Rauscher FR, Farnham PJ. Functional analysis of KAP1 genomic recruitment[J]. Mol Cell Biol, 2011; 31: 1833-1847.

[21]Satou A, Hagio Y, Taira T, Iguchi-Ariga SM, Ariga H. Repression of the c-fms gene in fibroblast cells by c-Myc-MM-1-TIF1beta complex[J]. FEBS Lett, 2004; 572: 211-215.

[22]Hagio Y, Kimura Y, Taira T, Fujioka Y, Iguchi-Ariga SM, Ariga H. Distinct localizations and repression activities of MM-1 isoforms toward c-Myc[J]. J Cell Biochem, 2006; 97: 145-155.

[23]Ivanov AV, Peng H, Yurchenko V, Yap KL, Negorev DG, Schultz DC, Psulkowski E, Fredericks WJ, White DE, Maul GG, Sadofsky MJ, Zhou MM, Rauscher FR. PHD domain-mediated E3 ligase activity directs intramolecular sumoylation of an adjacent bromodomain required for gene silencing[J]. Mol Cell, 2007; 28: 823-837.

[24]Chen L, Chen DT, Kurtyka C, Rawal B, Fulp WJ, Haura EB, Cress WD. Tripartite motif containing 28 (TRIM28) can regulate cell proliferation by bridging HDAC1/E2F interactions[J]. J Biol Chem, 2012; 287: 40106-40118.

[25]Messerschmidt DM, de Vries W, Ito M, Solter D, Ferguson-Smith A, Knowles BB. TRIM28 is required for epigenetic stability during mouse oocyte to embryo transition[J]. Science, 2012; 335: 1499-1502.

[26]Laugesen A, Hojfeldt JW, Helin K. Molecular Mechanisms Directing PRC2 Recruitment and H3K27 Methylation[J]. Mol Cell, 2019; 74: 8-18.

[27]Vakoc CR, Mandat SA, Olenchock BA, Blobel GA. Histone H3 lysine 9 methylation and HP1gamma are associated with transcription elongation through mammalian chromatin[J]. Mol Cell, 2005; 19: 381-391.

[28]Elbashir SM, Harborth J, Lendeckel W, Yalcin A, Weber K, Tuschl T. Duplexes of 21-nucleotide RNAs mediate RNA interference in cultured mammalian cells[J]. Nature, 2001; 411: 494-498.

[29]Friedman JR, Fredericks WJ, Jensen DE, Speicher DW, Huang XP, Neilson EG, Rauscher FR. KAP-1, a novel corepressor for the highly conserved KRAB repression domain[J]. Genes Dev, 1996; 10: 2067-2078.

[30]Kamthan A, Chaudhuri A, Kamthan M, Datta A. Small RNAs in plants: recent development and application for crop improvement[J]. Front Plant Sci, 2015; 6: 208.

[31]Saurabh S, Vidyarthi AS, Prasad D. RNA interference: concept to reality in crop improvement[J]. Planta, 2014; 239: 543-564.

[32]Zhang C, Konermann S, Brideau NJ, Lotfy P, Wu X, Novick SJ, Strutzenberg T, Griffin PR, Hsu PD, Lyumkis D. Structural Basis for the RNA-Guided Ribonuclease Activity of CRISPR-Cas13d[J]. Cell, 2018; 175: 212-223.

[33]Quenneville S, Verde G, Corsinotti A, Kapopoulou A, Jakobsson J, Offner S, Baglivo I, Pedone PV, Grimaldi G, Riccio A, Trono D. In embryonic stem cells, ZFP57/KAP1 recognize a methylated hexanucleotide to affect chromatin and DNA methylation of imprinting control regions[J]. Mol Cell, 2011; 44: 361-372.

[34]Hamadou WS, Besbes S, Bourdon V, Youssef YB, Laatiri MA, Noguchi T, Khelif A, Sobol H, Soua Z. Mutational analysis of TP53 gene in Tunisian familial hematological malignancies and sporadic acute leukemia cases[J]. Fam Cancer, 2017; 16: 153-157.

[35]Hamm J, Tessanne K, Murphy CN, Prather RS. Transcriptional regulators TRIM28, SETDB1, and TP53 are aberrantly expressed in porcine embryos produced by in vitro fertilization in comparison to in vivo- and somatic-cell nuclear transfer-derived embryos[J]. Mol Reprod Dev, 2014; 81: 552-566.

[36]Babu PP, Suzuki G, Ono Y, Yoshida Y. Attenuation of ischemia and/or reperfusion injury during myocardial infarction using mild hypothermia in rats: an immunohistochemical study of Bcl-2, Bax, Bak and TUNEL[J]. Pathol Int, 2004; 54: 896-903.

[37]Zuo X, Sheng J, Lau HT, McDonald CM, Andrade M, Cullen DE, Bell FT, Iacovino M, Kyba M, Xu G, Li X. Zinc finger protein ZFP57 requires its co-factor to recruit DNA methyltransferases and maintains DNA methylation imprint in embryonic stem cells via its transcriptional repression domain[J]. J Biol Chem, 2012; 287: 2107-2118.

第三章 TRIM28对卵母细胞胞质成熟的影响

根据世界卫生组织的数据，每六对夫妇中就有一对患有不孕不育症，而且在过去的二十年中其发病率并没有下降。因此，不孕不育是一个重大的全球公共卫生问题。尽管在过去的二三十年中，ART取得了显著的进展，但是对不孕症的治疗，特别是与大龄人口有关的治疗，仍存在不足。在西方文明中，计划生育越来越依赖ART，这进一步刺激了ART的发展。根据最新的统计数据[1,2]，35岁以下患者体外受精非供体新鲜胚胎移植的活胎出生率约为29%~33%，这取决于所采用的标准。这些比例是在最佳条件下实现的，但成功率随着女性伴侣年龄的增加而大幅下降。使用更严格的指标，每个取出卵母细胞的妊娠率估计为4.5%。因此，普遍的共识是，当前的ARTs仍有改进的空间。这其中比较重要的一个点是开发更可靠地预测卵母细胞质量的技术，该技术能够准确地量化配子作为胚胎发育的潜力，并支持妊娠至足月。与此同时，对配子发育为受精卵的生物学过程的更好理解有利于ARTs技术的提升。

卵母细胞发育能力通常被定义为雌性配子成熟为卵子的能力，这种能力有可能有助于受精并维持胚胎发育到囊胚阶段。在某些情况下，这个定义被扩大到包括可以维持怀孕直到胎儿出生的可能性。从发育生物学的角度来看，配子属性包含了一些最关键和最复杂的生物逻辑转换。这些包括重构配子以接受和整合雄性基因组，核重编程使合子具有全能性，以及胚胎基因组激活 (EGA)。鉴于在线虫和果蝇模式生物中的研究发现，一些原肠胚形成的控制元素可能已经在配子编程。由于所涉及的生物过程的复杂性，很难确定卵母细胞获得这种潜能所必需的关键事件。然而，人们普遍认为，健康的雌性配子的产生依赖于卵泡体细胞和生殖细胞的协调发育。这种协调发育需要两个细胞间不断地交换信息。许多分子、激素和旁分泌参与上述信息交换过程的调控是已知的，但许多生物学功能仍然有待鉴定。生殖细胞与周围颗粒细胞或卵丘细胞的代谢耦合是这种相互作用的另一个重要方面，最终促进发育能力。此外，在卵母细胞成熟的最后阶段发生的细胞核和细胞质成熟对于卵细胞的质量也很重要，所涉及的分子机制，知之甚少，尚未绘制出发育能力所需要的机制的完整蓝图。

选择具有最佳发育潜能的卵母细胞一直是近几十年来密集研究的焦点，为了实现这一目标，人们提出了无数的策略。形态学标准是最广泛使用的范例，但认识到即使是最正常的卵母细胞或胚胎也可能隐藏非整倍体，这表明了这种方法的局限性[3,4]，并促使人们寻找更动态的形态学标准，例如卵母细胞到胚胎的转变所需的时间。最近在通过转录基因组学或基因组学评估基因表达方面的进展也被用于更好地了解卵母细胞质量[5-7]，但是一些局限性，包括与这种方法相关的侵入性目前阻止了它的广泛使用。

本章旨在总结卵母细胞向胚胎过渡过程中的主要细胞和分子事件，这些事件代表了未来胚胎正常发育的关键步骤。我们将回顾最新的概念和我们目前对卵母细胞如何发展维持胚胎发育能力的理解。在涵盖上述大多数领域的同时，我们将强调将发育能力与卵母细胞到胚胎过渡期母体mRNA翻译程序联系起来的现有证据。完全成熟的雌配子的一个既定特征是减少对转录控制基因表达的依赖。然而，对于人类卵母细胞的翻译程序的特性知之甚少。此外，我们将建立这样一个想法，即理解mRNA转运的时间模式可以最终提供一个更好的理解基础配子发展的分子细节，包括发育能力的获得。

第一节　卵母细胞成熟的调控机制

哺乳动物卵母细胞在胚胎发育过程中经历第一次减数分裂进程，在出生时，它们停留在前期Ⅰ的双线期阶段。卵母细胞的减数分裂停滞一直持续到排卵前不久。在每个生殖周期中，排卵前LH峰值触发减数分裂的恢复及其进展到中期Ⅱ(MⅡ)，这一过程通常被称为卵母细胞成熟。减数分裂Ⅰ恢复后，出现有组织的细胞核包膜（生发泡，GV）解体，即生殖囊泡破裂(GVBD)，其次是染色体凝聚、纺锤体形成和第一极体挤压。此后，卵母细胞进入第二次减数分裂，在第二次减数分裂中期再次停止，直到受精。

受精后，卵母细胞恢复减数分裂Ⅱ，排出第二极体，从而完成成熟。卵母细胞成熟是卵母细胞获得成功受精和胚胎发育能力的重要步骤之一。卵母细胞获得这种发育能力涉及受精前不同阶段不同信号通路调节的多种因素。人类卵母细胞发育失败或不完全成熟将导致不孕症。本部分综述了近年来有关哺乳动物卵母细胞减数分裂阻滞和成熟调控的各种信号通路和细胞内机制的研究进展。

一、Prophase Ⅰ期卵母细胞减数分裂阻滞的调控

生殖细胞谱系与体细胞谱系的分离是无脊椎动物和脊椎动物发育过程中的早期发育事件。在小鼠中，原始生殖细胞(PGC)来源于胚胎外胚层在原肠胚形成过程中迁移到生殖脊，其中，性别决定通过维甲酸(RA)依赖机制发生。在胚胎卵巢中，维甲酸通过一种不确定的机制调控减数分裂诱导PGCs的发育。相反，在胎儿睾丸中，P450细胞色素酶CYP26B1降解RA，将减数分裂的开始推迟到出生后，因此，卵子发生受阻，有利于精子发生[8,9]。一旦PGC开始卵子生成并进入减数分裂，它就会进入前期Ⅰ的双线期阶段，第一次减数分裂周期通过下面描述的机制被阻止。

在哺乳动物卵巢中，原始卵泡或初级卵泡内的卵母细胞是无生殖能力的，如果从卵泡中分离出来就不能成熟[10-14]。这主要是由于卵母细胞成熟所必需的细胞周期蛋白质的缺乏或低浓度导致的。相反，在有腔卵泡Ⅰ期双线期停滞的卵母细胞从卵泡环境中取出后完全能够完成减数分裂，产生的卵子能够完全受精，并能进行胚胎发育。并非所有物种都能观察到卵母细胞减数分裂的自发恢复。例如，爪蟾卵母细胞在去除其卵泡环境后不能自发恢复减数分裂[15]。在卵泡发育过程中，卵母细胞通过表达前期Ⅰ期处于抑制状态的细胞周期蛋白体积变大并获得成熟能力，这些蛋白的抑制导致卵母细胞停滞[16]。在哺乳动物体外成熟过程中，猪卵母细胞直径约为3 mm[17]，小鼠卵母细胞直径约为75 μm[18]，人卵母细胞直径约为100 μm[19]，卵母细胞的直径是影响减数分裂恢复的重要因素。未达到适当大小的卵母细胞可能滞留在前期Ⅰ期，或者如果在体外培养，可能只能成熟到中期Ⅰ期。事实上，在猫、猪和牛中，卵母细胞体外成熟的能力取决于分离卵母细胞的卵泡大小。然而，卵母细胞的大小并不是决定卵母细胞能力的唯一因素，即使是完全成熟的卵母细胞在体外培养时也可能无法恢复减数分裂，并在前期Ⅰ或

中期Ⅱ[20]停滞不前。据报道，人类卵母细胞即使从所需大小的卵泡中分离出来，仍处于发育不成熟状态。这种发育不成熟状态的卵母细胞不能成熟被认为是由于调节卵母细胞成熟的分子机制的缺陷所导致的。

二、LH诱导的卵母细胞减数分裂的恢复

在颗粒细胞中，LH通过cAMP依赖途径诱导不同的表皮生长因子(EGF)样蛋白的表达。表皮生长因子相关蛋白，如amphiregulin(AREG)、epiregulin(EREG)和beta-cellullin(BTC)在啮齿类动物、人类、非人灵长类动物、牛和猪颗粒细胞中均有表达。这些EGF样蛋白分别以自分泌和旁分泌的方式通过EGF受体（EGFRs）作用于壁细胞和卵丘颗粒细胞。事实上，人们认为这些类EGF蛋白是由基质金属蛋白酶(MMPs)应答LH[21]切割和释放的，因为EGF活性可以在人类和猪的卵泡液中检测到，与受精能力和卵母细胞质量有关。此外，体外研究表明，EGFR对恢复减数分裂和提高卵母细胞体外成熟率很重要。通过AREG、EREG和EGFR抑制剂以及KO小鼠模型的研究表明，EGF样生长因子是参与LH介导卵母细胞成熟过程的调节因子[22]。敲除小鼠的AREG和（或）EGFR可以延迟或阻止LH诱导的卵母细胞成熟、卵丘扩张和排卵过程。虽然EGFR的表达以及EGF对卵母细胞的直接作用已有报道，但这些蛋白在卵母细胞减数分裂成熟过程中的作用是直接还是间接（通过卵丘细胞）尚不清楚。然而，卵母细胞与颗粒细胞之间的功能性双向通信对卵母细胞成熟至关重要，最近研究表明，卵母细胞可通过卵母细胞衍生生长因子GDF9和BMP15[23]的旁分泌作用影响卵丘细胞EGFR的表达。鉴于表皮生长因子样蛋白在卵母细胞成熟中的重要性，这些蛋白可能是人类卵母细胞体外培养和生育能力改善的靶标。这一假说进一步得到了证实，通过在培养基中添加EGF，促进山羊、猪、狗和非人灵长类动物体外成熟(IVM)和体外受精(IVF)。近期研究表明，在排卵期间，小鼠颗粒细胞中存在Ⅲ型神经调节蛋白NRG1的表达，提示其他EGFR家族受体(如HER2-HER3)参与了诱导成熟的信号传导过程。Nrg1增强颗粒细胞和卵丘细胞AREG诱导的ERK1/2磷酸化，并增加孕酮产生和提高卵母细胞卵泡细胞复合体（COC）的发展能力。

三、类固醇在卵母细胞成熟中的作用

在鱼类和两栖动物中，促性腺激素诱导的类固醇作为介质刺激减数分

裂。在这一发现之前，人们认为类固醇在哺乳动物卵母细胞减数分裂恢复中作用很小甚至没有作用。然而，这一假设现在正受到挑战。事实上，最近的一些研究表明，从鱼到爪蟾到哺乳动物的卵母细胞成熟过程是高度保守的，因为雄激素、雌激素和孕激素在体外[15]和体内[26]都能促进卵母细胞成熟。对小鼠的研究表明，颗粒细胞中的EGF-EGFR可以通过调节固醇激素合成急性调节蛋白（StAR）的活性来刺激类固醇合成。产生的类固醇反过来触发卵母细胞成熟，这似乎是由经典类固醇受体[26]介导的。此外，涉及卵母细胞体外成熟的研究表明，在小鼠中，雄激素(尤其是睾酮)通过非基因组途径处理，可以降低cAMP水平，激活MAPK和CDK1信号通路，从而刺激卵母细胞成熟[15]。在小鼠卵母细胞中，对抑制或敲除雄激素受体（AR）的会严重影响卵母细胞的成熟，这表明雄激素在卵母细胞成熟和卵泡发育中起着重要作用。最近的研究表明，睾酮也可以促进猪卵母细胞的成熟。在猪卵母细胞中报道，孕酮通过击穿缝隙连接对GVBD发挥促进作用。在小鼠体内，孕酮可完全阻断AG-1478和Galardin介导的EGF和LH成熟的抑制作用。而在非人灵长类动物中，孕酮和（或）雄激素可以触发体内卵母细胞成熟[27]。另有研究表明，黄体酮和睾酮都可以通过PR或AR抑制组成型G蛋白的活性并诱导非洲爪蟾卵母细胞的成熟。这两种类固醇还在小鼠卵泡封闭卵母细胞模型中诱导成熟。事实上，卵母细胞表达的细胞色素P450酶CYP17将孕酮转化为雄激素代谢物雄烯二酮。因此，体外培养的卵母细胞中添加孕酮，相当于添加两种不同的配体，辨别它们各自的作用并非易事。一种观点认为黄体酮可能是卵细胞成熟的生理调节因子，而睾酮可能只在雄激素过多的疾病中起重要作用。此外，许多不同的研究组研究表明，抑制卵泡中的类固醇生成并不能阻止LH诱导的成熟，尽管另外两篇文章报道了相反的效果[28]。

　　小鼠实验还表明，FSH通过PKA-CREB依赖途径诱导AR和细胞色素P450羊毛甾醇14-去甲基化酶(CYP51)的表达，这是参与卵母细胞成熟的甾醇和类固醇生物合成的关键酶[29]。上述实验都支持了类固醇在哺乳动物卵母细胞成熟过程中的生理意义。然而，早期的研究表明，抑制类固醇生成并不能完全抑制促性腺激素诱导的卵母细胞成熟，从而暗示了其他机制的存在，虽然两篇文章报道了相反的效果。这些研究之间的差异可能是由于不同的培养条件，可以影响类固醇激素引发的成熟。然而，最近许多来自不同群体的不同报告提供了令人信服的证据(包括体外和体内)，类固醇有助于促进卵母细胞成熟[26]。其他机制，包括破坏缝隙连接和（或）衰减G蛋白介导的减数分裂阻滞信号也可能在卵母细胞成熟的其他方面发挥重要作用。

四、LH诱导的信号参与降低卵母细胞cAMP水平的机制

1.缝隙连接在卵母细胞成熟中的作用

缝隙连接在减数分裂停止期间维持高cAMP水平的作用已在前面讨论过。缝隙连接由连接蛋白(Cx)家族的蛋白质组成，Cx43是卵泡中最丰富的Cx。根据描述缝隙连接在减数分裂停止和卵母细胞成熟中的作用的模型，LH诱导Cx43翻译的抑制，从而导致卵丘和卵母细胞之间缝隙连接的崩溃，阻止cAMP扩散到卵母细胞中，降低cAMP水平并触发卵母细胞开始成熟。在啮齿类动物身上的研究已经证明，黄体生成素通过Camp/pka/mapk通路迅速磷酸化Cx43，进而导致缝隙连接通信的中断。此外，随着时间的推移，LH也抑制Cx43的转换，最终导致间隙连接[31, 32]的消失。在小鼠COCs的体外成熟过程中，Cx43团簇形成的脂质筏通过功能失活后从细胞表面去除Cx43而促进缝隙连接的早期破坏[33]。对猪COCs的研究表明，缝隙连接的破坏依赖于PKC和PI-3K对Cx43的磷酸化作用，而不依赖于MAPK。在牛卵母细胞中，Cx43 mRNA被认为是卵母细胞发育能力的标志，因为与优质卵母细胞相比，劣质卵母细胞中Cx43 mRNA水平显著降低。其他类型的连接蛋白也牵涉到不同物种的卵母细胞成熟：Cx37和Cx26在小鼠体内表达，它们可能与糖尿病导致的成熟受损和不良妊娠结局有关[34]，而Cx45和Cx60是猪卵母细胞在卵泡生成期间表达的主要连接蛋白[35]。因此，哺乳动物卵母细胞表达的缝隙连接蛋白基因的多样性可以解释缝隙连接通信在不同物种卵母细胞成熟过程中的不同作用。不同的连接蛋白在同一物种中也发挥不同的作用：在小鼠卵泡中，Cx37是卵母细胞与颗粒细胞缝隙连接处表达的主要连接蛋白，而Cx43主要表达于颗粒细胞缝隙连接处。此外，卵母细胞特异性表达Cx43可以恢复Cx37缺失突变小鼠(不育)[36]卵子发生，提示这两种连接蛋白可能参与重要的促成熟缝隙连接通信，与其在卵泡中的空间定位无关。

通过药物卡贝诺酮(CBX)作用封闭缝隙连接，模拟LH诱导的卵母细胞成熟过程，强化了细胞间通信的破坏是减数分裂恢复的重要因素之一。黄体生成素激增后导致卵母细胞成熟的确切级联反应尚不清楚，需要进一步研究。然而，对于抑制卵母细胞内cAMP的产生或阻止颗粒细胞来源的cAMP扩散

到卵母细胞是否导致卵母细胞减数分裂的恢复仍存在争议。这两种可能性可能并不互斥，因为LH诱导的信号如EGF、AREG、EREG和BTC可能作用于卵丘细胞引起卵丘扩张，缝隙连接破坏并触发一个活跃信号，所有这些共同降低cAMP水平导致减数分裂的恢复。有证据表明，表皮生长因子受体信号通路诱导多种基因，如Cox-2、透明质酸合成酶2(HAS-2)和肿瘤坏死因子诱导蛋白6(TSG-6)，这些基因在卵丘扩张和排卵中起着重要作用。

2. G蛋白在降低卵母细胞cAMP水平促进减数分裂恢复中的作用

在黄体生成素激增之后，导致卵母细胞内cAMP水平下降的事件尚不清楚。cAMP的减少可能是由于缝隙连接的中断，或者是负责卵母细胞内cAMP合成的G蛋白偶联受体-AC通路的抑制，或者是cAMP PDE的表达和（或）活性的增加等导致的。在其他类型的细胞中，Gi蛋白和高水平的Ca^{2+}都被LH诱导，并且可以通过抑制AC表达和（或）活性[37]来降低cAMP水平。因此，最近通过注射百日咳毒素(PTX)，一种强效的Gi蛋白抑制剂或者使用EGTA[37]等钙离子螯合剂，研究了Gi蛋白和Ca^{2+}水平升高在LH诱导的小鼠卵母细胞成熟中的作用。据报道，PTX和EGTA对LH诱导的减数分裂恢复都没有影响，这表明，这两种完善的cAMP调节途径都不参与LH诱导的小鼠卵母细胞减数分裂恢复。这项研究进一步假设LH可能通过降低cGMP或通过磷酸化卵母细胞中的PDEs来激活PDEs从而降低cAMP水平[37]。最近一项同样在小鼠卵母细胞中进行的研究表明，与非洲爪蟾不同，Gβγ信号通路可以降低cAMP水平并诱导减数分裂[38]。Gβγ诱导的cAMP水平下降不涉及组成性的Gβγ信号，而是通过部分抑制Gsα刺激的cAMP水平上升而介导的。此外，还提出了诸如腺苷酸环化酶失活和（或）PDE激活等Gβγ诱导机制的可能性[38]。然而，还需要进一步的研究，以确定负责激活这一Gβγ信号通路的生理因素。

五、磷酸二酯酶（PDE）在卵母细胞成熟中的作用

人们早就知道，类似IBMX的PDE抑制剂可以阻止自发减数分裂的成熟，但是PDE亚型的鉴定以及参与刺激PDE的潜在机制尚不清楚。利用PDE3A特异性抑制剂(cilostamide, milrinone)对啮齿类动物、反刍动物、单胃动物、猕猴和人类动物进行了研究，确定了PDE亚型在卵母细胞成熟过程中的重要性。cAMP在卵泡中的作用是相互矛盾的。例如，已经证实，在颗

粒细胞中，LH诱导的效应是通过增加cAMP介导的，而在卵母细胞中，LH激增引发cAMP水平下降。据推测，cAMP水平及其作用在卵母细胞和颗粒细胞这两种不同类型的细胞中高度特化，并可能受到不同程度的调节[39]。在小鼠、猪和牛，PDE3A和PDE4两种不同的PDE亚型分别只在卵母细胞和颗粒细胞中表达。Pde4抑制颗粒细胞减数分裂[40]，PDE3A抑制牛、小鼠和非人灵长类减数分裂成熟，支持cAMP促进或抑制颗粒细胞或卵母细胞减数分裂恢复的不同作用。从未受刺激的人卵巢中提取的卵泡细胞，加入特异性PDE3抑制剂和forskolin培养，可以延迟减数分裂进程，降低GVBD，提高卵母细胞的发育能力[41]。此外，最近的研究表明，PDE3在卵丘细胞[42]中通过cAMP依赖机制上调转录，进一步证明了增加卵泡中cAMP如何有助于降低细胞中cAMP水平以促进减数分裂的恢复。Pde3a敲除小鼠有正常的卵泡生成和排卵，但是不育[43]。基因敲除研究表明，PDE3A对于减数分裂的恢复是必不可少的，其活性不能被其他PDE亚型(如PDE3B)所补偿。此外，在PDE3A敲除小鼠中，卵母细胞的成熟可以通过抑制PKA或增加cdc25的表达来恢复，这表明在小鼠中敲除PDE3A导致camp-PKA活性升高，进而抑制参与减数分裂恢复的MPF/MAPK通路。

有人提出，cAMP水平下降是恢复减数分裂的主要信号。cAMP水平的下降降低了具有活性的PKA浓度，进而释放了Wee1B/Myt激酶对CDK1的抑制作用，而cdc25B去磷酸化并激活MPF。在非洲爪蟾中，PKA直接磷酸化cdc25，并通过14-3-3蛋白将其封存，而PKA的失活则激活cdc25[44]，这种机制在哺乳动物中也有描述。此外，Akt/PKB通过一种未知的机制激活PDE3，进一步降低cAMP水平，使卵母细胞恢复减数分裂。

另一个有助于降低卵母细胞中cAMP水平的机制，参与了卵丘细胞和卵母细胞之间的通信，是由鸟嘌呤3′5′单磷酸盐介导的。卵泡中产生的cGMP通过缝隙连接进入卵母细胞，抑制PDE3A水解cAMP。这种抑制有助于卵母细胞内高浓度的cAMP维持，使得卵母细胞处于prohpase I期。LH通过降低卵泡内的cGMP水平和关闭卵丘细胞间的缝隙连接来逆转抑制信号，从而促进卵母细胞cAMP的减少，导致减数分裂恢复。然而，由于促性腺激素能够诱导cGMP特异性的PDEs和鸟苷酸环化酶A的表达和活性，所以cGMP如何促进卵母细胞成熟仍然不完全清楚。因此，LH激增对cGMP的影响需要进一步澄清。

六、与减数分裂和GVBD恢复有关的信号通路

1. MAP K信号通路

在非洲爪蟾中，类固醇刺激的MAPK信号对激活MPF和恢复减数分裂至关重要[45-47]。MAPK通路在GVBD前通过上游丝氨酸/苏氨酸卵母细胞特异性蛋白激酶c-mos激活，反过来激活其他下游MAPK蛋白，MEK和Erk2[45]。后者通过一个正反馈环激活mos通过桩蛋白从而放大激酶信号级联[48]。核糖体S6蛋白激酶p90rsk是Erk2的主要底物，被激活的p90rsk使Myt1激酶失活[49]，从而诱导MPF激活并进入减数分裂Ⅰ期。相反，其他研究显示了一个逆向的层次结构，其中，MPF激活MAPK通路，并反过来激活自身的MAPK独立机制。最近，RSK2蛋白激酶已被确定为另一个参与MPF激活的关键参与者，通过直接磷酸化的cdc25C独立于MAPK。实际上，p42 MAPK磷酸化cdc25C的N端，RSK2作用于cdc25C的3个C末端丝氨酸/苏氨酸残基[50]。这项研究的作者进一步建议，可能需要额外的生化事件充分激活cdc25C，这意味着一个(或可能更多)激酶的作用，而不是MAPK和RSK2。

在哺乳动物中，虽然MAPK通路对卵母细胞成熟至关重要，但MAPK激活和GVBD的时间表尚不清楚。有报道提示，哺乳动物c-mos激活的MAPK通路可能与GVBD无关。在啮齿动物中，一些研究表明，MAPK激活发生在GVBD之后，而MAPK抑制剂和mos敲除小鼠模型的实验表明，在缺乏MAPK通路的情况下，减数分裂和第一极体的挤压可以恢复，但这些卵母细胞在MⅡ期停滞的能力受到损害[51,52]。山羊[53]的MAPK在GV期处于非活性状态，在GVBD后被激活；牛[54,55]和马[56]的卵母细胞在GVBD前被激活。然而，在GV期牛卵母细胞中注射双特异性磷酸酶(MKP1)mRNA抑制MAPK活性对减数分裂的恢复和进展没有任何影响，但可以防止MⅡ停止。因此，至少在畜牧动物中，人们认为MAPK激活对于减数分裂的恢复是不必要的，但对于MⅡ停止是必要的。然而，MAPK激活相对于GVBD的确切时间可能无法精确测量，因为用于可视化GVBD和量化MAPK磷酸化的技术具有不同的敏感性。在猪[58,59]中，MAPK激活在GVBD附近发生，通过对c-mos有抑制作用的siRNA或MAPK抑制剂处理卵母细胞，对GVBD无明显影响，但可抑制卵丘封闭卵母细胞的GVBD。这些研究表明，在猪体内，MAPK激活对裸露卵母细胞的自发MAPK激活可能不重要，但对促性腺激素诱导的卵

丘封闭卵母细胞减数分裂成熟可能至关重要。然而最近的研究表明，在猪卵母细胞中睾酮诱导的MAPK激活发生在GVBD之前。睾酮诱导的GVBD是通过AR介导的，通过与Src家族的酪氨酸激酶相互作用而激活MAPK信号，尤其是众所周知的MAPK抑制剂U0126阻断了睾酮诱导的GVBD。此外，其他研究也表明，人工激活MAPK通路足以诱导GVBD，并且在GV中注射活性MAPK能够加速猪卵母细胞的GVBD[60]。在啮齿类动物和猪中，有报道称GVBD前的p90rsk部分激活为非依赖MAPK模式，而GVBD后的p90rsk完全激活为MAPK依赖模式[61]。但MAPK和p90rsk都不是卵母细胞减数分裂恢复的必要因素。因此，是否MAPK激活是启动或恢复减数分裂的必要因素尚不清楚，但可以看出，在哺乳动物中其他信号通路也可能参与这一过程。

2. 其他信号通路

在猪卵母细胞中，卵丘细胞中PI3K-PKC的激活破坏了缝隙连接，导致卵母细胞cAMP水平下降[62]，以及卵母细胞中MAPK和MPF活性的激活，但是这种信号是如何从卵丘细胞传递到卵母细胞的还不清楚。猪卵母细胞中MAPK和MPF的激活是相互依赖的还是相互独立的有待进一步鉴定。啮齿动物实验证明MPF位于MAPK通路的上游[216]。Mpf抑制剂roscovitine(189)对MPF活性的抑制，以及siRNA技术对cdc2的下调，通过抑制mos mRNA多腺苷化作用[63]阻止MAPK的激活。cAMP抑制MPF，cAMP水平、MPF和MAPK激活之间存在线性关系[64]。

在牛卵母细胞与Mpf抑制剂roscovitine体外实验也揭示了其他信号通路，如EGF-EGFR、JNK、PI3K/Akt和Aurora-A参与调节牛卵母细胞成熟。研究表明，EGF-EGFR诱导的减数分裂成熟过程中，Aurora-A和JNK蛋白的激活与MPF无关，而PI3K-Akt途径的激活则依赖于MPF。因此，Akt/PKB激活可能是cAMP水平降低和MPF激活的次级效应。此外，对牛的体外成熟研究表明，重组人卵泡刺激素通过PKA和PKC途径显著提高卵母细胞能力，因此，鉴于在辅助生殖方案中广泛使用r-hFSH，已提出具有重要的临床意义。需要进行更全面的研究，对于导致减数分裂和GVBD恢复的不同信号通路之间的联系应进行更深入的研究。

第二节 TRIM28下调对卵母细胞成熟的影响

（一）材料

研究用牛卵巢取自长春本地屠宰场。

1.实验主要试剂及常用仪器

主要试剂：青霉素、NaCl、NaHCO₃、TCM199（Gibco）、血清（FBS）、促卵泡素（FSH，Sigma）、促黄体素（LH，Sigma）、17β-雌二醇（Sigma）、石蜡油（Sigma）、酸性台式液、胰蛋白酶（0.25%）、细胞松弛素（CB）、透明质酸酶（Sigma）、siRNA、ros染色试剂盒（购自碧云天公司）、Arcturus PicoPure RNA Isolation Kit（Thermo Fisher）、TransScript One-step gDNA Removal and cDNA Synthesis SuperMix 反转录试剂盒（全式金）、PBS（Gibco）、Takara荧光定量试剂盒、10 mL注射器、毛细玻璃管、线粒体染色试剂盒（购自碧云天公司）。

2.常用仪器

常用仪器：实验常用仪器见表3-1。

表3-1 实验常用仪器

仪器名称	型号	产地
电热恒温水浴锅	DK-8D三温三控水槽	上海
显微操作系统	OLYMPUS	日本
CO₂培养箱	贺利氏BB16UV二氧化碳培养箱	上海
体式显微镜	Motic	厦门
移液器	DRAGONMED	北京
离心机	SIGMA	德国
PCR仪	东胜龙	北京
电泳仪	DYY-10C型电泳仪	北京
超净工作台	GY-CJ-1F超净工作台	苏州
超低温冰箱	海尔DW-86L386立式超低温保存箱	北京
高压蒸汽灭菌器	Panasonic MLS-3751L	日本
电子天平	SHIMADZU AUY220	日本

仪器名称	型号	产地
恒温培养箱	202-1电热恒温干燥箱	天津
微波炉	Galanz微波炉	广东
振荡器	ZP-400振荡器	苏州
恒温磁力搅拌器	78HW-1恒温磁力搅拌器	江苏
紫外白光透射仪	WD-9403F紫外分析仪	北京
自动制冰机	GRANT XB130-FZ/R134A	杭州
凝胶成像仪	WEALTEC Dolphin-DOC	美国
pH计	Insmark IS139	上海
冰冻切片机	Leica CM1850	德国

3.溶液配制

生理盐水（0.9% NaCl）：称取9 g NaCl溶解于1 000 mL蒸馏水中，高压灭菌。

成熟液：TCM199 0.95 g加$NaHCO_3$ 0.22g，溶解于100 mL纯净水中，搅拌均匀并充分溶解，过滤使用。

操作液：成熟液中加HEPES 0.59 g，BSA 0.3 g溶解于100 mL纯净水中，充分溶解，过滤。

酸性台氏液：$CaCl_2 \cdot 2H_2O$ 0.024 g，NaCl 0.8 g，KCl 0.02 g，$MgCl$ 0.004 7 g，葡萄糖0.05 g，PVP 0.2 g溶于100 mL纯净水中，过滤。

（二）研究方法

1.显微注射针制备

固定毛细玻璃管（外径1 mm，内径0.5 mm）于拉针仪，拉针仪设置为：第一次温度为66.5℃，4个滑块。将其中一段毛细玻璃管利用锻针仪的加热球，使其毛细玻璃管的尖端断开，将针尖（约0.5 cm长度）烧弯30°。

2. 持卵针的制备

将毛细玻璃管（规格为外径1 mm，内径0.75 mm）用酒精灯手工拉开，并分为两段，其中一段利用锻针仪加热球断开，将断口烧平，使锻口内径大约为0.2 mm，烧弯30°。

3.牛卵母细胞获取及体外成熟培养

新鲜牛卵巢采集自长春本地屠宰场，保持于生理盐水中(高压灭菌后

38.5℃预热并加入青霉素、链霉素），于6 h内用保温壶带回实验室。在实验室用温水清洗除去牛卵巢表面血渍。利用10 mL一次性注射器，抽取牛卵巢表面2～6 mm大小卵泡中的卵泡液，将卵泡液沿壁注入50 mL EP管中沉淀，在38.5℃恒温加热台上静止2 min，吸沉淀在体式显微镜下，捡取卵丘-卵母细胞复合体（COCs），将COCs洗净后放入卵母细胞成熟液（900 μL M199+10 μL FSH+10 μL LH+10 μL 17β–雌二醇，加入10%的胎牛血清），100 μL/滴，每滴放入12～15个卵母细胞，培养18～22 h。成熟培养后，用透明质酸酶（1 mg/mL）去除卵母细胞外包裹的颗粒细胞，挑选成熟卵母细胞（排出第一极体），计算成熟率。

4. 牛GV期卵母细胞显微注射

TRIM28的3个siRNA（si647、si742和si1153）按1：1：1的比例进行混合（simix），架针调角度。在60 mm的培养皿中做操作滴，每滴30 μL（含5 μg/mL CB）盖石蜡油，GV期卵母细胞在培养箱中先培养3 h后去颗粒细胞，去颗粒细胞后再培养2 h使其回复状态，并放入操作滴中。利用持卵针固定卵母细胞，注射针提前吸取siRNA混合物，每次注射剂量是10 pL（0.264 mg/ mL）。注射后在成熟滴中培养，并加入颗粒细胞完整的，颗粒细胞卵母细胞复合体共培养，按30%的比例加入。

5. 牛卵母细胞活性氧检测

分别取下调TRIM28组、NC注射组及空白组的成熟卵母细胞，对三组卵母细胞进行ROS活性氧荧光探针（碧云天公司）装载，用操作液将DCFH-DA按1：1 000稀释，终浓度为10 μmol/L，将卵母细胞分别放入其中，37℃避光条件下孵育20 min，用PBS洗3次，在倒置荧光显微镜下观察并拍照。

6. 牛卵母细胞线粒体检测

分别取下调TRIM28组、NC注射组及空白对照组，对三组卵母细胞进行线粒体检测，首先装载Tracker Green探针，用操作液按1：5 000的比例稀释，37℃避光共孵育30 min，操作液中观察荧光效果并采集图像。

7. 卵母细胞RNA提取

本章使用RNA提取试剂盒为Arcturus PicoPure RNA Isolation Kit（Thermo Fisher）。

（1）25个卵母细胞中加入Extra Buffer，42℃水浴处理30 min。

（2）250 μL CB放入纯化柱，常温处理5 min，16 000×g离心1 min。

（3）Extra Buffer加样本，离心3 000×g 2 min。

（4）离心后加入20 μL ETOH充分混匀，并转移至纯化柱，离心100×g 2min，再16 000×g离心30 s。

（5）纯化柱上加入100 μL的W1，离心8 000×g 1 min。

（6）纯化柱加入100 μL W2，离心8 000×g 1 min。

（7）纯化柱再加入100 μL W2，离心 16 000×g 2min。

（8）将纯化柱置于试剂盒中配套0.5 mL离心管上，滤膜上加11 μL Elution Buffer，常温静置2min后，先离心1 000×g 1 min，随后离心16 000×g 1 min，将提取的RNA进行反转录。

8. 卵母细胞RNA反转录

得到RNA洗脱液后，利用反转录试剂盒（全式金）将RNA反转录为cDNA，体系见表3-2。

表3-2 反转录体系

成份	体积
RNA	6 μL
Anchored Oligo(dt)18 Primer	1 μL
Random Primer	1 μL
TransScript RT/RI Enzyme Mix	1 μL
gDNA Remover	1 μL
2×TS Reaction Mix	10 μL

25℃孵育10 min，42℃30 min，85℃ 5 s，最终将收集到的cDNA放置于–80℃保存。

9. 牛卵母细胞荧光定量PCR

将牛卵母细胞反转录的cDNA进行荧光定量PCR，设计引物序列见表3-3。

表3-3 引物序列

引物	序列（5′-3′）
18s-F	GACTCATTGGCCCTGTAATTGGAATGAGTC
18s-R	GCTGCTGGCACCAGACTTG
GDF9-F	TTCCCCAGAATGAATGTGAGC
GDF9-R	GAGAGCCATACCGATGTCCG
BMP15-F	TCCAGAAAAGCCCAACCAAT
BMP15-R	CACCAGAACTCACGAACCTCA

荧光定量PCR反应体系见表3-4。

表3-4　荧光定量PCR反应体系（20 μL）

试剂	体积
SYBR	10 μL
ROX	0.4 μL
引物上游	0.8 μL
引物下游	0.8 μL
cDNA	2 μL
水	6 μL

荧光定量程序：95℃ 30 s 预变性，95℃ 5 s 变性，60℃ 30 s 退火，40个循环。

10. 数据统计及分析

图片分析使用Image-Pro Plus，处理数据应用SPSS 21.0，$P > 0.05$为差异不显著，$P < 0.05$为差异显著，$P < 0.01$为差异极显著。

（三）结果

1. TRIM28下调卵母细胞成熟率

我们将已排出第一极体并且胞质均匀的卵母细胞，作为卵母成熟（细胞核成熟）的。通常，牛卵母细胞体外成熟的时间是18～22 h。去颗粒细胞及显微注射组牛卵母细胞成熟时间与正常组没有显著差异，卵母细胞成熟时间为18～22 h。但是TRIM28下调组成熟时间晚于对照组，体外成熟培养23h逐渐出现成熟的卵母细胞。对照组卵母细胞成熟率为80.7%±1.42%（见表3-5），去颗粒细胞非注射组，成熟率为78.4%±1.37%，siRNA注射组的卵母细胞成熟率为78.1%±2.91%，TRIM28下调组卵母细胞成熟率为75.32%±2.34%，但各组并未出现统计学上的显著差异。

表3-5　卵母细胞成熟率

	镜检数	成熟数	卵母细胞成熟率
正常卵母细胞组	410	330	80.7%±1.42%
去除颗粒细胞组	412	323	78.4%±1.37%
NC-siRNA注射组	406	317	78.1%±2.91%
TRIM28下调组	411	309	75.32%±2.34%

2. 牛卵母细胞活性氧检测

为分析TRIM28对卵母细胞细胞质成熟的影响，我们通过碧云天ROS试剂盒对牛卵母细胞活性氧水平进行检测，染色结果显示，TRIM28下调组的荧光强度，较无意义组降低（见图3-1），但没有统计学差异($P > 0.05$)。

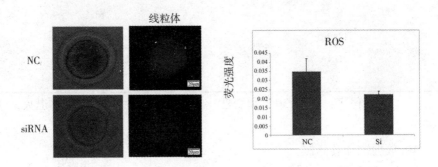

图3-1　无义RNA注射组与TRIM28下调组，牛卵母细胞活性氧检测荧光强度分析

3. 牛卵母细胞线粒体检测

为分析TRIM28对卵母细胞胞质成熟的影响，我们通过碧云天线粒体试剂盒，分析下调TRIM28是否影响牛卵母细胞膜电位水平，根据分析荧光强度的结果显示，下调TRIM28组的荧光强度低于无意义组，但差异不显著($P > 0.05$)。

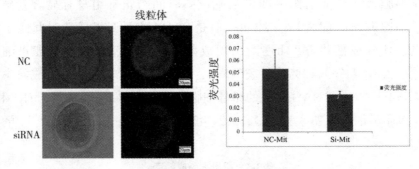

图3-2　NC-siRNA注射组与TRIM28下调组的牛卵母细胞线粒体检测的

荧光图像及强度分析

4. 牛卵母细胞GDF9及BMP15的相对表达量

GDF9和BMP15是卵母细胞质量的重要指标，我们利用荧光定量PCR反应对两个基因进行荧光定量PCR，非编码RNA组的BMP15基因的表达丰度比对照组低，但不显著（$P > 0.05$）；TRIM28下调组与对照组相比，明显降低，差异显著（$P < 0.05$）。无义RNA组的GDF9的表达丰度较对照组低，但不显著（$P > 0.05$）；TRIM28下调组显著低于对照组（$P < 0.05$）。

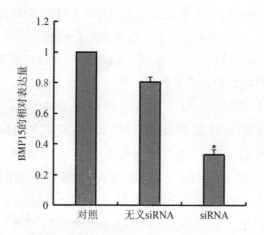

图3-3　BMP15相对表达量（$P < 0.05$）

"*"表示$P < 0.05$，差异达到显著水平

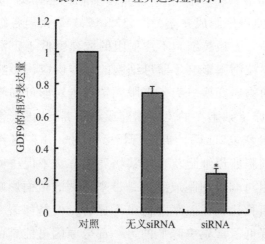

图3-4　GDF9相对表达量（$P < 0.05$）

"*"表示$P < 0.05$，差异达到显著水平

4 讨论

卵母细胞的质量对于卵母细胞激活、原核形成及植入前胚胎的发育能力，具有重要的作用，是早期胚胎发育的物质基础。

我们前期实验证明TRIM28下调组不影响卵母细胞成熟率。这可能是因为siRNA在最初的24 h内没有影响TRIM28蛋白的水平。然而，在4-细胞和8-

细胞阶段的卵裂速率受到显著影响，这表明胚胎发育仍受母体蛋白控制。然而，母体TRIM28在牛胚胎中的敲除对胚胎发育有关键影响。另外，源自屠宰场和不同培养系统的卵母细胞质量差可能是TRIM28基因敲低牛胚胎发育异常的原因之一。与未注射的IVF对照（由卵丘成熟）相比，无意义的注射组的发育能力在所有阶段均大大降低，这表明，去颗粒细胞GV卵母细胞可能对成熟、IVF和胚胎发育产生负面影响。

为衡量TRIM28对卵母细胞质量的影响，本章采用RNAi（RNA干涉）技术，下调卵母细胞的TRIM28，来研究TRIM28对牛卵母细胞胞质成熟的影响。我们将牛卵母细胞排出第一极体计为牛卵母细胞的成熟。去颗粒细胞及显微注射组牛卵母细胞成熟时间与正常组没有显著差异，卵母细胞成熟时间为18～22 h。但是TRIM28下调组成熟时间晚于对照组，体外成熟培养23 h逐渐出现成熟的卵母细胞。对照组卵母细胞成熟率为80.7%±1.42%，去颗粒细胞非注射组，成熟率为78.4%±1.37%，siRNA注射组的卵母细胞成熟率为78.1%±2.91%，TRIM28下调组卵母细胞成熟率为75.32%±2.34%，但各组并未出现统计学上的显著差异。去颗粒细胞不注射组的成熟率低于正常组卵母细胞，可能是由于去颗粒细胞影响了卵母细胞的营养供应，影响了颗粒细胞与卵母细胞之间的物质交换。为了克服颗粒细胞对卵母细胞成熟的影响，我们先将GV期卵母细胞在抽出后体外成熟培养2 h再去颗粒细胞，并且去颗粒细胞后再恢复2 h后，再进行显微注射，并在培养过程中采取了与完整的颗粒细胞卵母细胞复合体共培养的方法来促进卵母细胞成熟。但是去颗粒细胞对卵母细胞成熟还是带来显著的负面影响。无义siRNA注射组与正常组相比，成熟率降低虽不显著，但是卵裂率和后续的发育率数据都显著降低。成熟率降低的另一部分原因可能是由于显微注射带来的机械损伤，进而影响了卵母细胞成熟率。我们克服的方法，是尽量选用针口平滑细而尖的注射针，但根据实验数据显示，使用显微注射对细胞进行操作还是在一定程度上会影响卵母细胞的成熟率。

通过卵母细胞的活性氧检测，发现TRIM28下调ROS水平降低，但不显著，我们同时检测了抗氧化基因SOD，发现其表达升高，这可能是使活性氧水平降低的原因。但是我们仅检测了30个卵母细胞，后续实验中本研究将扩大样本含量，对相关代谢水平进行进一步分析。线粒体与卵母细胞质量密切相关，下调TRIM28线粒体荧光强度降低，但不显著，可能是由于TRIM28下调导致脂质代谢基因表达增加导致脂肪酸氧化增加，从而破坏线粒体并影响线粒体分布。

　　卵母细胞的质量对胚胎发育能力产生较大影响，生长分化因子（GDF9）和骨形态发生蛋白(BMP15)是卵母细胞在卵泡发育过程中分泌的转化生长因子b超家族成员。GDF9缺失会对颗粒细胞增殖带来负面影响，导致卵母细胞不能正常成熟，卵泡也会停滞在初级卵泡阶段不继续发育。GDF9还能具有抑制颗粒细胞凋亡，抑制卵泡闭锁的作用。BMP15能够诱导颗粒细胞有丝分裂和增殖，卵母细胞通过分泌GDF9和BMP15两种旁分泌因子，来诱导卵丘细胞的增殖、凋亡、新陈代谢。下调TRIM28，GDF9和BMP15相对表达丰度较正常组与无义注射组都明显降低，下调TRIM28对GDF9和BMP15的表达造成了不利影响。

参考文献

[1]Calhaz-Jorge C, De Geyter C, Kupka M S, et al. Assisted reproductive technology in Europe, 2012: results generated from European registers by ESHREaEuro[J]. Human Reproduction, 2016, 31(8): 1638-1652.

[2]Toftager M, Bogstad J, Lossl K, et al. Cumulative live birth rates after one ART cycle including all subsequent frozen-thaw cycles in 1050 women: secondary outcome of an RCT comparing GnRH-antagonist and GnRH-agonist protocols[J]. Human Reproduction, 2017, 32(3): 556-567.

[3]Munne S, Chen S, Colls P, et al. Maternal age, morphology, development and chromosome abnormalities in over 6000 cleavage-stage embryos[J]. Reproductive Biomedicine Online, 2007, 14(5): 628-634.

[4]Munne S, Tomkin G, Cohen J. Selection of embryos by morphology is less effective than by a combination of aneuploidy testing and morphology observations[J]. Fertility and Sterility, 2009, 91(3): 943-945.

[5]Jones G M, Cram D S, Song B, et al. Gene expression profiling of human oocytes following in vivo or in vitro maturation[J]. Human Reproduction, 2008, 23(5): 1138-1144.

[6]Labrecque R, Sirard M-A. The study of mammalian oocyte competence by transcriptome analysis: progress and challenges[J]. Molecular Human Reproduction, 2014, 20(2): 103-116.

[7]Freour T, Vassena R. Transcriptomics analysis and human preimplantation development[J].

Journal of Proteomics, 2017, 162: 135-140.

[8]Bowles J. Retinoid Signaling Determines Germ Cell Fate in Mice[J]. Science, 2006, 312(5773): 596-600.

[9]Koubova J, Menke D B, Zhou Q, et al. Retinoic acid regulates sex-specific timing of meiotic initiation in mice[J]. Proceedings of the National Academy of Sciences of the United States of America, 2006, 103(8): 2474-2479.

[10]Motlik J, Crozet N, Fulka J. Meiotic competence in vitro of pig oocytes isolated from early antral follicles[J]. Reproduction, 1984, 72(2): 323-328.

[11]Motlík J, Fulka J. Factors affecting meiotic competence in pig oocytes[J]. Theriogenology, 1986, 25(1): 87-96.

[12]Christmann L, Jung T, Moor R M. MPF components and meiotic competence in growing pig oocytes[J]. Molecular Reproduction and Development, 1994, 38(1): 85-90.

[13]Fair T, Hyttel P, Greve T. Bovine oocyte diameter in relation to maturational competence and transcriptional activity[J]. Molecular Reproduction and Development, 1995, 42(4): 437-442.

[14]Hirao Y, Tsuji Y, Miyano T, et al. Association between p34cdc2 levels and meiotic arrest in pig oocytes during early growth[J]. Zygote, 1995, 3(4): 325-332.

[15]Gill A, Jamnongjit M, Hammes S R. Androgens Promote Maturation and Signaling in Mouse Oocytes Independent of Transcription: A Release of Inhibition Model for Mammalian Oocyte Meiosis[J]. Molecular Endocrinology, 2004, 18(1): 97-104.

[16]Fulka J. Nuclear and cytoplasmic determinants involved in the regulation of mammalian oocyte maturation[J]. Molecular Human Reproduction, 1998, 4(1): 41-49.

[17]Marchal R, Vigneron C, Perreau C, et al. Effect of follicular size on meiotic and developmental competence of porcine oocytes[J]. Theriogenology, 2002, 57(5): 1523-1532.

[18]Maynard, J., <italic>Charlotte Brontë and Sexuality</italic>. Pp. x + 262. Cambridge, New York, and Melbourne: Cambridge University Press, 1984. £19.50[J]. Notes and Queries, 1986.

[19]Jones K T. Turning it on and off: M-phase promoting factor during meiotic maturation and fertilization[J]. Molecular Human Reproduction, 2004, 10(1): 1-5.

[20]Neal M S, Cowan L, Louis J P, et al. Cytogenetic evaluation of human oocytes that failed to complete meiotic maturation in vitro[J]. Fertility and Sterility, 2002, 77(4): 844-845.

[21]Conti M, Hsieh M, Park J-Y, et al. Role of the Epidermal Growth Factor Network in Ovarian Follicles[J]. Molecular Endocrinology, 2006, 20(4): 715-723.

[22]Hsieh M, Lee D, Panigone S, et al. Luteinizing hormone-dependent activation of the

epidermal growth factor network is essential for ovulation[J]. Molecular and cellular biology, 2007, 27(5): 1914-1924.

[23]Su Y-Q, Sugiura K, Li Q, et al. Mouse oocytes enable LH-induced maturation of the cumulus-oocyte complex via promoting EGF receptor-dependent signaling[J]. Molecular endocrinology (Baltimore, Md.), 2010, 24(6): 1230-1239.

[24]Zhu Y, Rice C D, Pang Y, et al. Cloning, expression, and characterization of a membrane progestin receptor and evidence it is an intermediary in meiotic maturation of fish oocytes[J]. Proceedings of the National Academy of Sciences of the United States of America, 2003, 100(5): 2231-2236.

[25]Rasar M A, Hammes S R. The Physiology of the Xenopus laevis Ovary. Xenopus Protocols: Humana Press, 2006: 17-30.

[26]Jamnongjit M, Gill A, Hammes S R. Epidermal growth factor receptor signaling is required for normal ovarian steroidogenesis and oocyte maturation[J]. Proceedings of the National Academy of Sciences of the United States of America, 2005, 102(45): 16257-16262.

[27]Borman S M, Chaffin C L, Schwinof K M, et al. Progesterone Promotes Oocyte Maturation, but Not Ovulation, in Nonhuman Primate Follicles Without a Gonadotropin Surge1[J]. Biology of Reproduction, 2004, 71(1): 366-373.

[28]Racowsky C. Follicular Control of Meiotic Maturation in Mammalian Oocytes. Preimplantation Embryo Development: Springer New York, 1993: 22-37.

[29]Ning G, Ouyang H, Wang S, et al. 3′,5′-cyclic adenosine monophosphate response element binding protein up-regulated cytochrome P450 lanosterol 14alpha-demethylase expression involved in follicle-stimulating hormone-induced mouse oocyte maturation[J]. Molecular endocrinology (Baltimore, Md.), 2008, 22(7): 1682-1694.

[30]Lu Z, Xia G, Byskov A G, et al. Effects of amphotericin B and ketoconazole on mouse oocyte maturation: implications on the role of meiosis-activating sterol[J]. Molecular and Cellular Endocrinology, 2000, 164(1-2): 191-196.

[31]Sela-Abramovich S, Chorev E, Galiani D, et al. Mitogen-Activated Protein Kinase Mediates Luteinizing Hormone-Induced Breakdown of Communication and Oocyte Maturation in Rat Ovarian Follicles[J]. Endocrinology, 2005, 146(3): 1236-1244.

[32]Norris R P, Freudzon M, Mehlmann L M, et al. Luteinizing hormone causes MAP kinase-dependent phosphorylation and closure of connexin 43 gap junctions in mouse ovarian follicles: one of two paths to meiotic resumption[J]. Development (Cambridge, England), 2008, 135(19): 3229-3238.

[33]Sasseville M, Gagnon M-C, Guillemette C, et al. Regulation of gap junctions in porcine

cumulus-oocyte complexes: contributions of granulosa cell contact, gonadotropins, and lipid rafts[J]. Molecular endocrinology (Baltimore, Md.), 2009, 23(5): 700-710.

[34]Ratchford A M, Esguerra C R, Moley K H. Decreased oocyte-granulosa cell gap junction communication and connexin expression in a type 1 diabetic mouse model[J]. Molecular endocrinology (Baltimore, Md.), 2008, 22(12): 2643-2654.

[35]Nitta M, Yogo K, Ohashi M, et al. Identification and expression analysis of connexin-45 and connexin-60 as major connexins in porcine oocytes1[J]. Journal of Animal Science, 2010, 88(10): 3269-3279.

[36]Li T Y, Colley D, Barr K J, et al. Rescue of oogenesis in Cx37-null mutant mice by oocyte-specific replacement with Cx43[J]. Journal of Cell Science, 2007, 120(23): 4117-4125.

[37]Mehlmann L M, Kalinowski R R, Ross L F, et al. Meiotic resumption in response to luteinizing hormone is independent of a Gi family G protein or calcium in the mouse oocyte[J]. Developmental biology, 2006, 299(2): 345-355.

[38]Gill A, Hammes S R. G beta gamma signaling reduces intracellular cAMP to promote meiotic progression in mouse oocytes[J]. Steroids, 2007, 72(2): 117-123.

[39]Jensen J T. Phosphodiesterase 3 inhibitors selectively block the spontaneous resumption of meiosis by macaque oocytes in vitro[J]. Human Reproduction, 2002, 17(8): 2079-2084.

[40]Thomas R E, Armstrong D T, Gilchrist R B. Differential Effects of Specific Phosphodiesterase Isoenzyme Inhibitors on Bovine Oocyte Meiotic Maturation[J]. Developmental Biology, 2002, 244(2): 215-225.

[41]Shu Y M, Zeng H T, Ren Z, et al. Effects of cilostamide and forskolin on the meiotic resumption and embryonic development of immature human oocytes[J]. Human Reproduction, 2008, 23(3): 504-513.

[42]Sasseville M, Côté N, Vigneault C, et al. 3′5′-Cyclic Adenosine Monophosphate-Dependent Up-Regulation of Phosphodiesterase Type 3A in Porcine Cumulus Cells[J]. Endocrinology, 2007, 148(4): 1858-1867.

[43]Masciarelli S, Horner K, Liu C, et al. Cyclic nucleotide phosphodiesterase 3A-deficient mice as a model of female infertility[J]. The Journal of clinical investigation, 2004, 114(2): 196-205.

[44]Duckworth B C, Weaver J S, Ruderman J V. G2 arrest in Xenopus oocytes depends on phosphorylation of cdc25 by protein kinase A[J]. Proceedings of the National Academy of Sciences of the United States of America, 2002, 99(26): 16794-16799.

[45]Nebreda A R, Ferby I. Regulation of the meiotic cell cycle in oocytes[J]. Current Opinion in Cell Biology, 2000, 12(6): 666-675.

[46]Schmitt A, Nebreda A R. Inhibition of Xenopus oocyte meiotic maturation by catalytically inactive protein kinase A[J]. Proceedings of the National Academy of Sciences of the United States of America, 2002, 99(7): 4361-4366.

[47]Liang C-G, Su Y-Q, Fan H-Y, et al. Mechanisms Regulating Oocyte Meiotic Resumption: Roles of Mitogen-Activated Protein Kinase[J]. Molecular Endocrinology, 2007, 21(9): 2037-2055.

[48]Rasar M, Defranco D B, Hammes S R. Paxillin Regulates Steroid-triggered Meiotic Resumption in Oocytes by Enhancing an All-or-None Positive Feedback Kinase Loop[J]. Journal of Biological Chemistry, 2006, 281(51): 39455-39464.

[49]Mueller P R, Coleman T R, Kumagai A, et al. Myt1: A Membrane-Associated Inhibitory Kinase That Phosphorylates Cdc2 on Both Threonine-14 and Tyrosine-15[J]. Science, 1995, 270(5233): 86-90.

[50]Wang R, Jung S Y, Wu C F, et al. Direct roles of the signaling kinase RSK2 in Cdc25C activation during Xenopus oocyte maturation[J]. Proceedings of the National Academy of Sciences of the United States of America, 2010, 107(46): 19885-19890.

[51]Araki K, Naito K, Haraguchi S, et al. Meiotic Abnormalities of c-mos Knockout Mouse Oocytes: Activation after First Meiosis or Entrance into Third Meiotic Metaphase1[J]. Biology of Reproduction, 1996, 55(6): 1315-1324.

[52]Choi T, Fukasawa K, Zhou R, et al. The Mos/mitogen-activated protein kinase (MAPK) pathway regulates the size and degradation of the first polar body in maturing mouse oocytes[J]. Proceedings of the National Academy of Sciences of the United States of America, 1996, 93(14): 7032-7035.

[53]Dedieu T, Gall L, Crozet N, et al. Mitogen-activated protein kinase activity during goat oocyte maturation and the acquisition of meiotic competence[J]. Molecular Reproduction and Development, 1996, 45(3): 351-358.

[54]Motlik J, Pavlok A, Kubelka M, et al. Interplay between CDC2 kinase and MAP kinase pathway during maturation of mammalian oocytes[J]. Theriogenology, 1998, 49(2): 461-469.

[55]Meinecke B, Janas U, Podhajsky E, et al. Histone H1 and MAP Kinase Activities in Bovine Oocytes following Protein Synthesis Inhibition[J]. Reproduction in Domestic Animals, 2001, 36(3-4): 183-188.

[56]Goudet G, Belin F, Bezard J, et al. Maturation-promoting factor (MPF) and mitogen activated protein kinase (MAPK) expression in relation to oocyte competence for in-vitro maturation in the mare[J]. Molecular Human Reproduction, 1998, 4(6): 563-570.

[57]Gordo A C, He C L, Smith S, et al. Mitogen activated protein kinase plays a significant role in metaphase II arrest, spindle morphology, and maintenance of maturation promoting factor activity in bovine oocytes[J]. Molecular Reproduction and Development, 2001, 59(1): 106-114.

[58]Lee J, Miyano T, Moor R M. Localisation of phosphorylated MAP kinase during the transition from meiosis I to meiosis II in pig oocytes[J]. Zygote, 2000, 8(2): 119-125.

[59]Sun Q-Y, Lai L, Park K-W, et al. Dynamic Events Are Differently Mediated by Microfilaments, Microtubules, and Mitogen-Activated Protein Kinase During Porcine Oocyte Maturation and Fertilization In Vitro1[J]. Biology of Reproduction, 2001, 64(3): 879-889.

[60]Inoue M, Naito K, Nakayama T, et al. Mitogen-Activated Protein Kinase Translocates into the Germinal Vesicle and Induces Germinal Vesicle Breakdown in Porcine Oocytes1[J]. Biology of Reproduction, 1998, 58(1): 130-136.

[61]Tan X, Chen D-Y, Yang Z, et al. Phosphorylation of p90rsk during meiotic maturation and parthenogenetic activation of rat oocytes: correlation with MAP kinases[J]. Zygote, 2001, 9(3): 269-276.

[62]Shimada M, Zeng W-X, Terada T. Inhibition of Phosphatidylinositol 3-Kinase or Mitogen-Activated Protein Kinase Kinase Leads to Suppression of p34cdc2 Kinase Activity and Meiotic Progression Beyond the Meiosis I Stage in Porcine Oocytes Surrounded with Cumulus Cells[J]. Biology of Reproduction, 2001, 65(2): 442-448.

[63]Lazar S, Gershon E, Dekel N. Selective degradation of cyclin B1 mRNA in rat oocytes by RNA interference (RNAi)[J]. Journal of Molecular Endocrinology, 2004: 73-85.

[64]Josefsberg L B-Y, Dekel N. Translational and post-translational modifications in meiosis of the mammalian oocyte[J]. Molecular and Cellular Endocrinology, 2002, 187(1-2): 161-171.

第四章　TRIM28对牛早期胚胎发育及基因组印记的影响

第一节　哺乳动物早期胚胎发育的表观调控

受精是精卵结合产生合子的过程。在整个过程中，DNA序列中包含的遗传信息和表观遗传标记共同决定了细胞的命运，并形成了不同的类型的细胞。不同类型的细胞中，所含基因组DNA序列几乎相同，但却具有不同表观遗传修饰，这对于细胞分化非常重要。哺乳动物的表观遗传标记主要包括DNA共价修饰和组蛋白翻译后修饰。这些表观修饰对DNA的转录和翻译具有调控作用，但并不改变DNA序列。表观调控是胚胎发育和细胞分化的重要推动力，并且会建立屏障以防止细胞分化状态的逆转。但是表观遗传信息在生殖细胞和早期胚胎的发育过程中经历了广泛的重编程，被擦除到基本状态。受精后，无转录活性的卵母细胞完成其第二次减数分裂，并形成一个单细胞胚胎或合子，其中包含单倍体的雌雄原核。DNA复制和原核融合后，全能合子经历一系列分裂，最终形成囊胚，囊胚内细胞团中含有多能细胞。从卵母细胞受精到雌雄原核融合直至形成囊胚这段时间内，发育的控制从配子变为胚胎，这一过程称为母体到合子的过渡（MZT）。MZT涉及母体RNA和蛋白质的耗竭以及合子基因组的转录激活。合子基因组激活（ZGA，也称为胚胎基因组激活）是一个高度协调的过程，在此过程中，最初的静止的合子基因组开始具有转录活性。ZGA的时间在不同的哺乳动物中有所不同。

在关于小鼠和人类的研究中，ZGA有两个转录波（见图4-1），分别称为次要和主要。对于小鼠，次要ZGA发生在S期至G_2期合子的雄原核中。在2-细胞胚胎11~22 h的G_1到S期发生更大和更有规律的转录主波。对于人类，从合子到4-细胞胚胎的转录率较低，但直到8-细胞阶段才发生主要的转录波

（牛也是这一时期），这与人（牛）的植入前发育时间更长有关。重要的
是，除了蛋白质编码的转录本以外，非编码RNA的转录波，包括小的非编
码RNA（sncRNA）、长的非编码RNA（lncRNA）和内源性逆转录病毒序
列或重复元件（重复序列或转座子）的沉默，也发生在早期胚胎发育过程
中，这些可能都具有重要的调节作用。表观遗传机制对于从母体到胚胎控制
发育基因表达的过渡以及合子基因组的激活至关重要。在本节中，我们将对
DNA甲基化、组蛋白翻译后修饰（PTM）、局部染色质重塑和高度有序的
基因组的组织等变化进行综述。最后，已经确定染色质调控因子、组蛋白修
饰因子、非编码转录物和转录因子参与MZT，参与早期胚胎的表观调控，本
节也将对这些因子进行讨论。

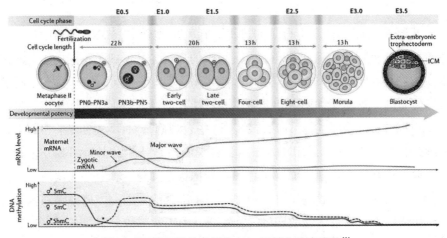

图4-1　早期胚胎的转录和DNA甲基化动态变化[1]

一、全基因组去甲基化

在哺乳动物中，胞嘧啶的第五个碳原子（5mC）甲基化主要发生在CpG
二核苷酸中，这是一种表观调控机制。与体细胞相似，卵母细胞和精子分
别具有中等水平和高水平的5mC，相比之下，早期在受精卵过程中，重新
建立甲基化水平之前，先从受精卵到囊胚经历广泛的全基因组DNA去甲基
化[2]。尽管人类胚胎的ZGA较晚，但在植入前发育过程中的这种DNA去甲基
化在小鼠和人类之间是保守的。

DNA甲基化由DNA（胞嘧啶5）-甲基转移酶3A（DNMT3A）和甲基
转移酶3B（DNMT3B）建立，并由DNMT1通过有丝分裂维持。DNA甲基

化的去除可以在不存在DNMT酶的情况下在DNA复制过程中进行，也可以通过DNA修复途径和（或）通过TETs酶催化的氧化反应来进行。在小鼠中，许多DNA甲基化酶具有母体效应基因（MEG）的作用，包括DNMT1（DNMT1O）、DNMT3a[3, 4]、DNMT3l[5]和DNMT1募集蛋白E3泛素蛋白连接酶UHRF1[6]。考虑到植入前发育过程中DNA甲基化的完全擦除，DNA甲基化机制中的母体突变通常会在植入后的后期导致缺陷，主要表现在印记维持上[7]。但是，卵母细胞中许多差异甲基化区域似乎与基因印记无关。

合子中5mC及其衍生物的分布和表达水平会发生动态变化。有趣的是，基于免疫荧光的分析和全基因组测序分析显示，母本和父本基因组进行DNA去甲基化的过程并不相同。母本DNA甲基化主要是被动稀释，主动去甲基化水平很低。DNMT1的出核，是由皮层下的母体复合物（SCMC）和DNMT1募集物UHRF1的胞质定位所驱动。该现象是母体基因组中观察到的被动DNA去甲基化的主要驱动力。相反，父本基因组在很大程度上经历了快速的主动去甲基化。最初认为这主要是由TET3驱动的，TET3催化5mC向5-羟甲基胞嘧啶（5hmC）的转化，并在植入前的早期胚胎中强烈表达。通过在二甲基化组蛋白H3赖氨酸9（H3K9me2）上优先结合STELLA（也称为DPPA3），可以保护母体基因组免受去甲基作用，这在父本基因组中没有发现，从而改变了染色质结构并防止了TET3介导的脱甲基化。TET3介导的去甲基化约占父本基因组的25%，TETs催化的氧化产物5hmC和5-甲酰基胞嘧啶（5fC）的全基因组图谱，证明了这些衍生物在2-细胞胚胎中积累[8]。

尽管有研究表明TET3在主动DNA去甲基化中具有重要作用，尤其是在父本基因组中，但TET3可能并不能调控父本基因组的全部去甲基化。有些自相矛盾的是，免疫荧光分析和超灵敏质谱分析显示，在PN3早期5mC的水平下降之后，父本基因组中5hmC的水平才开始上升。5fC在PN3–PN5合子中才可检测到，表明在合子后期发生了主动去甲基化[9]，这可能与TET3通过DNMT3A活性抵消合子中从头DNA甲基化有关。此外，母体TET3基因敲除小鼠仍然经历部分去甲基化，表明其中还涉及一些其他途径，如DNA修复。因此，早期受精卵中，最初5mC去甲基化机制仍不清楚，并且可能存在多个平行的去甲基化途径。导致这种DNA去甲基的一个候选基因是母体性腺特异性表达基因GSE（也称为STPG4）。GSE的下调，导致父本核中5mC的增加和5hmC的减少，这表明它在合子后期对父本基因组的DNA主动去甲基化具有作用。此外，基于DNA修复的去甲基化机制在雄原核去甲基化过程中也可能很重要。已在雄原核中检测到以γH2A.X标记的DNA断裂[10]。DNA修复可能会通过碱基切除修复等机制，将修饰的胞嘧啶替换为未修饰的胞嘧啶，从而使DNA去甲基化。

综上，驱动早期胚胎DNA甲基化动态变化的机制仍不清楚，主要问题仍未得到解答：如在植入前发育过程中，DNA甲基化动态变化在重塑细胞命运中的因果作用是什么？DNA甲基化和其他表观修饰因子动态变化的相互作用？

二、染色质重塑

DNA包裹在组蛋白八聚体组成的核小体上。核小体中的组蛋白发生了广泛的翻译后修饰（PTMs），这些组蛋白的PTMs、核小体的密度以及定位，影响转录活性。组蛋白PTMs、局部染色质动态变化和高阶基因组的组织，在MZT过程中起重要作用。

1. 组蛋白翻译后修饰的动态变化

尽管已经使用显微镜技术对早期胚胎组蛋白PTM进行了研究，但染色质免疫沉淀测序（ChIP-seq）技术的灵敏度的提高和所用细胞数的降低，使这些修饰在全基因组范围内能够定位。到目前为止，与转录活性相关的组蛋白H3赖氨酸4（H3K4me3）发生三甲基化，与无活性染色质相关的组蛋白H3赖氨酸27（H3K27me3）发生三甲基化，与开放蛋白相关的组蛋白H3赖氨酸27（H3K27ac）发生乙酰化染色质已在植入前胚胎中进行了分析（见图4-2）。

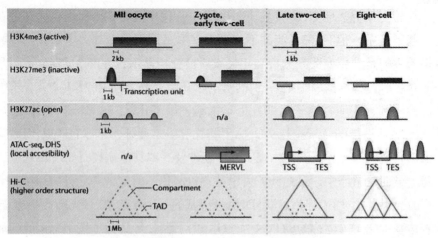

图4-2　植入前发育过程中染色质谱的动态变化[1]

近来，组蛋白ChIP-seq分析中最惊人的发现可能是成熟卵母细胞中H3K4me3大结构域的独特且不同寻常的模式（见图4-2），不是体细胞转录起始位点通常看到的尖峰。已显示大约22%的中期Ⅱ（MⅡ）卵母细胞基因组被跨越10 kb以上的H3K4me3宽结构域所覆盖[1]。卵子发生过程中这些结构域逐渐建立，并与广泛的DNA甲基化结构域相关。删除DNMT3A和DNMT3B均会导致DNA去甲基化，可保护区域免于获得H3K4me3。通常，宽H3K4me3结构域与基因启动子无关。然而，因为许多启动子（除通过DNA甲基化修饰的启动子），包括在ZGA主波激活的启动子，在卵母细胞和精子中都被H3K4me3预修饰。启动子H3K4me3通常与从2-细胞后期开始的基因转录相关[11]，但染色质重塑和ZGA之间的因果关系方向尚不清楚。这表明H3K4me3指定了将要转录的基因或准备用于未来激活的基因[11]。在植入前的胚胎中，Polycomb阻抑复合物2（PRC2）是大多数胚胎干细胞（ESC）的经典靶基因（包括Hox基因簇），对H3K27me3的富集很少。除卵母细胞外，精子也可以将重要的表观遗传信息传递给胚胎[12]。但是，还需要进行其他实验才能揭示ZGA中精子遗传染色质状态的作用（如果有的话）。

受精后，在受精卵和早期的2-细胞胚胎中保留广泛的H3K4me3结构域，但后来它们在很大程度上耗尽了（见图4-2），如先前通过免疫荧光染色所示[13]。这与2-细胞胚胎中H3K4me3水平的总体降低是一致的。伴随着这种下降，H3K27ac水平在2-细胞胚胎中上升（见图4-2），特别是在先前以宽H3K4me3结构域标记的ZGA基因处。抑制性H3K27me3标记也以宽域出现在MⅡ卵母细胞和2-细胞胚胎（见图4-2）以及E3.5囊胚的内细胞团（ICM）中，在卵母细胞中它们与H3K4me3和DNA甲基化结构域并不重叠。除了这些较大的远端结构域外，启动子的特征还在于卵母细胞中的H3K27me3峰，该峰在ZGA之前已基本消失（见图4-2）[14]。尽管可以从其他物种中得到一些结论，但是在哺乳动物中这些不同的表观遗传标记之间的相互影响在很大程度上是未知的。在果蝇中，卵母细胞遗传的H3K27me3域对于防止ZGA期间H3K27ac的异常积累是必需的[15]。此外，最近在Danio rerio中发现，含有组蛋白H2A变体H2AFV（H2A.Z的斑马鱼同源物）和组蛋白H3 赖氨酸4的单甲基化（"H3K4me1"）的核小体"占位"效应，阻止了DNA甲基化的获得，从而实现了转录发生在ZGA 之后[16]。哺乳动物胚胎中是否存在类似的机制还有待观察。

2.局部染色质动态变化

在MZT期间，局部染色质经历了实质性的重组。最近，通过DNase I超敏反应（DHS）定位图谱[14, 17]和测定植入前胚胎的转座酶可及染色质测序（ATAC-seq）的方法对全基因组进行了分析，该方法可测量转录因子对染色质可及性。与其他细胞类型相似，在合子中，DHS位点大多位于启动子处（见图4-2）。在主要ZGA之前的早期2-细胞胚胎具有弱且嘈杂的ATAC-seq谱图，具有大结构域的可及染色质，覆盖了次要的ZGA基因，例如带有亮氨酸tRNA引物的小鼠内源性逆转录病毒（MERVL）（见图4-2）。这与这个阶段的混杂的转录谱相关，并且可能暗示ZGA之前结构化的染色质较少。在2-细胞晚期，不仅在转录起始位点（TSS），而且在转录终止位点（TES），都存在可及的染色质峰（见图4-2）[18]。

2-细胞胚胎的这一独特特征在胚胎后来的发育阶段消失，其生物学重要性仍然不清楚。2-细胞胚胎染色质谱的特征，反映在2-细胞样（2C样）小鼠ESC的罕见亚群中，其在整体染色质可及性方面普遍提高，包括在MERVL元件上[19, 20]。随着胚胎的发育，染色质变得更容易接近（见图4-2）。在整个植入前阶段，超过96%的DHS部位从单细胞阶段得以维持，而在8-细胞和桑葚胚阶段，DHS的增益大大增加。新位点不仅出现在启动子上，而且出现在其他区域，包括外显子、内含子和基因间区域。在其启动子上具有DHS位点的基因比没有的基因具有更高的表达水平，并且在开放染色质区域内或附近的基因，通常对其所处发育阶段具有功能重要性[14, 18]。尽管大多数具有可及启动子的基因具有表达活性，但具有可及启动子的非活性基因，在发育的后期阶段会变得活跃，表明这些启动子已被激活。染色质可及性和组蛋白修饰的增加，不仅发生在基因。在2-细胞胚胎中，许多重复序列，包括短的散布的核元件和逆转录元件，都具有ATAC-seq峰，也同时被H3K4me3标记[11]，反映出它们在此阶段的高表达水平。

三、高度有序的基因组组织

基因组被进一步组织成更高阶的结构。平均约400~500 kb的区域形成约2 000个离散的拓扑关联域（TAD）。与TAD的边界相比，TAD内的远距离染色质相互作用更为频繁。TAD进一步组织成约5 Mb的区域，称为A和B隔室，它们沿染色质交替排列，分别对应于转录活性和转录惰性区域。与TAD

相似，染色质优先与相同隔室类型的其他染色质相互作用。然而，TAD在不同的细胞类型之间基本不变，而A和B区室在组织之间相对更为动态[19,20]。除TAD和区室外，染色质在细胞核三维空间内的位置也很重要。特别是，40 kb至15 Mb结构域染色质，优先与核纤层相互作用，核纤层通常是一种抑制环境，往往与B隔室重叠[21]。但是，这些与核纤层相关的结构域在植入前胚胎中还未见报道。

在卵母细胞成熟过程中，染色质从转录活性转变为无转录活性。这与生发泡期卵母细胞中大量的染色质重排和核仁形态的凝结有关。在分子水平上，这两个阶段的单核Hi-C分析表明，在卵母细胞成熟过程中，TAD和区室的强度下降了[65]。此外，广泛的H3K4me结构域与隔离状态之间没有联系。与有丝分裂染色体相似，MⅡ卵母细胞中不存在TAD和区室（见图4-2）。相反，精子具有更结构化的染色质组织，类似于小鼠的ESC，并且可以进行超长距离的染色体间的高频相互作用。

受精后，基因组会进行基本重组。合子和早期的2-细胞胚胎具有较弱的TAD结构和区室（见图4-2），并且远端相互作用稀疏[22,23]。同样，D. melanogaster胚胎在ZGA[24]之前也表现出高度无序的染色质组织，表明这是ZGA调控和正确发育的保守进化要求。小鼠胚胎ZGA后，TAD逐渐成熟，TAD边界巩固，从8-细胞阶段开始明确定义（见图4-2）。尽管在早期阶段不多，但从后期两室阶段直到ICM的形成一直存在A和B隔室（见图4-2）。随着发育的进行和基因表达程序的激活，基因从处于沉默的B区移到了活跃的A区[25]。

受精时，两个亲本基因组在结构和物理性质上是不同的。母本基因组在物理性质上比紧凑的父本基因组更大，后者含有鱼精蛋白。在小鼠受精卵中，母本基因组中的"分隔强度"比父本基因组中的"分隔强度"弱得多。尽管这些形态上的差异和DNA甲基化谱差异，通过PN3、母系和父系基因组的局部染色质结构，如DHS图谱，在很大程度上是不可区分的。但是，等位基因特异性差异确实发生在针对亲本特异性ZGA的基因上。有趣的是，不是父系DHS标记的基因中的几个父系DHS标记基因，在合子中的母系等位基因上具有H3K27me3，而不是通过DNA甲基化标记的印记基因，其去除足以使母体沉默的等位基因重新激活。通常，从2-细胞阶段到囊胚，DHS谱的母本和父本基因组保持相似，但印记基因除外，在表达前印记基因以差异性染色质可及性为特征。

相反，组蛋白PTM受精后表现出更加动态的亲本特异性变化。受精卵中的母本和父本基因组具有不同的H3K27me3谱，这与核小体占有率的差异无关。受精后，精子中的大多数H3K27me3峰丢失，然后植入前和植入后发育过程中，在保持沉默的基因上重新建立[26]。相比之下，卵母细胞中H3K27me3的启动子远端峰是由合子遗传，而发育基因启动区H3K27me3并不是遗传自合子。此外，受精卵中父本基因组中H3K4me3缺失，可能反映基因组范围内组蛋白替代鱼精蛋白。

令人惊讶的是，尽管两个基因组实际上都存在于同一核中，但早期合子中亲本基因组的空间分离在8-细胞阶段仍然很明显。使用5-溴-2'-脱氧尿苷（BrdU）标记的精子来区分父本和母本DNA的免疫荧光实验揭示了，直到8-细胞，父母基因组仍然存在空间分离。胚胎如何维持这种物理分离，以及其功能（如果有）尚不清楚。

四、MZT的调节因子

广泛的染色质重塑和转录变化需要严格调节，以确保适当的胚胎发育。迄今为止，已经在小鼠中发现了多种MEG[27, 28]。这些包括SCMC因子、蛋白酶、结构分子、泛素化相关的酶、DNA甲基化或去甲基化机制、DNA损伤修复蛋白、细胞周期调节因子、自噬相关蛋白和转录后RNA降解所涉及的因子以及其他调控因子。重要的是，这些因子绝大多数是转录因子、染色质重塑因子和非编码RNA。其中一些通过降解母本和（或）ZGA转录本直接参与MZT。在这里，我们描述了最近鉴定出的染色质重塑因子、组蛋白修饰因子、非编码转录本和转录因子，这些因子与MZT有关。

1. 染色质重塑因子

BRG1（也称为SMARCA4）是最早鉴定为MEG并能在2-细胞胚胎中激活合子转录的染色质因子之一。卵母细胞特异性BRG1的缺失不会破坏卵母细胞的发育和受精，但会损害ZGA并导致胚胎在2-细胞阶段的发育停滞。有活性的BRG1蛋白，含溴结构域和WD重复结构域蛋白1（BRWD1），尽管其突变会导致配子发生缺陷，并在受精卵的原核阶段提前停滞。这些研究初步证明染色质重塑对于受精后有效重塑至全能性的重要作用，进一步研究表明，干扰其他染色质重塑复合物，包括PRC2催化亚基组氨酸-赖氨酸N-甲基转移酶EZH2[29]、PRC1成分E3泛素蛋白连接酶RING1和E3泛素蛋白连接酶RING2、卵母细胞特异性核蛋白核纤溶酶2、CTCF和ZAR1样蛋白，会导致早期胚胎发育缺陷。

2. 组蛋白甲基转移酶

近来，MZT的研究中报道了许多组蛋白修饰酶。在卵母细胞中，组蛋白赖氨酸N-甲基转移酶2B（KMT2B）是主要的赖氨酸甲基转移酶，负责建立广泛的H3K4me3结构域，是主要ZGA所必需的[30]。通过筛选早期胚胎发育所需的组蛋白赖氨酸-蛋氨酸（KM）突变体也证实 KMT2C和KMT2D也在ZGA中起作用[97]。在MⅡ卵母细胞中过表达H3.3 的K4M突变体会导致囊胚率降低，这可能是由于PN4-PN5合子期的转录减少所致。母源KMT2C敲除和KMT2D敲除胚胎表型与H3.3 K4M突变体的过表达相似，表现为H3K4me1和H3K27ac水平的降低以及雄原核的转录降低。综上，这些发现暗示了甲基转移酶在次要ZGA中的作用。另一个哺乳动物H3K4甲基转移酶组蛋白-赖氨酸N-甲基转移酶SETD1B调节胚胎的发生和早期表观重编程，尽管与KMT2C和KMT2D 相比，对于该基因的研究仍处于早期阶段。下调母源SETD1B，会由于卵母细胞转录失调而导致雌性不育，导致透明带异常和减数分裂进程受损。因此，所得胚胎会停滞在合子期并表现出多精入卵的表型。

由KMT5C（也称为SUV420H2）催化形成的异染色质标记H3K20me3，受精后仅在雌原核中存在，在早期胚胎的后期检测不到。受精卵中KMT5C的过表达会导致H3K20me3在母体核中的积累增加，从而导致ZGA的转录活性降低，以及S期的调控异常和合子或2-细胞阶段的发育停滞。敲除能催化H3K9me2和H3K9me3形成的甲基转移酶SETDB1，由于DNA损伤和逆转座子的阻抑，导致减数分裂进程的受损，胚胎在桑葚胚前就会阻滞。这些研究表明，染色质重塑的严格调节与正确的ZGA时序，会影响早期卵裂发生中细胞周期的进程和有丝分裂。

组蛋白甲基转移酶在受精后发生的雄原核鱼精蛋白-组蛋白交换过程中也起到重要作用。类甲基转移酶的23（METTL23）可以催化组蛋白H3Arg17（H3R17me2a）的不对称二甲基化，它通过募集GSE-TET3复合物参与了原核的主动DNA去甲基化作用。此外，组蛋白分子伴侣HIRA、METTL23催化的H3R17me2a对于H3.3掺入雄原核是必不可少的，这对于受精后的染色质重组至关重要。

3.组蛋白去甲基酶

在2-细胞阶段，赖氨酸特异性去甲基酶5A（KDM5A；也称为JARID1A）和KDM5B（也称为JARID1B）除去了广泛的H3K4me3结构域。KDM5B的过表达降低了H3K4me3的水平，并重新激活了卵母细胞核仁周围染色质的转录，而morpholino介导的合子中KDM5A和KDM5B蛋白的下调，降低了2-细胞阶段的ZGA并影响了植入前的胚胎发育。总而言之，这些实验表明，去甲基酶对于卵母细胞转录和ZGA都是非常重要的。同样，删除卵母细胞H3K4me3和H3K9me3脱甲基酶KDM1A（也称为LSD1）会导致合子或2-细胞阶段发育停滞[31, 32]。母源KDM1A敲除胚胎，2-细胞的H3K4me3和H3K9me3水平升高，并且有趣的是，它们不仅不能上调ZGA转录本，而且能维持母源转录本的高表达。

抑制性组蛋白PTM的调节对于MZT也是至关重要的。H3K27me2特异性和H3K27me3特异性脱甲基酶KDM6A和KDM6B（分别也称为UTX和JMJD3）在植入前胚胎中具有互补功能。MⅡ卵母细胞中通过敲低KDM6B，促进囊胚中OCT4的表达，进而提高孤雌胚胎的发育速度，但KDM6A的敲低则损害了早期胚胎的发育。两种脱甲基酶的母体敲除均显著损害早期胚胎的发育，这表明严格控制其表达对于正常发育至关重要。还有报道认为，KDM6B是重编程的负调控物[33]，然而，仍不清楚KDM6A介导的和KDM6B介导的H3K27me3和H3K27me2脱甲基的确切机理。

在早期发育中起作用的另一种赖氨酸去甲基酶是KDM4A（也称为JMJD2A）[34]。KDM4A的遗传缺陷导致女性的不孕症，原因是植入前发育延迟和最终植入失败。胚胎移植实验以及血液测试和基因表达分析表明，由于激素分泌缺陷和子宫转录失调，女性Kdm4a⁻无法支持妊娠。

五、非编码RNA和重复元件

在MZT期间发生的染色质重塑和转录变化不仅受蛋白质编码基因驱动，而且受非编码RNA的驱动。特别是，sncRNA、lncRNA和重复元件与MZT的调控有关。2-细胞胚胎具有高水平的合子microRNA（miRNA），包括miR-290簇，在某种程度上类似于具有多能性的小鼠ESC。miR-125家族通过抑制MEG和lin-28同系物A（LIN28A）的表达，来负调控主要ZGA。在GV期卵母细胞中注射miR-125家族成员的类似物会导致2-细胞停滞，而注射

miR-125家族成员的抑制剂则会增强ZGA。sncRNA也来源于父系，例如在某些饮食条件下，小鼠精子中tRNA-Gly-GCC的5′片段受精后被遗传到胚胎中，并在2-细胞胚胎的主要ZGA期间抑制MERVL元件。

植入前胚胎还显示出内源性逆转录病毒或重复序列的动态特异性表达变化。在小鼠中，大部分主要ZGA转录物的表达实际上是由MERVL长末端重复序列（LTR）驱动的。LTR作为启动子的这种选择可能反映了进化和（或）调节早期胚胎基因表达程序的广泛机制。除了其在植入前发育中的独特表达模式外，诸如长散布的LINE-1之类的重复元素也可能调节MZT。LINE-1在2-细胞阶段之后的持续表达，受精后立即抑制LINE-1会损害囊胚的发育，这表明，这些逆转座子在早期胚胎发生过程中正确的表达，对于发育至关重要。此外，LINE-1元件的长时间激活导致DNase I敏感性增加，而过早沉默降低了DNase I敏感性，表明LINE-1表达调节染色质可及性。有趣的是，在2-细胞胚胎中注射LINE-1转录本对胚泡发育没有影响，这表明LINE-1转录不仅转录了基因本身，而且还调节染色质的重塑。

作为这种复杂的表观调控的一部分，lncRNA通过控制多种细胞过程中的染色质重塑来影响基因表达[34,35]。lncRNA的表达，已经在精子和植入前胚胎中得到了证实，并且几种lncRNA现已被证明具有调节作用。在2-细胞和4-细胞胚胎中表达的基因间长非编码RNA-Linc GET的删除，可能损害2-细胞阶段以后的各个发育阶段，这可能是由于RNA剪接和MAPK信号转导两个独立过程的损害。同样，用白细胞介素17d（IL-17d）敲除启动子相关的非编码RNA，白细胞介素17d是在ZGA时高度表达并促进白细胞介素17d在4-细胞胚胎中表达lncRNA，由于凋亡介导的机制囊胚率降低。将来观察这些和其他在早期胚胎中表达的非编码RNA是否对ZGA、母体转录物降解和（或）染色质重塑具有直接影响，将很有意义。

六、转录因子

目前，已经鉴定了许多转录因子，它们与ZGA基因的启动子结合并在2-细胞胚胎中激活ZGA基因。最早鉴定出的是转录中介因子1α（TIF1α）。在合子的中晚期阶段TIF1α从受精卵的细胞质转移到细胞核，在这里它与其他染色质重塑因子（例如BRG1）和模拟开关（ISWI）复合体SWI/SNF相关基质肌动蛋白的染色质亚家族A成员5（SMARCA5）的依赖性调节子共定位。

TIF1α失活会导致合子中RNA聚合酶Ⅱ的异常定位，并使胚胎停滞在2-细胞或4-细胞阶段。

STELLA是另一种成熟的MEG的产物，它调节2-细胞胚胎中的染色质重塑和ZGA。STELLA基因敲除使胚胎染色质形成受损，这种现象可能是由于未进行H3.3掺入和主要卫星的逆转录，这是受精后染色质重组所必需。单细胞RNA测序分析表明，该表型可能与转录ZGA基因（包括MERVL元件）以及2-细胞胚胎中的母体转录本下调失败有关。值得注意的是，饲喂高脂饮食的雌性小鼠的卵母细胞的STELLA水平降低，从而使母体基因组不受受精后主动去甲基化的保护，这导致始于2-细胞阶段的发育迟缓[36]。

通过DHS图的基序富集分析，提出了核转录因子Y亚基-α（NFYA），并随后被证实有助于ZGA。下调卵母细胞NFYA导致大约15%的2-细胞ZGA基因下调，染色质可及性降低以及桑葚胚期前发育停滞。最近，转录共激活因子YAP1被确定为MZT1的关键调控因子。YAP1积累在卵母细胞中，受精后可导致多达80%的母本转录物降解，并有助于激活约700个ZGA基因。当YAP1的原始存储耗尽时，从2-细胞到4-细胞阶段的发育会延长，并且胚胎的植入前发育速度会降低。

多拷贝双同源盒（DUX）（在人类中称为DUX4）在合子转录开始时表达，最近被证明在ZGA中起作用[37]。基序分析显示，在人类卵裂期特异性基因的TSS处DUX4的基序富集，在小鼠ESC中，DUX激活逆转座子并特异性结合多达50%的MERVL元件。Dux是小鼠ESC稀有的2C样亚群的有效诱导物，重要的是，CRISPR–Cas9介导的小鼠受精卵中Dux的敲除不仅导致了胚胎植入前发育停滞，而且导致ZGA特异性靶标的激活失败，包括MERVL元件。但是，尽管DUX如何被调控还不清楚，但是至少在调节主要ZGA中的作用是显而易见的。

七、ZGA模型和展望

在过去的两年中，我们对MZT的表观遗传调控有了新的见解。尤其是，我们正在全面了解胚胎发生这一重要阶段中存在的转录：DNA甲基化和染色质谱。但是，这些动态事件的层次结构仍然不清楚。

染色质重组与早期胚胎中ZGA次波和主波之间的紧密时间耦合引起了鸡和蛋的难题：合子转录激活是否需要染色质去缩合，还是转录本身会打开染色质结构？最近的几项研究旨在结合化学抑制剂和敲除研究来解决这一基本问题。尽管在合子或2-细胞胚胎中用α- amanitin进行了转录抑制，但母本和父本基因组中仍然发生H3K27me3的重塑，而TAD仍然能够形成，这表明不需要染色质重组ZGA就可以发生。D. melanogaster的类似工作表明，尽管TADs本身的性质受到影响，但阻断转录并不能阻止高阶染色质构象的建立。但是，在受精卵晚期或2-细胞早期胚胎中转录终止，将消除宽泛的H3K4me3结构域，并被规范的H3K4me3峰取代，这会降低染色质的可及性和减少核小体区域的数量[38]，这表明局部染色质转录激活后发生变化。相反，未能通过降低KDM5A和KDM5B水平下调广泛的H3K4me3结构域导致ZGA基因的下调。H3K4me3的丢失会导致雄原核ZGA 降低，并且在用组蛋白脱乙酰基酶抑制剂处理后进行组蛋白超乙酰化会增强2-细胞胚胎的转录，这表明染色质的变化会影响转录激活。

更为复杂的是，染色质和转录谱的这些巨大变化发生在基因组进行DNA复制时。DNA复制和转录激活之间存在紧密的耦合，但是尚不清楚ZGA和染色质结构的变化如何相互适应。用DNA合成抑制剂（aphidicolin）处理胚胎降低了次要ZGA，而主要ZGA几乎没受影响。aphidicolin对2-细胞胚胎进行处理，发现其影响染色质更高阶结构的建立。相比之下，aphidicolin处理的胚胎仍然失去了广泛的H3K4me3结构域。需要进一步研究以弄清早期胚胎中染色质重塑，DNA复制和转录激活之间的精确关系。

我们提出了几种模型，这些模型可以解释导致ZGA发生重大变化的分子过程。在第一个模型中，ZGA的次要波是由DNA甲基化的变化、雄性原核中鱼精蛋白-组蛋白的交换、DNA复制、卵母细胞和（或）精子中存在的因子或以上所有因素的组合触发的。次要ZGA的转录行为本身导致顺式上的染色质可及性进一步增加，从而进一步发生ZGA主要波。或者，在第二个模型中，次要ZGA产物本身反式作用，以引发ZGA的主要波。相比之下，在第三个模型中，染色质变化可能发生在ZGA之前，并导致ZGA的次波，这又直接通过次波产物的活动或进一步的染色质修饰导致了主波。最后，在第四个模型中，不同的过程不是层次结构，而是相互联系和相互依存的。它们中的任何一个都可以触发事件的级联，最终导致ZGA的主波。随着我们更多地了解植入前发展的表观遗传修饰，在未来几年中，我们将能够回答所提出的模型哪种是正确的。

目前已经报道了许多调控MZT的转录因子和表观遗传调控因子，它们有些也存在于卵母细胞中，例如STELLA和YAP1，因此，它们有可能成为ZGA的主调控因子，但仅激活ZGA转录本的一部分。此外，其他因素（例如DUX）仅在ZGA的次要波中表达，但最初激活这些因素的原因尚待确定。是否存在一个调控整个ZGA的主转录因子，或者ZGA是重叠和冗余因子网络的结果，是否还有其他重要因素有待发现？激动人心的新技术和方法为植入前发育过程中发生的表观遗传和染色质变化进行了全面的分析，开辟了新的天地。在这个发展时期，其他染色质修饰以及转录因子和表观遗传调节物如何变化仍然是未来研究的重要领域。

第二节　哺乳动物生殖细胞基因组印记的表观调控

基因印记源自父母基因组的不同表观遗传修饰。通过不同的表观遗传修饰机制，出现了父本或母本等位基因的特定单等位表达[39]。已经在小鼠和人类基因组中发现了一百多个印记基因[40,41]。许多印记基因在人类发育过程中起着重要作用，其表达和功能的改变可导致印记障碍、先天性疾病，对健康产生终身影响，在某些情况下，增加癌症风险。潜在印记障碍中的分子改变包括遗传改变，例如病原体基因序列变异、拷贝数变异和单亲二体性（UPD），或影响印记基因调控的表观遗传改变（表位变异）。四种类型的分子变化的频率在不同的印记疾病之间差异显著，在染色体11p15相关疾病Beckwith– Wiedemann综合征（BWS）和Silver–Russell综合征（SRS）中，表位突变的频率最高。

DNA序列不变而发生的表观突变被称为主要表观突变，可能由表观遗传程序建立或维持过程中的随机或环境驱动的错误所引起。相反，在影响顺式作用元件或反式作用因子影响的遗传变异的下游，出现了次要表观突变[42]。一旦设置了正常的印记标记，便会在生物的整个生命周期中持续存在，因此，在体细胞组织中永久性地保留了这种起源于生殖系的印记错误，从而导致了发育过程中出现的疾病表型。受精后发生的原发性或继发性表观变异和（或）UPD可能导致体细胞镶嵌症。尽管遗传改变和表观变异的性质和病因有所不同，但它们都干扰了印记基因表达的平衡。

全基因组分析正在推动对由致病变异引起的印记疾病的研究，这些致病变异破坏了早期胚胎发生过程中关键的表观遗传重编程过程。这些研究为表观基因组从父母、配子到后代的动态变化提供了新的视角。在回顾基因组印记的周期循环以及与印记的建立、维护和消除有关的相关因素的破坏如何导致疾病之前，我们先简要概述印记的基因组基础及其控制。我们讨论了印记缺陷的遗传力和环境损伤在印记缺陷中的作用。最后，我们展望了需要进一步研究的领域，这些领域可以完成我们对印记障碍的理解，以及可能纠正印记错误的新技术进步。

一、印记的基因组基础

大多数印记基因成簇存在，这些基因簇通过共享调控元件，如长非编码RNA（lncRNAs）和差异甲基化区域（DMRs），实现协同调控，即DNA甲基化在母系和父系等位基因之间存在差异的区域。每个印记域由一个独立的印记中心控制，印记中心通常由一个生殖系差异甲基化区（gDMR）进行特征化，也被称为一级DMR。在人类基因组中，约有35个与印记位点相关的gDMR。gDMRs还具有亲本染色体上不同的染色质结构，具有关闭染色质的组蛋白标记特征，例如组蛋白3赖氨酸9二甲基化（H3K9me2）、甲基化等位基因上的组蛋白3赖氨酸9三甲基化（H3K9me3）和组蛋白4赖氨酸20三甲基化（H4K20me3）以及非甲基化等位基因上开放染色质特征的组蛋白标记（例如H3K4me2和H3K4me3）。甲基化和非甲基化的gDMR等位基因被不同的转录因子重新识别，其功能是指导基因座的差异表观遗传修饰和印记表达。母系甲基化的gDMRs数量较多，并且在基因内一般与启动子相对应，通常是lncRNAs的启动子，父系染色体上甲基化的gDMRs分布于基因间的间隔序列，可能起到绝缘体或增强子的作用。

值得注意的是，在多基因印记域中，印记中心通常指导甲基化染色体和相对应的亲本染色体上基因的表达；这种情况是由印记中心及其控制下的编码和非编码基因的基因产物之间的相互调节作用引起的。在某些情况下，同一印记中心的甲基化丢失（LOM）和甲基化获得（GOM）导致"镜像"紊乱，这些紊乱具有相反的临床特征和基因表达模式，例如，在BWS和SRS。

二、等位基因在体细胞中的特异性表达

印记基因可以在大多数或所有细胞类型中显示单等位基因表达，但对于某些基因，印记表达仅限于特定组织（例如，UBE3A）或发育的特点时期（例如，KCNQ1），或者单等位基因表达和（或）甲基化在个体之间可能有所不同。为了控制印记基因在体细胞中的等位基因特异性表达，gDMRs指导在印记区域发育过程中建立额外的等位基因特异性表观遗传特征。这些包括二级DMRs（也称为体细胞DMR），主要对应于基因启动子和转录因子结合位点、染色质修饰、高阶染色质结构（可能由CTCF-黏着蛋白相互作用引起）和具有侧翼沉默能力的lncRNAs在印记基因周围起到顺式调控作用，在其他情况下，印记gDMRs直接选择剪接、转录延长或多聚腺苷酸化位点的使用，从而产生等位基因特异的转录亚型[43]。少数在体细胞组织中具有亲本依赖性表达的基因，在其附近区域没有明显的DMRs，其等位基因特异性表达可能受DNA甲基化以外的表观遗传特征控制[44]。

串联重复是印记中心的突出特征。一些重复序列的作用是将高密度的结合位点集中到调节印记基因表达的转录因子上。例如，在H19/IGF2基因间DMR集中ZFP57和CTCF的结合序列的重复串联，这对于印记至关重要。在这种情况下，串联重复的重组可导致反复的印记缺陷。相比之下，小鼠胚胎干细胞中DLK1–DIO3印记区域中大量的长散布重复序列（LINE-1）的缺失并不会破坏母系或父系突变小鼠的印记，并且表型正常发育，这一发现不支持这些重复序列在印记中的作用。

印记基因产物通过在印记基因网络（IGN）中的协同作用加强其精细调控。例如，在小鼠组织中，转录因子PLAGL1和lncRNA H19被证明以DNA甲基化无关的方式调节IGN控制生长的几个成员的mRNA水平。另一个例子是，位于15号染色体上的Prader-Willi综合征（PWS）基因座中的人lncRNA IPW能够通过靶向H3K9组蛋白甲基转移酶G9A至印记中心来调节14号染色体上MEG3的表达（也称为 EHMT2）。此外，许多印记基因簇编码microRNAs（miRNAs）和小核仁RNAs（snoRNAs），它们可能参与印记基因的转录后控制。这些相互作用可能解释了在不同印记疾病表型中观察到的一些重叠现象。

三、原始生殖细胞的印记清除

原始生殖细胞（PGCs）的发生过程中经历了基因组的表观重编程。在小鼠，胚胎发育第6天（E6.0），原始生殖细胞前体消失，E7.5后开始向生殖嵴迁移并开始发生特异的表观遗传修饰[45]。在E8.0到E9.0，整体5-甲基胞嘧啶（5mC）水平开始下降，在E11.5前，大部分5mC去甲基化全部完成。在小鼠，PGCs去甲基化既有主动方式也有被动方式。在E8.0到E9.0期间，发生第一次主动去甲基化作用，在E10.5到E13.5之间，发生第二次主动去甲基化。在E11.5，PGCs的5mC水平达到峰值，到E13.5降至较低水平。

印记gDMRs的去甲基化的方式较为特殊。5-甲基胞嘧啶（5mC）的全基因组去甲基化是PGCs增殖过程中的一个被动过程，其起始于从头DNA甲基转移酶DNMT3A和UHRF1（维持DNA甲基转移酶DNMT1的募集因子）的蛋白质水平降低。印记甲基化的重编程遵循较慢的动态变化。对父源PGCs分析结果显示，其印记gDMRs发生被动去甲基化作用[46]。它通过5mC双加氧酶1（TET1）和TET2将5mC氧化为5-羟甲基胞嘧啶（5hmC），这种修复无法被维持甲基化机制所识别，因此促进了被动去甲基化的发生，这种方式在PGCs去甲基化的后期阶段起重要作用。研究发现，在E10.5时，大部分印记gDMRs的5mC水平均高于20%~40%，在E10.5到E13.5期间，印记gDMRs出现5mC延迟去甲基化现象，同时还出现5hmC的富集。印记gDMRs延迟去甲基化现象的出现，暗示存在其他与印记gDMRs相关的表观机制未被发现。甲基化状态的维持可能是通过ZFP57/TRIM28复合体，其他因子很可能也参与印记gDMRs的去甲基化。

四、父本PGCs印记获得

雄性和雌性PGCs发育为成熟配子的途径并不相同，发育过程中所涉及的表观修饰也不尽相同。E13.5的父本小鼠PGCs进入G_0/G_1阻滞期，并仍然保持着有丝分裂状态，这一状态保持到出生后，重启有丝分裂并形成精原细胞，性成熟后，启动减数分裂。全基因组DNA去甲基化状态分析表明，有丝分裂停止于E16.5，此时父本PGCs全基因组5mC水平为30%，暗示已经开始发生从头甲基化。在此阶段，父本和母本PGCs的5mC状态差异较大，母本PGCs在E16.0仍保持基本未甲基化状态[47]。

雄性配子发生的重要特性之一就是5mC水平的提高，成熟精子5mC水平可高达80%，而成熟卵子仅有40%，例如已知的3个父本印记基因Gtl2、Rasgrf1和H19。从有丝分裂停止时获得5mC，直到E18.5，其差异甲基化区域（DMRs）基本达到完全甲基化的状态。另外，来源于父本等位基因的印记gDMRs先于来源于母本的等位基因gDMRs获得5mC，相关表观修饰因子，可能参与这一过程，如CTCF（边界元件转录阻抑物）。启动从头甲基化后，在非甲基化的母源H19的gDMR仍被相关表观修饰因子结合，这可能延缓5-甲基胞嘧啶的获得。此外，母本PGCs的gDMR中H3K4me2丰度较高，也可能导致5mC获得的延迟。

　　染色质的结构和成分的不同是雌雄配子另一个表观修饰差异。对于精子，组蛋白被鱼精蛋白替代，最终形成高度浓缩的染色质，在小鼠精子中，包括基因组印记在内仅保留1%的组蛋白。H19和Rasgrf1的gDMRs含有H3K9me2（组蛋白H3第9位赖氨酸残基二甲基化），而Igf2r、Kcnq1ot1、Peg1、Peg3和Peg5未甲基化的gDMRs保留H3K4me2（组蛋白H3第4位赖氨酸残基二甲基化）。Kcnq1ot1和Snrpn中未甲基化的gDMRs保留H3K4me3（组蛋白H3第4位赖氨酸残基三甲基化）。受精后，未甲基化的gDMRs中的组蛋白修饰，可能将有助于父源等位基因5mC的重新获得，但机制仍不清楚。

　　依赖DNMT3A（甲基转移酶3A）和DNMT3L（甲基转移酶3L）的从头甲基化，参与了gDMRs印记甲基化的建立。不同于其他已知的印记gDMRs，印记基因Rasgrf1的gDMR含有很多重复元件，包括长末端重复序列（LTR），父源印记基因Rasgrf1的gDMR，获得5mC需要依赖DNMT3B（甲基转移酶3B）参与。生殖细胞反转录转座元件的从头甲基化也需要DNMT3B的参与；同时，Piwi相互作用RNA（piRNA）途径也在雄性生殖细胞反转录转座元件的从头甲基化中起重要作用，这使一些研究开始关注印记基因Rasgrf1中gDMR 5mC的获得是否涉及piRNA途径。piRNA途径阻断，特别是Piwi蛋白的Mili、Miwi和Miwi2基因发生突变，会引起父源印记基因Rasgrf1的gDMR的5mC降低，但Gtl2和H19的gDMRs未受到影响。Rasgrf1的gDMR对piRNA途径的依赖，暗示雄性生殖细胞中印记gDMR的建立可能由等位基因表观遗传途径调控。

五、母本PGCs印记获得

小鼠卵原细胞在胚胎时期就开始进行减数分裂并停留在第一次减数分裂的前期，即初级卵母细胞，出生后初级卵母细胞一直保持静止状态，直到性成熟后，在促性腺激素作用下，初级卵母细胞在排卵前完成第一次减数分裂排出第一极体，并停留在第二次减数分裂的前期。不同于父本PGCs，母本PGCs在减数分裂停滞期会保持较低水平的甲基化。母本PGCs在E16.5时，gDMRs的5mC水平低于15%[47]。不同gDMRs中甲基化启动的不同步性，是母本PGCs印记5mC获得过程的一个显著特征。最先获得5mC的母本印记基因是Snrpn的gDMRs，随后是Igf2r、Peg3和Peg1的gDMRs，最后是Impact的gDMRs[48]。gDMRs甲基化获得的不同步性，使每个印记gDMR可以进行特异性调节。通过对Snrpn的gDMR进一步研究，发现源自亲本的等位基因5mC的获得也具有不同步性。Peg1和Peg3的gDMRs 5mC获得，双亲等位基因也具有不同步性。研究表明，KRAB结构域锌指蛋白ZFP57，调控卵母细胞Snrpn的gDMR特异性获得5mC。但是目前还不清楚ZFP57是否也参与早期母本来源Snrpn的gDMR内获得5mC。有研究表明，ZFP57与转录调控因子的结合需要5mC的参与，这表明，5mC从头合成开始后，ZFP57才被招募到Snrpn的DMRs。

转录可能参与母本gDMRs 5mC获得的调控。母本PGCs gDMRs在E15.5和E17.5获得5mC，Gtl2和H19的gDMRs转录水平也随之升高。E15.5到E17.5的雄性PGCs可以通过母系印记gDMRs直接转录，但是卵母细胞不能通过父本印记gDMRs进行转录。这种差异可能是由于保留在母本gDMRs内组蛋白修饰H3K4me3的转录促进，从而干扰了从头甲基化。卵母细胞中，转录可能有助于印记gDMRs对KDM1B的招募。敲除KDM1B小鼠模型中，母本印记基因Impact、Grb10、Peg1和Plagl1的gDMRs不能获得5mC。不同印记gDMRs 5mC获得的不同步可能也与KDM1B作用有关。KDM1B的参与Impact和Peg1的gDMRs的5mC获得。但在卵母细胞发育早期，Igf2r和Snrpn的gDMRs获得5mC时不需要KDM1B参与。在有些印记基因gDMRs 5mC的获得需要KDM1B参与，而有些却不需要，以及是否还需要其他的组蛋白去甲基化酶参与还有待进一步研究。

六、早期胚胎发育过程中的gDMRs印记维持

受精后，经过复杂的表观重编程，结构和表观修饰都不同的雌雄配子形成受精卵。父源基因组在合子期发生的主动去甲基化是最常见的早期事件。在受精卵中，父源原始生殖细胞基因组发生是由TET3羟化酶介导的主动去甲基化。TET3在卵母细胞和受精卵中出现高水平表达，但在第一次卵裂后表达峰度开始下降。这与原核期，大多数5mC在TET3作用下羟基化为5hmC的报道一致。PGCs共发生两次DNA去甲基化，分别为初期的被动稀释和随后的由TET1介导的主动去甲基化。源于亲本的gDMRs在受精后被保护，以免受TET3介导的主动去甲基化的影响。在雌原核起作用的是母源效应因子DPPA3（PGC7），父源印记基因H19、Rasgrf1及母源印记基因Peg1、Peg3和Peg5的gDMRs，检测到了DPPA3与H3K9me2的结合，而印记基因Snrpn和Gtl2的gDMRs却不需要DPPA3维持5mC水平，推测与Gtl2 的gDMRs缺少H3K9me2的沉积有关。DPPA3是否在其他印记基因的gDMRs中也具有保护DNA免受去甲基化作用影响，是否还存在其他机制维持印记gDMRs的5mC水平仍有待进一步研究。TET1与TET3不同，在小鼠TET1存在于早期胚胎发育过程中，可能在早期胚胎去甲基化过程中，起关键的调控作用。并且，推测TET1可能也参与早期胚胎的印记gDMRs的表观调控，TET1可能与DNMTs及TRIM28组成的转录抑制复合体等因子进行动态竞争，造成生殖细胞和胚胎的不同印记gDMR印记范围与程度的不同。另外，5hmC可能也具有招募作用，募集其他的染色质重塑因子。有研究报道，5hmC不仅是DNA去甲基化的中间状态，而且它本身也是一种主动的表观遗传修饰机制[49, 50]。MeCP2（甲基CpG结合蛋白2）可以与大脑中的5hmC结合，MBD3（甲基CpG结合蛋白3）也与胚胎干细胞中的5hmC具有微弱的结合能力[51]。印记gDMRs在早期胚胎发育过程中是动态变化的。推测TET羟化酶可能参与调节gDMRs的动态变化过程。在对胚胎干细胞的研究中发现，印记gDMRs及其周围区有TET1或5mC的富集，如果缺少TET，Peg1的gDMR具有高水平的5mC，但机制尚不清楚。

近年来，已报道多种参与保护印记gDMR免DNA去甲基化作用的机制。甲基转移酶DNMT1参与维持印记gDMRs内5mC，例如卵母细胞的DNMT1o在8-细胞时发挥作用。锌指蛋白ZFP57及其共作用因子TRIM28

（KRAB相关蛋白1，也称KAP1或TIF1β）也参与维持印记基因gDMRs内5mC。除了小鼠外，很多动物印记gDMRs也都包含ZFP57识别的结合序列TGCCGC。当识别基序（TGCCGC）内的CpG二核苷酸被甲基化时，ZFP57将特异性地与该基序DNA结合。结合到DNA上的ZFP57招募其共作用因子TRIM28到甲基化位点，参与印记gDMRs的DNA甲基化维持。TRIM28作为支架蛋白，招募参与DNA甲基化和组蛋白修饰相关的因子，形成一个转录抑制复合物，参与此复合物的因子主要有UHRF1（ubiquitin-like with PHD and RING finger domains 1）、DNMT1、DNMT3A、DNMT3B和SETDB1（组蛋白甲基转移酶）等（见图4-3）。

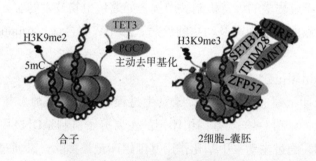

图4-3　gDMRs的DNA甲基化维持

随着各种测序技术的进步，原始生殖细胞各发育阶段印记gDMR的表观重编程及动态变化调节更加清晰。表观修饰不对称性是基因组印记的重要特点，无论是亲本特异性表观遗传标记的获得，还是gDMRs表观标记获得的时间都体现了这一特点。通过对一些存在于精子、卵母细胞及早期胚胎中非印记gDMRs的识别，使我们对等位基因如何维持其双亲特异性的认知进一步加深。基因组印记的研究对阐明印记疾病，如Angelman 综合征、BW综合征和Prader-Willi综合征的表观致病机制具有重要意义，对于减少因繁殖生物学技术的实施造成的表观重编程错误具有重要作用。

第三节　哺乳动物早期胚胎发育过程中的基因组印记维持

亲本基因组差异表观修饰使基因组印记在双亲等位基因出现特异性差异

性表达。孤雌和孤雄胚胎无法正常发育，很多严重疾病包括癌症中都伴随着印记错误的现象，使人们认识到正确的印记对于生长发育过程的重要作用。调控印记基因等单位表达的关键调控序列称为印记调控区（ICRs），印记基因源于双亲等位基因中的一个ICR的5mC会被甲基化修饰，所以这些区域也成为差异甲基化区域（DMRs），这样就出现双亲等位基因的差异表达。这种差异甲基化的建立分别发生于雌雄配子发生过程中（在本章第二节进行了详细的介绍）。例如，在精子和卵母细胞中，母源印记基因Igf2r存在不同的DNA甲基化修饰，在发育过程中，母源Igf2r等位基因一直都保持甲基化状态。因此，受精后DMRs甲基化维持机制的研究对探讨配子发生过程非常关键。如果发育过程中的维持机制被干扰，如繁殖生物技术的实施或是环境因素等，将导致严重的人类及动物的疾病，如 BW综合征、Angelman 综合征等。

1.基因组印记建立及其重编程

基因组印记建立于雌、雄配子发生过程中，并且在雌、雄配子遵循着不同的途径（见图4-4）。基因组印记的主要分子机制是DNA甲基化，在配子发生早期，通过主动去甲基化作用基因组印记被擦除，又通过截然不同的印记建立方式，形成了精子、卵子独特的 DNA 甲基化模式。雄性配子印记DMRs建立于胎儿期，而雌性配子则始于出生后的卵母细胞发生期，雌雄配子的这些表观标记将严格地遗传给受精卵及其子代细胞。

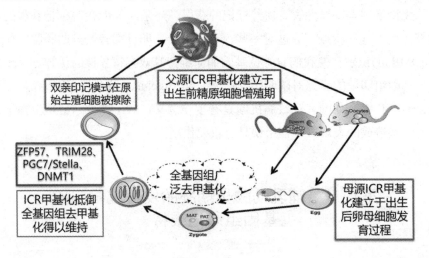

图4-4 印记的建立、维持及擦除

胚胎时期，小鼠卵原细胞分化为初级卵母细胞，进入减数分裂第一期并停留在第一次减数分裂前期，直到出生前一直保持静止状态。出生后性成熟前，小鼠卵巢中卵泡均为原始卵泡，卵母细胞均为初级卵母细胞。性成熟后，卵泡被激活，其体积会逐渐增加，卵母细胞进入生长期。在初级卵泡到次级卵泡这一时期，卵母细胞DMRs甲基化开始建立。雄性生殖细胞DMRs甲基化发生在精子发生前，出生时已经结束。小鼠卵子受精后，雄原核迅速发生TET介导的主动去甲基化，而雌原核仍然保持甲基化状态。随着卵裂的进行，母源基因组发生被动去甲基化（被动稀释），当胚胎分裂到16～32-细胞（桑葚胚）阶段甲基化达到最低水平。但是，与大多数基因组区域不同的是，印记DMRs不受这种全基因组的广泛去甲基化的影响，其表观状态可以稳定地从生殖系遗传给后代。早期胚胎的这种甲基化维持机制对于基因组印记的遗传非常重要。一旦这种印记维持机制受到破坏，将发生印记紊乱，导致发育缺陷及疾病。目前，这方面的认识还比较匮乏，主要的进展基本来自小鼠和人。

2. 母源效应基因和印记基因调控

卵母细胞再成熟过程中，其母源转录本将不断累积，约90%的转录本将被翻译成蛋白质，参与卵母细胞的成熟过程，卵母细胞成熟后，大多数母源转录本将会消失，但一些母源因子（转录本）会在受精卵发育过程中起重要作用，是植入前胚胎正常发育所必需。在合子基因激活前，早期胚胎是否能正常发育，很大程度上依赖于这些来自卵母细胞的母源因子、多能因子和染色质重塑因子等。因此，在合子向胚胎转化过程中，这些母源效应因子很可能参与基因组印记的表观调控。目前，鉴定出的在早期胚胎印记维持过程中起重要作用的的母源因子，主要为 DPPA3（Developmental pluri-potency-associated 3 或称 STELLA 或 PGC7）、ZFP57（Zinc finger protein 57）和 TRIM28（Tripartite motif-containing 28，或称 KAP1 或 TIF1b）和 DNMT1（DNA methyltransferase 1）。

（1）DPPA3（PGC7）：起初研究报道，DPPA3 是卵巢和睾丸中的PGCs标记。虽然 DPPA3 是小鼠性腺和生殖细胞发育所必需，但研究表明，母源 DPPA3删除胚胎，大部分在4-细胞之前就会发育阻滞，很难发育至囊胚[52]。这让研究者看到母源DPPA3对早期胚胎发育的重要作用。小鼠胚胎父源基因的激活始于2-细胞阶段，但是在2-细胞阶段激活的父源DPPA3 等位基因并不能拯救这种母源 DPPA3 敲除造成的发育阻滞。很明显，DPPA3 发挥作用的关键时期是受精之后、2-细胞以前。

受精后到第一卵裂前，合子经历了全基因的广泛去甲基化，特别是雄原核基因组发生了TET介导的主动去甲基化（TET3将 5mC氧化为5hmC）。但是，在删除母源 DPPA3 的合子中，雌雄原核均发生主动去甲基化，显然，母源DPPA3在合子中具有保护雌原核免受主动去甲基化影响的作用。研究表明，这种保护作用主要通过DPPA3 与H3K9me2（组蛋白 H3 第 9 位赖氨酸残基二甲基化）的结合实现。DPPA3 与含 H3K9me2 的母源染色质DNA结合，使其染色质结构发生改变，从而降低了TET3与母源染色质的亲和性，阻止了主动去甲基化的发生。同样，对包含H3K9me2的DMRs母源效应因子DPPA3 也具有保护作用，删除母源DPPA3 胚胎的印记位点会发生甲基化丢失，包括父源印记基因 H19 和 Rasgrf1，及母源印记基因 Peg1、Peg3 和Peg10等。因此，母源因子DPPA3在保护印记DMRs免受主动去甲基化作用的过程中发挥重要作用。

（2）锌指蛋白ZFP57：锌指蛋白ZFP57是小鼠胚胎干细胞标记，是早期胚胎发育所必需的。ZFP57会特异性地结合甲基化 DNA 的六聚核苷酸序列TGCCGC，形成转录抑制复合物抑制基因表达。人和小鼠的印记 DMRs均存在甲基化的TGCCGC序列。转录组测序分析表明，合子ZFP57在囊胚之前并不转录，合子ZFP57在囊胚阶段才开始表达。为找到母源ZFP57在早期胚胎发育过程中的表达时间，区分卵母细胞和合子来源的 ZFP57对早期胚胎发育所产生的影响，研究人员通过特异基因敲除方案和交配策略分别获得母源及合子 ZFP57 缺失小鼠。卵母细胞及合子ZFP57 同时敲除导致胚胎致死，父源印记基因（Gtl2）和多个母源印记基因（Snrpn、Peg1、Peg3 和 Peg5）的DMRs都不能正常维持甲基化；仅敲除胚胎ZFP57导致部分新生小鼠致死。仅删除母源ZFP57，由于胚胎ZFP57的拯救，并不致死，但是在胚胎3.5 d，Snrpn的DMRs出现低甲基化，但是甲基化水平在胚胎13.5 d，被胚胎ZFP57拯救。

ZFP57敲除胚胎DNA甲基化部分丢失，而丢失程度在不同胚胎之间存在差异。人类 ZFP57变异体胚胎也影响一些印记区域的DNA甲基化，如Plagl1、Grb10和Peg3。ZFP57结合于这些印记基因DMRs的TGCCGC序列，维持DMR甲基化状态，抑制基因表达。当然，印记DMRs调控还需要其他蛋白质的参与，近来研究发现，卵泡颗粒细胞和卵母细胞复合物中，外源HCG的刺激下调了几个关键母源效应基因（Zfp57、Zar1、Npm2、Dnmt1、H1foo和Nlrp5）的表达。这将导致早期胚胎母源效应因子的转录储备的降低，造成个别印记基因DMRs甲基化的随机丢失。

（3）核因子TRIM28：TRIM28，又称KAP1或TIF1β，定位于细胞核内，能与染色质的特定区域发生作用，是转录抑制复合物的桥梁分子，该复合物能够保护印记DMRs免受去甲基化作用的影响。TRIM28 作为一个桥梁蛋白，主要以共抑制因子形式发挥转录抑制作用。TRIM28 通过 KRAB 结构域与锌指蛋白ZFP57结合，同时又招募多种转录抑制因子，如HP1（异染色质蛋白1）、HDACs（组蛋白脱乙酰基转移酶）、Setdb1（H3K9me3 组蛋白甲基转移酶）、DMNT1等，形成转录抑制复合物，通过对染色质构象的调节导致邻近基因的表达沉默，发挥转录抑制功能（见图4-5）[53]。

TRIM28是胚胎过程中的关键调控因子，在小鼠卵母细胞和植入前胚胎中高表达，在正常分化体细胞中几乎检测不到，在肿瘤细胞中表达量增加。研究表明，TRIM28 在小鼠早期胚胎重编程过程中发挥着关键作用，敲除卵母细胞TRIM28 的小鼠胚胎，随着早期合子基因激活，父源等位基因在4-细胞阶段开始表达。与此同时，印记基因H19、Snrpn 和 Gtl2 的 DMRs 发生了甲基化丢失。可见，卵母细胞TRIM28基因的敲除，对早期胚胎基因组印记甲基化的维持造成了广泛的影响，导致部分胚胎致死。

而随着合子基因激活表达的父源TRIM28 基因并不足以拯救这些胚胎，暗示卵母细胞TRIM28敲除导致的早期胚胎发育缺陷会在发育过程中积累。一旦印记缺陷发生就不能修复，母源TRIM28对早期胚胎印记DMRs甲基化维持具有重要作用。

（4）DNMT1：DNMT1既能催化从头甲基化又能维持DNA甲基化，属于DNA甲基化转移酶家族。在生殖细胞中，甲基化修饰的获得，需要DNMT3A（DNA甲基化转移酶3A）和它的从属蛋白DNMT3L。DNMT1 优先识别半甲基化的双链 DNA 并向其导入甲基；同时，在每个复制周期，对这种DNA甲基化进行维持，包括对印记DMRs的甲基化维持。DNMT1 具有2 个亚型，即卵母细胞型（DNMT1o）和体细胞型（DNMT1s）。DNMT1o在成熟卵母细胞和植入前胚胎中表达，卵母细胞成熟过程中会累积高浓度的DNMT1o。DNMT1o在早期胚胎主要分布于细胞质中，8-细胞阶段短暂分布于细胞核中；但是，也有研究认为，DNMT1o 在早期胚胎任何阶段都不会出现在细胞核中。卵母细胞和合子来源的DNMT1s 也在早期胚胎中表达，但是比 DMNT1o丰度低。

DNMT1o和DNMT1s两个亚型都在阻止DMRs的被动稀释过程中起作用。作为母源效应因子，DNMT1o缺乏并不影响卵母细胞甲基化水平，但是会引起卵母细胞 DNMT1o敲除胚胎的一系列印记丢失。例如，Igf2r，4-细胞阶段没有发生DMRs甲基化丢失，但是8-细胞、桑葚胚和囊胚阶段均发生甲基化丢失。显微注射抗DNMT1s抗体，下调母源 DNMT1s，桑葚胚阶段也出现了H19 印记甲基化的丢失。同时，删除母源DNMT1o和 DNMT1s也导致囊胚阶段印记基因 H19、Rasgrf1、Peg3和 Snrpn 的 DMRs 部分甲基化丢失。因此，母源 DNMT1o 及 DNMT1s缺失，造成印记甲基化的部分丢失。相反，同时删除卵母细胞和合子 DNMT1将导致 Peg3、Rasgrf1、H19 和Snrpn的DMRs 完全去甲基化。因此，DNMT1保护印记基因抵御早期胚胎被动去甲基化的影响，可能是通过锌指蛋白ZFP57 识别并结合 DMRs中甲基化的 TGCCGC 序列，TRIM28再与锌指蛋白ZFP57结合形成复合物，再招募相关的表观修饰因子如 DNMT1、SETDB1、HP1及NP95等（见图4-5），从而阻止了DMRs的完全去甲基化，但是详细机制仍然不清楚。

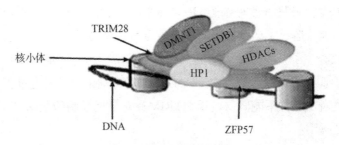

图4-5 ZFP57/TRIM28参与形成转录抑制复合体

3. 展 望

随着科技的发展，各种新技术层出不穷，母源效应因子对卵母细胞发育、卵母细胞向胚胎转化过程中全基因组重编程及胚胎发育的的调控作用逐渐清晰。母源因子DPPA3能够保护雌原核印记DMRs免受主动去甲基化的影响，而其他 3 个因子 ZFP57、TRIM28 及DNMT1，能够保护早期胚胎印记DMRs免受被动去甲基化的影响。除以上4个因子，还有一些母源效应因子参与维持印记DMRs甲基化状态，如 HIfoo、Npm2 和 Nlrp5也是母源效应因子，调控卵母细胞向胚胎转化过程中的表观重编程。母源效应因子SETDB1，能够催化H3K9me2加上一个甲基变为H3K9me3，但它是否在印记DMRs维持过程中起作用还有待进一步研究。DPPA3、ZFP57和TRIM28可以维持印记DMRs甲基化状态，但不同印记位点却存在异质性。如敲除DPPA3变异体Snrpn及Peg5的印记DMRs甲基化未受到影响，卵母细胞及合子的ZFP57敲除并未影响H19的DMRs甲基化，TRIM28敲除并不影响Peg3印记DMRs甲基化。

总之，母源效应因子给基因组印记表观调控的研究带来了新的机遇。受精后，早期胚胎表观调控机制将特异性甲基化维持复合物募集于印记DMRs，以保证表观修饰的完整性及稳定性，这个过程一直持续整个卵裂阶段。很多研究已经证明，繁殖生物技术会对这一过程中的重编程事件造成不利影响，导致印记紊乱。因此，明确这些母源因子对印记DMRs维持的作用与机制，揭示繁殖生物技术对这些母源效应因子分布及功能的影响，对提高繁殖生物技术的效率及安全性，保证胚胎正常发育具有重要意义。

第四节　早期胚胎营养需求

卵母细胞和植入前的胚胎具有独特且严格的代谢需求，这些需求对胚胎的生存能力和诊断应用具有重要影响。在过去的几十年中，基础科学家对许多物种早期发育关键时期的研究为胚胎代谢动力学研究奠定了基础。然后，将这些发现转化为辅助生殖技术（ART）的实验室研究和临床应用，并高效地将多种动物的胚胎培养到囊胚期。

一、细胞能量代谢

代谢是卵母细胞和植入前胚胎生存的关键决定因素。就相关底物而言，卵母细胞和胚胎都能够利用丙酮酸、乳酸和葡萄糖等营养素。在卵母细胞和卵裂早期的胚胎中，丙酮酸优于葡萄糖，但是随着成熟的临近，囊胚期糖酵解变得越来越重要。

糖酵解是将一个六碳葡萄糖分子转化为两个丙酮酸三碳分子的过程。该过程的最终产物是两个分子的ATP和两个分子的烟酰胺腺嘌呤二核苷酸

（NADH）。糖酵解是一种古老的代谢途径，绝大多数原核生物和真核生物中都存在糖酵解。由于它不需要氧气，因此，它是糖代谢的第一阶段。在真核生物中，糖酵解发生在细胞质中，并开始于来自ATP的磷酸基团从葡萄糖生成6-磷酸葡萄糖的作用。然后，通过糖异生作用产生6-磷酸果糖。随后，使用另一种ATP生成1,6-二磷酸果糖。接着，通过果糖-1,6-二磷酸果糖的分裂生成两种糖：磷酸二羟基丙酮和甘油三磷酸酯。磷酸二羟基丙酮转化为葡萄糖-3-磷酸，将NAD3还原为NADH并提供磷酸基团将ADP转变为ATP。剩下的糖是3-磷酸甘油酸酯，将其异构化为2-磷酸甘油酸酯。失水将2-磷酸甘油酸酯转变为磷酸烯醇丙酮酸酯。磷酸基丙酮酸酯将磷酸基团给ADP，剩下丙酮酸和ATP。糖酵解的最终产物是两个NADH，两个丙酮酸和两个ATP。

糖酵解过程中产生的丙酮酸可以被氧化成乙酰辅酶A，从而促进了三羧酸（也称为柠檬酸或克雷布斯）循环的开始，产生了更多的能量。此过程需要将丙酮酸转运到线粒体基质中，并在将草酰乙酸添加到乙酰辅酶A中生成柠檬酸盐时开始。柠檬酸盐被异构化成异柠檬酸盐，并被氧化，将NADP还原为NADH，剩下酮戊二酸。然后，形成琥珀酰辅酶A，原因是酮戊二酸还原了另外的NAD3。磷酸基团从琥珀酰辅酶A转移到ADP，产生ATP并留下琥珀酸酯。琥珀酸将FAD还原为FADH2，现在已将其氧化为富马酸酯。加水将富马酸酯转化为苹果酸。苹果酸的氧化产生草酰乙酸，并将另一种NADP还原为NADH。每个乙酰基CoA分子的柠檬酸循环的最终产物是1个ATP，3个NADH和1个FADH2。

尽管柠檬酸循环在每个循环中仅产生1个ATP，但NADH和FADH 2可用于通过氧化磷酸化产生其他ATP。氧化磷酸化过程由位于线粒体内膜上的电子传输链（ETC）介导，涉及5个蛋白质复合物，总共包含约80种蛋白质。重要的是，约有1 500种蛋白质参与线粒体功能，线粒体DNA编码的所有13种蛋白质都是ETC的一部分。

只要在复合体Ⅰ（NADH-辅酶Q氧化还原酶）上被氧化，NADH就会进入电子传输链。然后，在复合物Ⅰ处添加的电子被称为泛醌的膜结合电子载体吸收，转移至复合物Ⅲ（Q-细胞色素c氧化还原酶）。FADH2经历了类似的过程，但最初在复合物Ⅱ（琥珀酸Q氧化还原酶）处被氧化。一旦电子到达络合物Ⅲ，NADH和FADH2的过程相同。电子从复合物Ⅲ传递给复合物Ⅳ中的称为细胞色素c的电子载体（细胞色素c氧化酶），然后将其转运至复合物Ⅴ（ATP合成酶）。电子到达络合物Ⅴ后，电子的最终受体是氧，生成水。通过氧化磷酸化产生ATP的过程归功于通过重复转移电子而产生的质子梯度。电子传输链导致膜外的质子浓度更高。梯度迫使质子穿过ATP合成酶（复合物Ⅴ）。当质子移动通过ATP合成酶时，它旋转，迫使磷酸基团进入ADP以生成ATP。

只要不存在足够的氧气来氧化丙酮酸和糖酵解中产生的NADH，NAD就会将丙酮酸还原为乳酸从NADH再生。丙酮酸通过乳酸脱氢酶转化为乳酸，乳酸脱氢酶几乎在所有活细胞（动物、植物和原核生物）中发现。LDH会根据细胞的代谢环境将乳酸从NADP转化为NADH，然后再催化乳酸转化为丙酮酸。在卵母细胞中也发现了其他细胞能量来源。氨基酸分解代谢占产生能量的10%～15%。产糖氨基酸（丙氨酸、丝氨酸、甘氨酸和半胱氨酸）可以分解为丙酮酸，用于柠檬酸循环。

脂肪酸代谢还可以通过产生乙酰辅酶A进入柠檬酸循环。这个过程从引入双键氧化开始，通过添加水来增加氧气的含量，生成醇，可以将其氧化为酮。然后，辅酶A从脂肪酸中裂解乙酰基CoA，将其长度减少两个碳原子。只要脂肪酸中的碳原子数为偶数，就会继续生成乙酰辅酶A，直到不再有脂肪酸为止。

二、卵母细胞代谢和卵母细胞与卵丘细胞之间的内在联系

腔前卵泡到初级卵泡的过渡过程中，颗粒细胞分化为两个在空间和功能上不同的种群：与卵母细胞相联系的卵丘细胞和在卵泡壁上排列的壁颗粒细胞。在此过程中，卵母细胞与周围体细胞之间的双向通信对于卵母细胞的生长、成熟和卵泡发育至关重要，并且是生殖代谢稳态的关键决定因素。体细胞在卵母细胞发育中发挥营养支持的作用的推测，最早是在50年前由Biggers等人提出的，卵母细胞在含葡萄糖的培养基中不会成熟，除非还存在卵丘细胞或丙酮酸。卵丘细胞在体外从葡萄糖或乳酸中产生丙酮酸的发现进一步证明了这一点，卵母细胞需要丙酮酸作为生长和恢复减数分裂的能源。因此，颗粒细胞在卵母细胞发育的营养支持过程中起着重要作用，至少在糖代谢方面，卵母细胞是颗粒/卵丘细胞产生的营养接受者。在黄体激素介导的减数分裂恢复和排卵前，在卵泡中，卵丘卵母细胞复合体（COC）由卵母细胞和颗粒细胞组成，该卵母细胞在第一次减数分裂的前期停滞，并伴有相关的卵

丘细胞围绕其周围。在COC中，卵母细胞和卵丘细胞之间的营养物质和内分泌信号的转移通过缝隙连接发生。这种交流是双向的，对于卵母细胞的存活和成熟至关重要。连接蛋白37的靶向删除导致卵母细胞特异性间隙连接亚单位的消除，从而损害了卵泡的发育和排卵。缺乏连接蛋白37也会导致卵母细胞在减数分裂之前停滞。

就COC中的代谢而言，卵母细胞依赖丙酮酸，因为它不能代谢葡萄糖（见图4-6）。糖酵解是在葡萄糖进入卵丘细胞后发生的，然后在卵丘细胞中产生丙酮酸通过间隙连接传递到卵母细胞中。卵丘细胞也可能分泌丙酮酸，丙酮酸随后被转运。卵母细胞通过氧化磷酸化来代谢丙酮酸以产生生长和成熟所需的能量。确实，与未成熟（前期Ⅰ）或成熟（MⅡ）卵母细胞相比，成熟MⅠ（中期Ⅰ）卵母细胞丙酮酸消耗更高和卵母细胞特异性Pdha1缺失（丙酮酸脱氢酶E1 alpha 1）。编码丙酮酸脱氢酶复合物的酶亚基会导致卵母细胞成熟。Eppig等人的一项研究揭示这种代谢协同作用的分子机制，发现糖酵解途径中的转录编码关键酶在卵丘细胞中表达增加，而在小鼠卵母细胞中几乎检测不到。在其他哺乳动物物种中，如大鼠、牛、恒河猴和人类，在糖酵解中卵丘细胞和卵母细胞之间的代谢协同作用似乎也存在。

除丙酮酸外，卵丘细胞还向卵母细胞提供氨基酸和胆固醇作为底物。小鼠卵母细胞不能有效地吸收某些氨基酸，例如L-丙氨酸，要卵丘细胞吸收它们，然后通过间隙连接将其转移到卵母细胞中。的确，Slc38a3（溶质载体家族38成员3）编码在L-丙氨酸中具有较高偏好的氨基酸转运蛋白，在卵丘细胞中高表达，而在卵母细胞或壁颗粒细胞中则没有表达。同样，胆固醇生物合成途径中的酶在卵丘细胞中高表达，而在卵母细胞中却不高，并且卵母细胞无法表达其微环境中的胆固醇，因为它们不表达高密度脂蛋白（HDL）-胆固醇和低密度脂蛋白的受体，低密度脂蛋白（LDL）-胆固醇。因此，卵母细胞似乎需要卵丘细胞合成并为其提供胆固醇。

卵母细胞和邻近的体细胞之间的代谢调节相互作用是双向的，卵丘细胞的糖酵解和三羧酸（TCA）循环活性需要完全生长的卵母细胞分泌旁分泌因子。卵母细胞与颗粒细胞的相互作用程度取决于卵母细胞和颗粒/卵丘细胞的生长和分化状态。完全生长的卵母细胞分泌旁分泌因子，刺激颗粒细胞中葡萄糖的利用，但可能仅通过促进糖酵解来实现。类似地，即使卵丘细胞可以响应这些信号，腔前卵泡颗粒细胞也不能响应完全生长的卵母细胞产生的

TCA周期刺激因子。随后的研究表明，成纤维细胞生长因子8B（FGF8B）和骨形态发生蛋白15（BMP15）是卵母细胞中卵丘细胞丙酮酸生成的调节剂，而卵母细胞中生长分化因子9（GDF9）和BMP15，刺激卵丘细胞中胆固醇的生物合成。最近的一项研究表明，在缺乏胚胎聚（A）结合蛋白［EPAB，卵母细胞和着床前胚胎中占优势的聚（A）结合蛋白以及卵母细胞基因表达的主要调控子］的情况下，编码参与糖酵解途径的酶（Ldha、Pfkp和Pkm2）的基因在卵丘细胞中显著下调，而调节胆固醇生物合成的基因（Mvk、Fdps和Sc4mol）的表达则保持不变。由于缺乏EPAB的卵母细胞中GDF9和BMP15的水平没有变化，其他卵母细胞源性调节因子可能存在于卵丘细胞糖酵解过程中。

三、植入前胚胎的营养利用

胚胎在植入前阶段从受精开始。然后，胚胎经历分裂，到2-细胞，4-细胞和8-细胞阶段，并成为桑葚胚，其中包含约10～30个细胞。桑葚胚后即形成囊胚，胚胎进入囊胚后不久，其全能细胞将开始分化为两种不同的细胞类型。首先，是内细胞团，它将继续作为胚胎发育。剩余的细胞将成为滋养外胚层，最终发育成胎盘。在包膜前胚胎发育的这些关键阶段，胚胎的代谢需求急剧变化。我们对植入前胚胎新陈代谢的了解是基于John Biggers及其研究生拉尔夫·布林斯特（Ralph Brinster）和戴维·威廷汉姆（David Wittingham）以及亨利·里斯（Henry Leese）和其研究生戴维·加德纳（David K. Gardner）等人的出色工作。如布林斯特（Brinster）于1973年所说，"丙酮酸似乎是早期胚胎（小鼠、兔子和猴子）的主要能量物质。胚胎在前一两天，糖酵解的能力很低，但是胚泡形成后，糖酵解能力急剧增加。整个繁殖前期，三羧酸循环是主要的能量来源。大约在胚泡形成时，氧气的消耗、碳的吸收大量增加。胚胎从排卵时相对不活跃的代谢组织变成植入时迅速代谢的组织。"45年后，这一结论被证明成立。的确，丙酮酸是植入前胚胎最重要的能量底物，并且在植入前发育的所有阶段都被使用。胚胎发育的早期阶段主要依靠柠檬酸循环和氧化磷酸化来产生能量，丙酮酸为主要底物。重要的是，尽管植入前胚胎的大部分能量是通过氧化代谢获得的，但是卵裂期的胚胎耗氧量仍然很低，并且仅在胚泡形成时才增加。此外，只有在胚胎进入囊胚期后，糖酵解才成为产生能量的有效途径。实际上，在所有研究的物种中，包括人类在内，葡萄糖的消耗量在植入前后期都增加了。获得使用葡萄糖并将其转化为乳酸的能力可能使囊胚得以幸存，而缺氧会在扩张期发生。体内生长的小鼠胚泡的糖酵解率（葡萄糖转化为乳酸的百分比）低于40%，而仅在体外培养3 h后就增加到75%以上，该水平与较低的植入率有关，而通过添加氨基酸和维生素可以降低该水平。这些观察结果将葡萄糖的消耗与胚胎的生存能力联系起来，后来作为ART实验室中人类胚胎生存能力的预测因子，下面将对此进行讨论。

四、生殖道中的代谢环境

生殖道中的乳酸、丙酮酸和葡萄糖浓度对卵母细胞和胚胎植入前胚胎至关重要（见图4-6）。在人类，输卵管丙酮酸的浓度不随月经周期变化，整个时期的平均水平为0.24 mmol/L。相反，人类的输卵管葡萄糖和乳酸盐的浓度在卵泡期、中期和黄体期之间有显著差异。在卵泡期测量葡萄糖为3.11 mmol/L，但在中期下降至0.50 mmol/L。在黄体期，葡萄糖浓度将增加到2.32 mmol/L。与葡萄糖不同，乳酸从卵泡期进入中期时会增加。卵泡期的乳酸浓度为4.87 mmol/L，但在第12天至第16天时为10.50 mmol/L。黄体期输卵管中的乳酸浓度降至6.19 mmol/L。重要的是，至少在小鼠体内，营养物的浓度依输卵管流体而异。卵丘细胞的存在，每当有颗粒细胞存在时，乳酸的浓度为4.79 mmol/L，葡萄糖的浓度为3.40 mmol/L，而当没有颗粒细胞时，其浓度为5.19 mmol/L。相反，尽管在卵丘细胞附近丙酮酸的浓度为0.37 mmol/L，但不在卵丘细胞周围，浓度降至0.14 mmol/L。

在人子宫中，丙酮酸、葡萄糖或乳酸的浓度在整个月经周期似乎没有变化。卵泡期（0.25 mmol/L）和中期（0.32 mmol/L）的子宫液丙酮酸浓度（0.1 mmol/L）显著低于输卵管。子宫液中的乳酸水平（5.87 mmol/L）也低于在中周期输卵管中检测到的水平（10.50 mmol/L）。相反，子宫液葡萄糖浓度（3.15 mmol/L）与输卵管中期测量值（0.50 mmol/L）相比明显更高。这些观察结果表明，人类生殖道中的营养物含量满足了植入前胚胎的需求，输卵管中的丙酮酸浓度更高，合子和卵裂期胚胎需要丙酮酸进行氧化磷酸化，而子宫液中的葡萄糖浓度却升高。囊胚具有较高的代谢需要和通过糖酵解代谢葡萄糖的能力。重要的是，从输卵管转移到子宫后，氧气浓度似乎也从5%下降到2%，这为囊胚使用糖酵解提供了另一种潜在的依据。

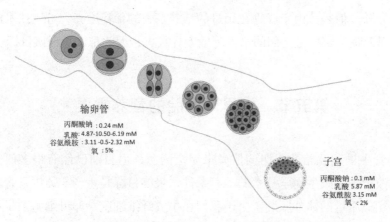

输卵管
丙酮酸钠 : 0.24 mM
乳酸 : 4.87-10.50-6.19 mM
谷氨酰胺 : 3.11 -0.5-2.32 mM
氧 : 5%

子宫
丙酮酸钠 : 0.1 mM
乳酸 5.87 mM
谷氨酰胺 3.15 mM
氧 : 2%

图4-6　输卵管中丙酮酸、葡萄糖和乳酸的浓度动态变化[54]

五、卵母细胞-胚胎代谢作为生存力评估的诊断参数

前提是，要严格控制植入前发育过程中代谢过程的原代成活率，许多研究调查了用过的培养基中这些代谢物的浓度是否能预测成活率。丙酮酸、乳酸、葡萄糖和氨基酸及氧化磷酸化和糖基化的底物是候选对象。许多研究报道了关于丙酮酸和乳酸与胚胎摄取以及随后的发育和（或）植入相关的发现。这些研究的不一致可以归因于许多因素，包括培养基和条件的差异，这使得无法在临床上应用这些结果。在随后的研究中，在第5天和第6天增加的葡萄糖摄取与胚胎质量有关。胚胎的氨基酸代谢也已被评估为生存能力的预测指标。精氨酸、蛋氨酸、丝氨酸和谷氨酰胺的摄取减少与囊胚的发育有关，丙氨酸和天冬酰胺的产生也与囊胚的发育有关。丙氨酸和天冬酰胺产量的减少也与囊胚发育有关。第2天天冬酰胺摄入的增加以及甘氨酸和亮氨酸摄入的减少均与妊娠和活产有关，第3天谷氨酸摄入量的增加也与妊娠和活产有关。值得注意的是，这些发现均未在前瞻性研究中得到证实，也没有通过随机临床实验设计证明这些代谢物的检测价值。

结　论

超过四十年的基础、转化和临床研究使人们对哺乳动物植入前胚胎的代谢需求有了更深入的了解。这种理解为ART实验室中人类胚胎的体外培养奠定了基础，并继续帮助胚胎学家将相关变化引入培养条件，以提高ART的成功率。这些发现的一个明显扩展是利用代谢活性将可存活的胚胎与不存活的胚胎区分开。但是，由于底物在用过的培养基中的稀释度高，可用技术的分辨率低以及临床实验室之间的培养环境差异很大，因此难以实现该目标。

第五节　牛早期胚胎的营养需要

尽管牛早期胚胎的代谢调控尚未完全阐明，但目前已经有很多研究结果，以改善牛生殖生物学技术的培养条件，最终目标是生产与体内发育的胚胎具有相似质量的体外胚胎。由于我们在牛成纤维细胞、卵母细胞及早期胚胎中发现了TRIM28对早期胚胎能量基因表达产生的影响，因此，查阅了大量体外和体内牛胚胎代谢的文献，以讨论牛早期胚胎的能量需要。

牛胚胎的体外生产过程取决于配子和植入前胚胎的养分供应。卵母细胞和精子的质量是胚胎发育能力的决定因素，但是胚胎的营养是其生存能力的最重要影响之一。尽管在牛胚胎中存在糖原和甘油三酸酯作为能量储备，但是培养中胚胎细胞的生存力主要由培养基中存在的高能底物来维持。体外和子宫内环境提供给胚胎的营养平衡会影响成年后的表型特征。在体外培养过程中发生细胞修饰后果的典型例子是"大后代综合征"，其特征是体外培养产生的牛胚胎的妊娠率降低，流产率增加，后代过大，胎盘异常以及其他妊娠功能障碍。如果培养环境可以影响胚胎的发育和犊牛的健康，则分析培养基营养补充剂是提高牛产量和防止不适当表型的基本目标。但是，尚未精确确定与胚胎培养环境中营养不足或营养过剩有关的条件以及它们如何影响表型特征。

代谢物消耗和产生的分析可以从培养基样品中确定，与培养胚胎的生存能力相关。我们可以使用分析培养基代谢物的非侵入性技术来鉴定与未来健康后代有关的体外胚胎概况。对体外胚胎代谢的分析也有助于优化培养环境。在过去的几年中，体外胚胎的代谢特征备受关注，但是对于能够改善体外受精（IVF）效率的高能底物代谢状态和浓度尚未达成共识。众所周知，体内胚胎的"安静"代谢似乎会影响其生存能力，也就是说，新陈代谢和糖酵解速率低以及氨基酸转换率高，抗氧化能力高。体外胚胎需要一种与体内胚胎相似代谢（即自然安静）的培养系统。许多研究已经使用一些侵入性技术（例如，实时PCR）来评估胚胎存活的代谢标记，但是应用这些技术后就不能进行胚胎移植了。在本文中，讨论了牛胚胎的代谢概况以及使用无创方法测量能量代谢的数据，并且强调了牛胚胎体内的安静代谢特征与体外产生的特征之间的可能相关性，以改善胚胎发育。

一、牛一般胚胎代谢

在初始阶段，直到胚胎基因组被激活前（牛胚胎8-细胞阶段），胚胎的转录能力一直受到限制，这表明卵母细胞质量与胚胎代谢自身储藏能力有关。外部高能底物和卵母细胞的质量会影响牛囊胚的发育。在卵母细胞成熟培养基中补加了几种激素，囊胚率显著降低。另一方面，没有激素的简单培养基与商业化培养的囊胚率没有差异（约20%～30%）。这些重要的数据，表明较少的刺激直接关系到更好的发育，但不能忽视胚胎培养环境在挽救细胞凋亡中的重要性。

葡萄糖、丙酮酸、脂质和氨基酸的消耗是胚胎干细胞中ATP合成的主要原料。牛胚胎也具有糖原和脂质储备，然而，糖原浓度几乎可以忽略不计，并且在文献中罕有报道。脂质代表了最丰富的牛胚胎能量库。哺乳动物细胞，通过氧化途径或糖酵解产生ATP。糖酵解发生在细胞质中，不需要氧来进行酶促代谢反应，并产生乳酸，每氧化1个葡萄糖分子仅产生4个ATP分子。氧化途径发生在线粒体中，必然需要氧气，并且能够完全氧化丙酮酸，通过三羧酸循环和氧化磷酸化生成CO_2、H_2O和30～32个ATP分子（见图4-7）。这些途径是相互依赖的，是胚胎发育所必需，而氧化途径是ATP产生的最重要途径。例如，根据胚胎植入前的发育阶段不同，糖酵解产生ATP仅占猪胚胎ATP的2.6%～8.7%。

合子至8-细胞阶段胚胎的能量代谢取决于丙酮酸、葡萄糖和氧气，这些物质的消耗相对较少（见图4-7）。胚胎发生致密化之前93%～96%的ATP从氧化途径产生，但发生致密化后降低到82%。另外，丙酮酸对于第一次胚胎分裂是必不可少的，它也是糖酵解速率低的细胞中ATP生成和细胞内pH调节的重要能量底物。丙酮酸和葡萄糖消耗很少，直到16-细胞阶段。葡萄糖、丙酮酸和氧气的消耗随着桑葚胚的紧密和囊胚的形成而显著增加（见图4-7），表明能量需求增加，并且通过产生CO_2产生氧化代谢。胚泡的形成和腔化过程显著增加了能量需求，葡萄糖、丙酮酸和氧气的消耗（见图4-7）以及蛋白质的合成。培养基中葡萄糖、乳酸和丙酮酸的结合会显著降低体外葡萄糖代谢。乳酸的产生在胚胎发育过程中也增加，主要在囊胚，所有这些数据表明有氧糖酵解率很高。与仅使用丙酮酸或葡萄糖相比，当使用乳酸作为唯一的能量底物时，葡萄糖和丙酮酸比乳酸和葡萄糖产生的CO_2多。但是，当培养基中同时存在两种物质时，最消耗的高能底物（即葡萄糖或丙酮酸）仍然不清楚，显然取决于每种物质的浓度。

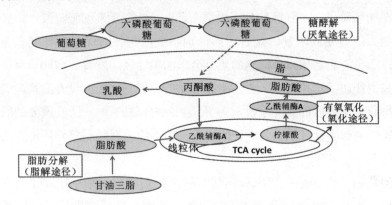

图4-7　牛早期胚胎发育的主要代谢途径

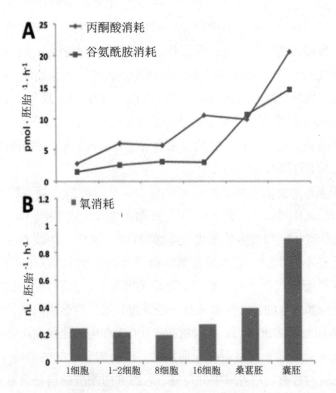

图4-8　牛早期胚胎发育不同阶段葡萄糖、丙酮和氧的消耗[55]

所有细胞都有自己的氨基酸胞内池，并在胚胎发育中具有相关作用。由于蛋白质、ATP和信号分子的合成以及渗透调节和pH调节，氨基酸在8-细胞和桑葚胚之间被大量消耗。小鼠胚胎受培养基氨基酸谱的调节，氨基酸组成与胚泡发育的相关性。葡萄糖/丙酮酸与氨基酸的相互关系也很明显。丙酮酸是通过合成丙氨酸将氨解毒的分子之一，丙氨酸可以释放到细胞外介质中。

二、能量消耗率最高的胚胎期

　　桑葚胚和囊胚形成之间的代谢需求和养分消耗增加，通过氧气、葡萄糖和丙酮酸的消耗（见图4-9）和乳酸的产生来衡量。囊胚腔的发育直接由Na^+/K^+-ATP酶泵活性的增加介导，该泵产生钠和水（渗透）以形成腔。在此过程中，ATP产生的86%来自氧化磷酸化途径。胚胎线粒体起源于卵母细胞，在胚胎发育的初始阶段"不成熟"，呈圆形或卵形，内部嵴很少。在4-细胞和16-细胞胚胎阶段之间，线粒体伸长，并且在整个胚泡发育过程中，数量开始并持续增加，并伴随着更高的葡萄糖和丙酮酸摄取，直到16-细胞阶段，只有10%的葡萄糖被完全氧化，随后阶段的葡萄糖氧化速率增加。如前所述，在牛胚泡发育过程中，Na^+/K^+ATP酶泵的活动和耗氧与腔化过程有关。牛胚中的ATP产量约为459 pmol/胚/h，并且36%和15%的囊胚ATP的分别在胚泡发育的第7天和第8天用于Na^+/K^+ ATP酶泵活动。扩张的囊胚达到94.5 pmol/胚/h的泵浦活动，而其他阶段维持在20～30 pmol/胚/h。囊胚由滋养层和内细胞团组成，研究表明，两种细胞类型具有不同的代谢谱。分离的滋养细胞消耗较高水平的丙酮酸并产生乳酸，而分离的内部细胞团消耗更多的葡萄糖。小鼠胚泡数据还表明，与内细胞团相比，分离的滋养外胚层细胞消耗更多的氧气，产生更多的ATP，并具有更多的线粒体，表明优先氧化代谢。然而，值得注意的是，完整的胚泡具有与内细胞团分离的细胞相似的代谢特征，表明这种结果也可能是细胞分离的产物。

　　培养基中氨基酸和蛋白质［例如，牛血清白蛋白（BSA）］的存在也会影响牛胚胎的发育。用聚乙烯醇（PVA）取代BSA会降低卵裂和囊胚发育速度以及囊胚细胞数量。通过BSA替代PVA也可以改变氨基酸的转换，因为BSA可以被滋养层细胞内吞，并且其降解产生特定的氨基酸库，包括亮氨酸、赖氨酸和谷氨酸供胚胎发育所需。丙氨酸是胚胎发育中的重要氨基酸，在所有氨基酸中释放到培养基中的水平最高。丙氨酸的释放与铵盐的细胞排泄有关。培养基中不存在丙酮酸会减少胚胎的氨基酸转化和丙氨酸的产生[56]，表明铵可被转移至丙酮酸并作为丙氨酸排泄到细胞外区室的可能性。谷氨酸也可以通过与铵分子结合并转化为谷氨酰胺来参与铵的解毒作用，谷氨酰胺可以被胚胎排泄到细胞外培养基中。分离的内细胞团和滋养层细胞具有不同的氨基酸转换特性。两种细胞都从培养基中消耗天冬氨酸、精氨酸和亮氨酸，并产生和排泄丙氨酸。但是，从内细胞团中分离出来的细胞会消耗天冬酰胺、甘氨酸、苏氨酸、酪氨酸、色氨酸和苯丙氨酸，而从分离的滋养细胞中会产生相同的氨基酸。相反，滋养层细胞消耗蛋氨酸、缬氨酸、异亮氨酸、谷氨酸、丝氨酸、组氨酸和谷氨酰胺，而这些氨基酸是由内细胞团产生的[57]。所有这些数据都暗示了牛胚胎中两种囊胚细胞类型之间的代谢合作，但同样，这可能是分离细胞类型的产物。

因此，蛋白质和氨基酸是与胚胎发育最相关的一些营养素，而培养基中氨基酸的周转率则表明了胚胎在体外的生存能力。牛合子过渡到2-细胞胚胎过程中以氨基酸转化率低为特征，也就是说，平均而言，低代谢胚胎进入囊胚的比例为30%~35%，而高代谢胚胎则不到5%。脂质和细胞内营养对胚胎发育也很重要。胚胎细胞具有自己的能量储存，用来产生ATP，包括糖原和甘油三酸酯储库。尽管糖原在胚胎中的生理功能尚未得到很好的定义，但甘油三酸酯代表了牛胚胎中主要的细胞内能量储备，是在卵母细胞成熟过程中合成的。从雌性生殖道新鲜分离的牛胚每个胚胎中含有33.0(±0.7) ng甘油三酸酯。

在没有血清的情况下，胚胎的甘油三酸酯含量在体外整个发育过程中都没有改变，这与体内观察到的非常相似。但是，脂类对于胚胎发育的重要性不容忽视，因为每个棕榈酸酯脂肪酸分子的β-氧化会产生108个ATP分子（见图4-9）。衍生自脂质的酮体也可用作能量底物。先前的研究表明，在缺乏细胞外营养的情况下，胚胎仅经历三次分裂，但是当与脂肪酸衍生物乙酰乙酸酯和β-羟基丁酸酯一起培养时，胚胎能够到达囊胚期。

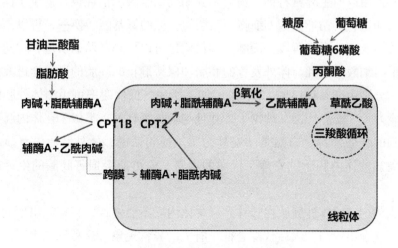

图4-9　长链脂肪酸进入线粒体和脂肪酸β-氧化[55]

　　补充胚胎培养基中的L-肉碱是脂肪酸氧化循环中的重要分子（见图4-9），使胚胎的发育超过了囊胚期，而脂肪酸氧化的抑制剂则抵消了这种作用。同样，在存在碳水化合物的情况下，向培养基中添加5 mmol/L L-肉碱会增加桑葚胚和囊胚的形成率[58]，而卵母细胞成熟过程中对脂质β-氧化的抑制作用会降低胚胎的分裂和囊胚率，以及每个胚胎的胚泡细胞数。抑制β氧化可减少5-细胞和8-细胞阶段胚胎的耗氧量，并且可能与胚泡生产率的降低直接相关。总地来说，这些结果支持以下观点：脂质构成了牛胚胎最重要的能量库，甘油三酸酯和酮体可用于产生ATP并在体外维持胚胎发育，抑制β氧化会降低胚胎发育。尽管这里提到一些数据，但这种胚胎的妊娠率仅达到39%左右，因为每种成分的理想浓度以及多种中等底物的组合似乎不足以支持胚胎发育。在文献中也没有充分描述对培养基和细胞内储库进行能量补充的组合的重要性。目前，关于培养基的理想组成没有共识，但是，具有"安静"新陈代谢的胚胎更可能到达囊胚期。

二、体内胚胎与体外胚胎的代谢特征

　　胚胎在体外比体内产生更多的乳酸，并具有更高的氧化率，这表明体外代谢率更高。同样，当体内胚胎暴露于子宫外介质时，糖酵解和CO_2产生增加，表明培养条件诱导更高的代谢率。这点已经在牛胚胎培养中达成共识，其中，体外囊胚的糖酵解速率高于体内，表明培养基可能具有压力或可能改变胚胎代谢以产生异常特征。体内牛胚胎的氨基酸的消耗也显著少于体外胚胎。已知，在受精卵形成2-细胞胚胎期间，低的氨基酸转换率，可以预测哪些胚胎会发育到囊胚阶段。丙酮酸的代谢也可以预测胚胎的质量，中间代谢产物中丙酮酸的消耗与体外发育的胚胎和保持静止的胚胎的形态学进展持续相关（分别为68%和13%~25%）。如上所述，低代谢率可预测体外胚胎的生存能力（"安静代谢"理论），并且与囊胚率有关，类似于在体内胚胎中观察到的囊胚发育，自然是"安静的"。换句话说，体外胚胎没有显示出众所周知的体内胚胎"安静"代谢的事实，这可能会损害胚胎的生存能力[59]。

大约61%的体外胚胎在转移到母牛体内后不会发育，转移后出生的小牛最终可能会出现与"大后代综合征"有关的异常现象。这种现象表明，表型特征受培养系统的影响，从而得出结论，目前用于胚胎发育的体外培养条件可能会触发应激反应。体外氧化率高于体内，并导致高水平的活性氧，从而损害了胚胎发育。体外胚胎发育的"理想"培养基成分应在每个胚胎阶段支持适当的胚胎形态发育和细胞复制速率，从而使移植后能够存活并健康地繁殖后代，并最大限度地减少体外细胞培养的压力。

另外，目前使用的胚胎培养基不足以支持胚胎发育的需要，并且与雌性生殖道的状况并不一致。与胚胎培养物（21%）相比，子宫液中氧含量低（3%~5%）和高能底物，这可以认为是促氧化环境。同样，尽管体外培养物的成分没有变化，但在胚胎发育过程中子宫液的成分却发生了动态变化，这可能是由于胚胎期之间能量需求的变化所致。因此，理想的体外培养应模仿体内培养基，包括营养成分和氧气浓度。

结　语

近来，研究者逐渐解决了体内和体外牛胚胎的能量需求，为建立理想的体外条件奠定了基础。牛体外胚胎早期发育囊胚率较低，并且代谢证据表明，该现象是由于当前使用的胚胎培养条件诱导细胞应激所致。体外发育过程中培养基成分变化的分析可用于评估胚胎质量，从而有助于改善胚胎培养系统，最终目的是生产高质量的牛胚胎，提高妊娠率，并提高牛的产量和质量。尽管一些研究增进了人们对早期胚胎代谢的理解，但是关于理想浓度的几个重要问题仍未得到解答。如底物组合的影响，细胞内糖原和甘油三酸酯储库的重要性，以及高能补充剂如何影响妊娠率等。解决这些问题的必要步骤是生产与体内产生的质量相似的体外胚胎。

第六节　TRIM28下调对牛早期胚胎发育及基因组印记的影响

（一）材料

1. 实验材料

牛卵巢采自长春本地屠宰场。

2. 实验主要试剂及常用仪器

主要试剂：M-199粉末（Gibco），牛血清白蛋白，石蜡油，LH（Sigma），17β–雌二醇（Sigma），FSH（Sigma），PBS粉末，2 × Taq PCR Green Mix（TAKARA），胎牛血清（FBS），双抗（青霉素、链霉素），透明质酸酶，反转录试剂盒TransScript One-Step gDNA Removal and cDNA Synthesis SuperMix（全式金），RNAiso Plus，RNAase Free枪头，6 × Loading buffer［宝生物工程（大连）有限公司］，2000 bp Marker，核酸染料（Gold ViewTM Nucleic Acid Stain）（鼎国昌盛生物技术有限公司）等。

常用仪器见第三章第二节。

（二）研究方法

1. 卵母细胞的采集和体外成熟

新鲜牛卵巢采集自长春本地屠宰场，保持于生理盐水中（高压灭菌后38.5℃预热并加入青霉素、链霉素），于6 h内用保温壶带回实验室。在实验室用温水清洗除去牛卵巢表面血渍。利用10 mL一次性注射器，抽取牛卵巢表面2～6 mm大小卵泡中的卵泡液，将卵泡液沿壁注入50 mL EP管中沉淀，在38.5℃恒温热台上静止2 min，吸沉淀在体式显微镜下，捡取卵丘-卵母细胞复合体（COCs），将COCs洗净后放入卵母细胞成熟液（900 μL M199+10 μL FSH+10 μL LH+10 μL 17β–雌二醇，加入10%的胎牛血清），100 μL/滴，每滴放入12～15个卵母细胞，培养18～22 h。成熟培养后，用透明质酸酶（1 mg/mL）去除卵母细胞外包裹的颗粒细胞，挑选成熟卵母细胞（排出第一极体），计算成熟率。

2. 体外受精（IVF）

本研究所用优质牛精液购自长春新牧科技有限公司，液氮保存。取两个洁净的1.5 mL EP管，分别加入1 mL TALP、10 μL双抗（终浓度为100 μg/mL）和10 μL肝素（终浓度为10 μg/mL），在38.5℃的5% CO$_2$培养箱中平衡2 h以上。从液氮罐中取出精液，在39℃水浴解冻1 min，将其倒入装有10 mL DPBS的15 mL EP管中洗1次，1 500 r/min离心5 min，去除上清。将精子转移至平衡好的TALP（含肝素和双抗）中洗1次，1 500 r/min离心5 min。去除上清，用500 μL平衡好的TALP（含肝素和双抗）重悬精子，将TALP-精子悬液做滴（100 μL/滴）即受精滴，剩余500 μL不含精子的TALP（含肝素和双抗）做滴（100 μL/滴）清洗卵母细胞，将成熟卵母细胞在TALP洗液滴中清洗3次后放入受精滴中，每滴加入30个成熟卵母细胞，受精16~22 h。

3. 早期胚胎的培养与收集

将完成受精后的卵母细胞移入SOFaa胚胎培养液中，受精后20~40计算卵裂率，在受精后第3天不加胎牛血清，同时收集不同发育时期的胚胎，用酸性台式液去除透明带后，再用0.1% PBS-PVP洗2次，最后放入干净的0.2 mL PCR管中，–20℃保存备用。

4. DNA的提取及手工亚硫酸盐处理

分别收集精子及不同发育阶段IVF胚胎（2-细胞、4-细胞、8-细胞和囊胚），利用手工亚硫酸氢盐方法处理DNA。具体步骤如下。

（1）细胞裂解液（100 mL）：室温下可长时间使用。

A液：10 μmol/L Tris-HCl（pH 7.6）：30 mL H$_2$O中加入0.121 1 g Tris粉末，加适量HCl将溶液pH为调至7.6。

B液：10 μmol/L EDTA：25 mL H$_2$O中加入0.372 2 g Na$_2$ EDTA·2H$_2$O，加适量NaOH至EDTA完全溶解；

C液：1% SDS：1 g SDS溶于25 mL H$_2$O中，混匀。

A液、B液、C液混合均匀并加入适量H$_2$O定容至100 mL。

（2）2 mol/L NaOH：将0.08 g NaOH溶于1 mL H$_2$O中，混匀。

（3）0.2 mol/L NaOH：将100 μL 2mol/L NaOH加入900 μL H$_2$O中，混匀。

（4）2.5 mol/L亚硫酸氢盐溶液（pH5.0）：

A液：1.9 g亚硫酸氢盐+2.5 mL H$_2$O+750 μL 2 mol/L NaOH，混匀，避光保存。

B液：55 mg对苯二酚+500 μL H_2O，在50℃水浴充分溶解。

将A液和B液混合均匀，放在冰浴中30 min以上。

（5）3%琼脂糖溶液：0.015 g低密度琼脂糖+50 μL H_2O，60℃充分融解。

（6）10×TE（Tris-EDTA）(pH=8.0)：12.11 g Tris粉末+3.722 g Na_2EDTA·$2H_2O$溶于800 mL H_2O中，加入适量NaOH至溶液pH为8.0，加入适量H_2O定容至1L。

2. 将待测胚胎收集至EP管中，瞬时离心，根据管内液体体积，向装有胚胎的EP管中加入1.5 μL Proteinase K(浓度为20 μg/μL)，用裂解液将体积补至21 μL，55℃消化3 h（如果是精子需过夜消化）。

3. 将上述21 μL DNA（≤700 ng）放入沸水浴或100℃金属浴中孵育5 min，去气泡，冰浴1 min冷却。

4. 加入4 μL 2 mol/L NaOH（终浓度为0.3 mol/L NaOH），50℃、15 min。

5. 加入2倍体积的（50 μL）（50~65℃）完全融化的3%的低密度琼脂糖溶液，混匀。

6. 将1 mL 2.5 mol/L亚硫酸氢盐溶液［溶液（4）］加入2 mL离心管中，盖750 μL的重石蜡油，冰浴30 min以上，备用。

7. 将DNA琼脂糖混合物，10 μL每滴加入冰的矿物油亚硫酸氢盐混合溶液中，成球（每个小球最多含DNA 100 ng），一定将所有小球都推进水相，滴入小球的时间间隔为2 min，否则小球易粘到一起。

8. 避光条件下，冰浴30 min。

9. 50℃水浴孵育3~5 h后移除所有液体。

10. 用1 mL 1×TE（Tris-EDTA）（pH = 8.0），于摇床洗4次，每次15 min。

11. 用500 μL 0.2 mol/L NaOH，于摇床洗2次，每次15 min。

12. 用1 mL 1×TE（Tris-EDTA）(pH=8.0)，于摇床洗3次，每次10 min。

13. 用ddH_2O于摇床洗2次，每次15 min，将小球分装于PCR管，用于后续PCR反应［在小体积1×TE（Tris-EDTA）（pH = 8.0）中，4℃可保存1个月，用前ddH_2O于摇床洗2次，每次15 min］。

14. 印记基因Mest、Peg10和H19差异甲基化区域（DMRs）甲基化状态检测。

通过手工亚硫酸氢盐测序法（BSP）分析印记基因Mest、Peg10和H19差异甲基化区域（DMRs）甲基化状态。

（1）引物设计如表4-1所示。

表4-1　引物序列

名称	序列	序列号
Mest-1-F387	5'-GGGGGAAAAAATTTTTTTTTTT-3'	
Mest-1-R387	5'-AAACTCCCAACACCTCCTAAAT-3'	
Mest-2-F	5'-GGTATTATTGGGGTTTTTATATTGTGA-3'	NM_001083368.1
Mest-2-R	5'-CCAACACCTCCTAAATCCCTAACTA-3'	
Peg10-1-F	5'-GTTTGGTATAGGTGTGGGATTT-3'	
Peg10-1-R	5'-TCAAAACCCTAAAAACTTAAATTCTC-3'	
Peg10-2-F230	5'-GTTTGGTATAGGTGTGGGATTT-3'	NM_001127210.2
Peg10-2-R230	5'-ACACCTTACTCAAAACCTACC-3'	
H19-1-F385	5'-TTTGGTTTTTGTTTGGATT-3'	
H19-1-R385	5'-ATAACTTCAAAATTACCTCCTACC-3'	NR_003958.2
H19-2-F382	5'-GGTTTTTGTTTGGATTTTG-3'	
H19-2-R382	5'-ATAACTTCAAAATTACCTCCTACC-3'	
M13-47-F	5'-CGCCAGGGTTTTCCCAGTCACGAC-3'	
RV-M-R	5'-GAGCGGATAACAATTTCACA-3'	

引物的稀释与保存：离心引物，使其沉积EP管底部，按说明加入适量ddH₂O或TE将其稀释至100 μmol，混匀，轻微离心并盖紧盖子，−20℃保存。

（2）目的基因的扩增及验证：以牛精子、2-细胞、4-细胞、8-细胞和囊胚阶段IVF早期胚胎为模板，进行巢式降落式PCR，第一次PCR以琼脂糖凝胶小球为模板，第二次PCR以第一次PCR的产物为模板，PCR体系如表4-2所示。

表4-2　PCR反应体系（25 μL）

成　分	体　积
GoldenMix	12.5 μL
上游引物	1 μL
下游引物	1 μL
模　版	1 μL
ddH₂O	to 25 μL

PCR扩增程序为：95℃、5 min进行预变性，变性94℃、30 s，退火60℃、30 s，延伸72℃、1 min，15个循环，每循环下降1℃，15个循环（94℃、30 s变性，45℃、30 s退火，72℃、1 min延伸），72℃、5 min终止延伸，4℃保存。

两轮PCR都结束后，1%琼脂糖凝胶电泳检测结果。

（3）PCR产物纯化回收及验证：同第二章。

（4）重组质粒的制备及测序：同第二章。

挑取单克隆，利用通用引物M13进行检测，选出目的条带大小合适的15个阳性克隆的菌液送上海生工测序。

6. 下调卵母细胞TRIM28

GV期卵母细胞用浓度为1 mg/mL的透明质酸酶去除卵母细胞外包裹的颗粒细胞，然后放入卵母细胞成熟液中培养30 min，将Simix显微注入卵母细胞细胞质中，siRNA浓度为20 pmol/μL（0.264 μg/μL），注射体积为10 pL，注射后将卵母细胞成熟培养（100 μL/滴）18～22 h。成熟后，在体式显微镜下挑选排出第一极体的成熟卵母细胞，计算成熟率。

7. 母源TRIM28下调卵母细胞的体外受精

8. 母源TRIM28下调IVF胚胎的培养及收集

9. 母源TRIM28下调IVF胚胎DNA的提取及手工亚硫酸盐处理

10. 母源TRIM28下调IVF胚胎印记基因Mest、Peg10和H19 DMRs甲基化状态检测

11. 数据整理与分析

运用SPSS19.0通过独立样本t检验的方法对数据进行分析，$P < 0.05$时，认为差异有统计学意义。

（三）结果与分析

1. 正常牛卵母细胞成熟率及TRIM28下调的卵母细胞成熟率

为确定下调TRIM28对卵母细胞成熟的影响，统计了卵母细胞的成熟率。成熟的卵母细胞（MⅡ），即排出第一极体的卵母细胞，且细胞质均匀，卵周隙大小适中，卵母细胞成熟率及质量对于体外受精胚胎的发育至关重要。本实验中，对照组卵母细胞成熟时间为18～22 h，成熟率为80.38%±3.92%，显微注射TRIM28卵母细胞组的成熟时间为23～24 h，成熟率为75.44%±2.30%，二者差异不显著（见表4-3）。

表4-3　卵母细胞成熟率

	显微镜下检出卵母细胞数	卵母细胞成熟数	成熟率(%)
正常卵母细胞	419	337	80.38±3.92
TRIM28下调的卵母细胞	445	338	75.44±2.30

注：TRIM28下调卵母细胞成熟率与正常卵母细胞成熟率差异不显著（$P > 0.05$）

2. 正常IVF胚胎及TRIM28下调的IVF胚胎卵裂率

本实验中，正常IVF胚胎对照组开始卵裂时间为受精后30～32h，卵裂率为63.84%±2.22%，4-细胞率为50.42%±1.37%，8-细胞率为21.05%±2.05%，囊胚率为8.25%±0.38%，TRIM28下调的IVF胚胎开始卵裂时间为受精后32～40 h开始卵裂，卵裂率为49.28%±2.73%，4-细胞率为30.72%±2.26%，8-细胞率为12.31%±2.46%，且无法发育到囊胚。正常IVF胚胎能够正常卵裂并发育到囊胚，相比之下，TRIM28下调的IVF胚胎发育时间较晚，卵裂率明显降低，发育较慢，二者差异显著。母源TRIM28下调胚胎发育到8-细胞后，胚胎状态开始变差，无法继续发育（见表4-4、表4-5）。

表4-4　胚胎卵裂状况(个数)

	成熟卵母细胞数	2-细胞数	4-细胞数	8-细胞数	囊胚数
正常IVF胚胎	337	215	170	71	29
TRIM28下调的IVF胚胎	338	166	103	41	0

表4-5　胚胎卵裂率

	正常IVF胚胎	TRIM28下调的IVF胚胎
2-细胞率(%，卵裂率)	63.84±2.22	49.28±2.73
4-细胞率(%)	50.42±1.37	30.72±2.26
8-细胞率(%)	21.05±2.05	12.31±2.46
囊胚率(%)	8.25±0.38	0

注：2-细胞、4-细胞以及8-细胞的P均 < 0.01，差异极显著

3. 印记基因H19、Mest和Peg10 PCR扩增结果

如图4-10所示，印记基因H19、Mest和Peg10经PCR扩增后，1%琼脂糖凝胶电泳检测，出现目的条带，目的片段特异性较好，可用于后续实验。

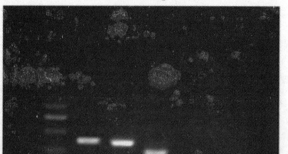

H19 Mest Peg10

图4-10　H19、Mest和Peg10扩增结果

4. 印记基因Mest、Peg 10和H19的DMRs甲基化状态

（1）牛精子印记基因H19、Mest、Peg10的DMRs甲基化状态：父系印记基因 H19的差异甲基化区域甲基化程度为93.9%，母系印记基因Mest的差异甲基化区域甲基化程度为2.1%，Peg10的差异甲基化区域甲基化程度为8.6%（见图4-11）。

（2）IVF对照及母源TRIM28下调的IVF胚胎印记基因Mest、Peg10和H19的DMRs甲基化状态分析：不同发育阶段正常IVF胚胎（2-细胞、4-细胞、8-细胞和囊胚）父系印记基因 H19的差异甲基化区域甲基化程度分别为：74.0%、68.40%、68.30%和84.20%，母系印记基因Mest的差异甲基化区域甲基化程度分别为：88.1%、81.90%、78.50%和75.60%，Peg10的差异甲基化区域甲基化程度分别为：88.5%、76.20%、85.00%和82.10%。卵母细胞TRIM28下调的IVF胚胎不同发育阶段（2-细胞、4-细胞、8-细胞）父系印记基因 H19的差异甲基化区域甲基化程度分别为：1.9%、22.50%和39.70%，母系印记基因Mest的差异甲基化区域甲基化程度分别为：89.6%、29.50%和54.50%，Peg10的差异甲基化区域甲基化程度分别为：81.0%、67.10%和70.80%（见图4-12至图4-14）。

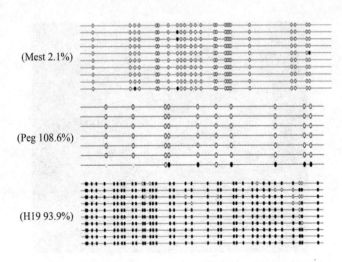

图4-11　牛精子印记基因Mest、Peg10和H19的DMRs甲基化状态

图中每一个圆圈代表一个CpG位点，空心的圆圈代表位点未发生甲基化，

实心的圆圈代表位点发生甲基化，下同

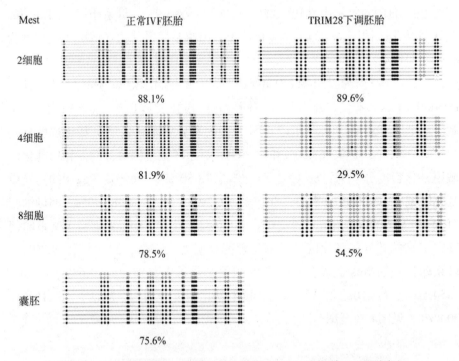

图4-12　植入前正常IVF胚胎及卵母细胞TRIM28下调的IVF胚胎印记

基因Mest的差异甲基化区域甲基化状态

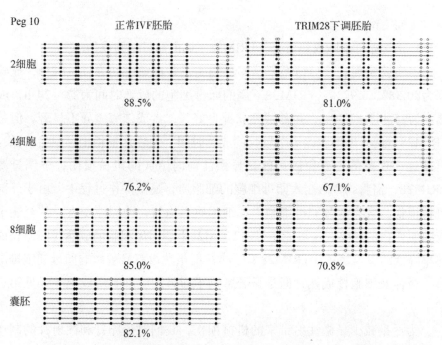

图4-13　植入前正常IVF胚胎及卵母细胞TRIM28下调的IVF胚胎印记

基因Peg10的DMRs甲基化状态

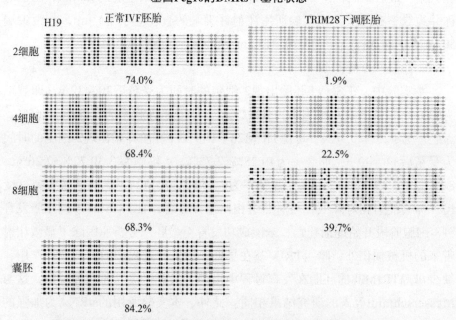

图4-14　植入前正常IVF胚胎及卵母细胞TRIM28下调的IVF胚胎印记

基因H19的DMRs甲基化状态

（四）讨论

1. 正常卵母细胞成熟情况与TRIM28下调的卵母细胞成熟情况

本实验室现有培养体系下，卵母细胞正常成熟时间为18～22 h，成熟率为80.38%±3.92%，TRIM28下调的卵母细胞的成熟时间为23～24 h，成熟率为75.44%±2.30%，虽然成熟状况良好，二者成熟率差异不显著。但是TRIM28下调卵母细胞经历了较长的成熟时间，且成熟率相比对照组较低，出现这一现象的主要原因可能是显微注射时造成的机械损伤，下调母源TRIM28，需将siRNA注入卵母细胞的细胞质，显微操作过程中，由于外部机械损伤，会有部分卵母细胞出现细胞质不均匀，卵周隙变大，甚至还未成熟便死亡的现象，这可能是母源TRIM28下调卵母细胞的成熟时间延长成熟率降低的原因之一。TRIM28 siRNA注射虽然没有显著影响卵母细胞排出第一极体及细胞核成熟，但是显著影响了卵母细胞细胞质成熟（详见第三章）。

为尽量减少显微注射带来的机械损伤，我们对持卵针和注射针的制作条件进行了优化。持卵针的主要功能是固定卵母细胞，既需要保证牢固又不能太紧。最后我们将持卵针外径设定为120～140 μm，内径为25μm，两边对称并边缘整齐光滑。本实验所用注射针尖端的直径应小于1 μm，在距尖端50 μm处的注射针直径应为10～15 μm或更小。

2. 卵裂率分析

本实验中，正常IVF胚胎出现2-细胞的时间为受精后30～32 h，卵裂率为63.84%±2.22%，4-细胞率为50.42%±1.37%，8-细胞率为21.05%±2.05%，囊胚率为8.25%±0.38%，母源TRIM28下调的IVF胚胎开始出现2-细胞的时间为受精后32～40 h，卵裂率为49.28%±2.73%，4-细胞率为30.72%±2.26%，8-细胞率为12.31%±2.46%，囊胚率为0。母源TRIM28下调胚胎发育速度变慢，卵裂能力相对降低，与对照组相比差异显著，且TRIM28下调胚胎发育到8-细胞阶段开始逐渐死亡，未能成功发育至囊胚。分析原因除了显微注射带来的机械损伤外，暗示TRIM28在早期胚胎发育过程中的关键调控作用，缺少母源TRIM28的胚胎在发育过程中出现了发育迟缓、死亡等现象，这与Messerschmidt等人的研究结果相同。此外，本实验所用的siRNA为加强的siRNA，普通siRNA的作用时间为4～5 d，而本实验所用的加强型siRNA的作用时间可长达7～8 d，这可能也是造成母源TRIM28下调的IVF胚胎不能发育至囊胚的原因之一。当然，屠宰场来源的卵母细胞质量难以保证，也可能造成胚胎发育率的降低。

3. 牛精子印记基因DMRs甲基化状态分析

H19DMRs甲基化在精原细胞中建立，并在精母细胞、精子细胞以及成熟的精子得以维持，H19DMRs精子中是高度甲基化的，母源印记基因Mest及Peg10在成熟的精子中是未甲基化或是低甲基化的。本研究中牛精子父系印记基因H19的DMRs甲基化程度为93.9%，是超甲基化的；母系印记基因Mest的DMRs甲基化程度为2.1%，Peg10的DMRs甲基化程度为8.6%，二者均是低甲基化的，3个基因的印记状态都在正确的范围内，说明所用甲基化分析方法正确可行。

4. 植入前IVF胚胎与母源TRIM28下调胚胎不同发育阶段相应的印记基因甲基化状态对比分析

本研究中，2-细胞、4-细胞、8-细胞、囊胚阶段IVF胚胎，父系印记基因H19的DMRs甲基化程度分别为：74.0%、68.40%、68.30%和84.20%，母系印记基因Mest的DMRs甲基化程度分别为：88.1%、81.90%、78.50%和75.60%，Peg10的DMRs甲基化程度分别为：88.5%、76.20%、85.00%和82.10%。

母源TRIM28下调的IVF胚胎，父系印记基因H19的DMRs甲基化程度在2-细胞、4-细胞、8-细胞分别为1.9%、22.50%和39.70%，母系印记基因Mest的DMRs甲基化程度分别为89.6%、29.50%和54.50%，Peg10的DMRs甲基化程度分别为81.0%、67.10%和70.80%。结果表明，母源TRIM28下调对父系印记基因H19的DMRs甲基化程度的影响最为显著，2-细胞阶段H19的DMRs几乎完全去甲基化。TRIM28是正常发育和分化过程中的关键调控因子，Messerschmidt[51]等人的研究也证明了这一点，在小鼠早期胚胎重编程过程中，TRIM28也起到重要表观调控作用。Messerschmidt研究发现，敲除母源TRIM28的小鼠胚胎中，在1-细胞、2-细胞阶段，未检测到TRIM28基因的RNA及蛋白质。与此同时，印记基因Snrpn、Gtl2和H19的DMRs发生甲基化丢失。这与本实验中下调TRIM28使H19的DMRs的发生甲基化丢失一致，IVF胚胎对照和母源TRIM28下调的IVF胚胎在2-细胞阶段，H19的DMRs甲基化程度相差非常显著（74.0%与1.9%），4-细胞和8-细胞阶段随着siRNA作用的减弱，两者差距减小（分别为68.40%与22.50%和68.30%与39.70%），但仍存在显著差异。母源TRIM28基因的敲除对早期胚胎基因组印记甲基化的维持产生广泛的影响，并且使部分胚胎致死[2]。值得注意的是，随后表达的父源TRIM28基因并不能拯救母源TRIM28下调导致的这些缺陷，暗示母源TRIM28缺失对早期胚胎造成的损伤会在胚胎发育的过程中累积下来，一旦发生印记缺陷就很难修复，并且影响后续的胚胎发育，这让我们看到母源TRIM28在印记DMRs维持中的重要作用。另外，在牛早期胚胎，母源TRIM28缺失导致胚胎停在8-细胞阶段无法继续发育，分析原因可能是由于母源TRIM28确实导致次要ZGA或是主要ZGA启动的障碍，使合子基因无法激活，我们将进行深入研究。本章研究结果表明，母源TRIM28下调对几个母源印记基因，如Mest和Peg10的差异甲基化区域甲基化程度的影响并不明显，这种对印记位点影响的不均衡性可能与剂量效应有关，有文献报道，同时敲除母源及合子的TRIM28将导致大范围的印记DMRs改变，但是详细机制目前仍不清楚。

参考文献

[1]Eckersley-Maslin MA, Alda-Catalinas C, Reik W. Dynamics of the epigenetic landscape during the maternal-to-zygotic transition[J]. Nat Rev Mol Cell Biol, 2018; 19: 436-450.

[2]Messerschmidt DM, Knowles BB, Solter D. DNA methylation dynamics during epigenetic reprogramming in the germline and preimplantation embryos[J]. Genes Dev, 2014; 28: 812-828.

[3]Kaneda M, Okano M, Hata K, Sado T, Tsujimoto N, Li E, Sasaki H. Essential role for de novo DNA methyltransferase Dnmt3a in paternal and maternal imprinting[J]. Nature, 2004; 429: 900-903.

[4]Okano M, Bell DW, Haber DA, Li E. DNA methyltransferases Dnmt3a and Dnmt3b are essential for de novo methylation and mammalian development[J]. Cell, 1999; 99: 247-257.

[5]Bourc'His D, Xu GL, Lin CS, Bollman B, Bestor TH. Dnmt3L and the establishment of maternal genomic imprints[J]. Science, 2001; 294: 2536-2539.

[6]Maenohara S, Unoki M, Toh H, Ohishi H, Sharif J, Koseki H, Sasaki H. Role of UHRF1 in de novo DNA methylation in oocytes and maintenance methylation in preimplantation embryos[J]. PLoS Genet, 2017; 13: e1007042.

[7]Kim KH, Lee KA. Maternal effect genes: Findings and effects on mouse embryo development[J]. Clin Exp Reprod Med, 2014; 41: 47-61.

[8]Wang L, Zhang J, Duan J, Gao X, Zhu W, Lu X, Yang L, Zhang J, Li G, Ci W, Li W, Zhou Q, Aluru N, Tang F, He C, Huang X, Liu J. Programming and inheritance of parental DNA methylomes in mammals[J]. Cell, 2014; 157: 979-991.

[9]Zhu C, Gao Y, Guo H, Xia B, Song J, Wu X, Zeng H, Kee K, Tang F, Yi C. Single-Cell 5-Formylcytosine Landscapes of Mammalian Early Embryos and ESCs at Single-Base Resolution[J]. Cell Stem Cell, 2017; 20: 720-731.

[10]Matsuura M, Yoshino M, Ohta K, Onda H, Nakajima K, Kojima T. Clinical significance of diffuse delta EEG activity in chronic schizophrenia[J]. Clin Electroencephalogr, 1994; 25: 115-121.

[11]Zhang B, Zheng H, Huang B, Li W, Xiang Y, Peng X, Ming J, Wu X, Zhang Y, Xu Q, Liu W, Kou X, Zhao Y, He W, Li C, Chen B, Li Y, Wang Q, Ma J, Yin Q, Kee K, Meng A, Gao S, Xu F, Na J, Xie W. Allelic reprogramming of the histone modification H3K4me3 in early mammalian development[J]. Nature, 2016; 537: 553-557.

[12]Rando OJ. Intergenerational Transfer of Epigenetic Information in Sperm[J]. Cold Spring Harb Perspect Med, 2016; 6.

[13]Dahl JA, Jung I, Aanes H, Greggains GD, Manaf A, Lerdrup M, Li G, Kuan S, Li B, Lee AY, Preissl S, Jermstad I, Haugen MH, Suganthan R, Bjoras M, Hansen K, Dalen KT, Fedorcsak P, Ren B, Klungland A. Broad histone H3K4me3 domains in mouse oocytes modulate maternal-to-zygotic transition[J]. Nature, 2016; 537: 548-552.

[14]Liu X, Wang C, Liu W, Li J, Li C, Kou X, Chen J, Zhao Y, Gao H, Wang H, Zhang Y, Gao Y, Gao S. Distinct features of H3K4me3 and H3K27me3 chromatin domains in pre-implantation embryos[J]. Nature, 2016; 537: 558-562.

[15]Zenk F, Loeser E, Schiavo R, Kilpert F, Bogdanovic O, Iovino N. Germ line-inherited H3K27me3 restricts enhancer function during maternal-to-zygotic transition[J]. Science, 2017; 357: 212-216.

[16]Murphy PJ, Wu SF, James CR, Wike CL, Cairns BR. Placeholder Nucleosomes Underlie Germline-to-Embryo DNA Methylation Reprogramming[J]. Cell, 2018; 172: 993-1006.

[17]Inoue A, Jiang L, Lu F, Suzuki T, Zhang Y. Maternal H3K27me3 controls DNA methylation-independent imprinting[J]. Nature, 2017; 547: 419-424.

[18]Wu J, Huang B, Chen H, Yin Q, Liu Y, Xiang Y, Zhang B, Liu B, Wang Q, Xia W, Li W, Li Y, Ma J, Peng X, Zheng H, Ming J, Zhang W, Zhang J, Tian G, Xu F, Chang Z, Na J, Yang X, Xie W. The landscape of accessible chromatin in mammalian preimplantation embryos[J]. Nature, 2016; 534: 652-657.

[19]Hendrickson PG, Dorais JA, Grow EJ, Whiddon JL, Lim JW, Wike CL, Weaver BD,

Pflueger C, Emery BR, Wilcox AL, Nix DA, Peterson CM, Tapscott SJ, Carrell DT, Cairns BR. Conserved roles of mouse DUX and human DUX4 in activating cleavage-stage genes and MERVL/HERVL retrotransposons[J]. Nat Genet, 2017; 49: 925-934.

[20]Eckersley-Maslin MA, Svensson V, Krueger C, Stubbs TM, Giehr P, Krueger F, Miragaia RJ, Kyriakopoulos C, Berrens RV, Milagre I, Walter J, Teichmann SA, Reik W. MERVL/ Zscan4 Network Activation Results in Transient Genome-wide DNA Demethylation of mESCs[J]. Cell Rep, 2016; 17: 179-192.

[21]van Steensel B, Belmont AS. Lamina-Associated Domains: Links with Chromosome Architecture, Heterochromatin, and Gene Repression[J]. Cell, 2017; 169: 780-791.

[22]Flyamer IM, Gassler J, Imakaev M, Brandao HB, Ulianov SV, Abdennur N, Razin SV, Mirny LA, Tachibana-Konwalski K. Single-nucleus Hi-C reveals unique chromatin reorganization at oocyte-to-zygote transition[J]. Nature, 2017; 544: 110-114.

[23]Du Z, Zheng H, Huang B, Ma R, Wu J, Zhang X, He J, Xiang Y, Wang Q, Li Y, Ma J, Zhang X, Zhang K, Wang Y, Zhang MQ, Gao J, Dixon JR, Wang X, Zeng J, Xie W. Allelic reprogramming of 3D chromatin architecture during early mammalian development[J]. Nature, 2017; 547: 232-235.

[24]Hug CB, Grimaldi AG, Kruse K, Vaquerizas JM. Chromatin Architecture Emerges during Zygotic Genome Activation Independent of Transcription[J]. Cell, 2017; 169: 216-228.

[25]Ke Y, Xu Y, Chen X, Feng S, Liu Z, Sun Y, Yao X, Li F, Zhu W, Gao L, Chen H, Du Z, Xie W, Xu X, Huang X, Liu J. 3D Chromatin Structures of Mature Gametes and Structural Reprogramming during Mammalian Embryogenesis[J]. Cell, 2017; 170: 367-381.

[26]Reik W, Walter J. Genomic imprinting: parental influence on the genome[J]. Nat Rev Genet, 2001; 2: 21-32.

[27]Du Z, Zheng H, Huang B, Ma R, Wu J, Zhang X, He J, Xiang Y, Wang Q, Li Y, Ma J, Zhang X, Zhang K, Wang Y, Zhang MQ, Gao J, Dixon JR, Wang X, Zeng J, Xie W. Allelic reprogramming of 3D chromatin architecture during early mammalian development[J]. Nature, 2017; 547: 232-235.

[28]Li L, Zheng P, Dean J. Maternal control of early mouse development[J]. Development, 2010; 137: 859-870.

[29]Erhardt S, Su IH, Schneider R, Barton S, Bannister AJ, Perez-Burgos L, Jenuwein T, Kouzarides T, Tarakhovsky A, Surani MA. Consequences of the depletion of zygotic and embryonic enhancer of zeste 2 during preimplantation mouse development[J]. Development, 2003; 130: 4235-4248.

[30]Andreu-Vieyra CV, Chen R, Agno JE, Glaser S, Anastassiadis K, Stewart AF, Matzuk MM.

MLL2 is required in oocytes for bulk histone 3 lysine 4 trimethylation and transcriptional silencing[J]. PLoS Biol, 2010; 8.

[31]Aoshima K, Inoue E, Sawa H, Okada Y. Paternal H3K4 methylation is required for minor zygotic gene activation and early mouse embryonic development[J]. EMBO Rep, 2015; 16: 803-812.

[32]Hatanaka Y, Tsusaka T, Shimizu N, Morita K, Suzuki T, Machida S, Satoh M, Honda A, Hirose M, Kamimura S, Ogonuki N, Nakamura T, Inoue K, Hosoi Y, Dohmae N, Nakano T, Kurumizaka H, Matsumoto K, Shinkai Y, Ogura A. Histone H3 Methylated at Arginine 17 Is Essential for Reprogramming the Paternal Genome in Zygotes[J]. Cell Rep, 2017; 20: 2756-2765.

[33]Yang L, Song LS, Liu XF, Xia Q, Bai LG, Gao L, Gao GQ, Wang Y, Wei ZY, Bai CL, Li GP. The Maternal Effect Genes UTX and JMJD3 Play Contrasting Roles in Mus musculus Preimplantation Embryo Development[J]. Sci Rep, 2016; 6: 26711.

[34]Rinn J, Guttman M. RNA Function. RNA and dynamic nuclear organization. Science 2014; 345: 1240-1241.

[35]Bergmann JH, Spector DL. Long non-coding RNAs: modulators of nuclear structure and function[J]. Curr Opin Cell Biol, 2014; 26: 10-18.

[36]Hamazaki N, Uesaka M, Nakashima K, Agata K, Imamura T. Gene activation-associated long noncoding RNAs function in mouse preimplantation development[J]. Development, 2015; 142: 910-920.

[37]Han L, Ren C, Li L, Li X, Ge J, Wang H, Miao YL, Guo X, Moley KH, Shu W, Wang Q. Embryonic defects induced by maternal obesity in mice derive from Stella insufficiency in oocytes[J]. Nat Genet, 2018; 50: 432-442.

[38]Guo F, Li L, Li J, Wu X, Hu B, Zhu P, Wen L, Tang F. Single-cell multi-omics sequencing of mouse early embryos and embryonic stem cells[J]. Cell Res, 2017; 27: 967-988.

[39]Barlow DP, Bartolomei MS. Genomic imprinting in mammals[J]. Cold Spring Harb Perspect Biol, 2014; 6.

[40]Onuchic V, Lurie E, Carrero I, Pawliczek P, Patel RY, Rozowsky J, Galeev T, Huang Z, Altshuler RC, Zhang Z, Harris RA, Coarfa C, Ashmore L, Bertol JW, Fakhouri WD, Yu F, Kellis M, Gerstein M, Milosavljevic A. Allele-specific epigenome maps reveal sequence-dependent stochastic switching at regulatory loci[J]. Science, 2018; 361.

[41]Baran Y, Subramaniam M, Biton A, Tukiainen T, Tsang EK, Rivas MA, Pirinen M, Gutierrez-Arcelus M, Smith KS, Kukurba KR, Zhang R, Eng C, Torgerson DG, Urbanek C, Li JB, Rodriguez-Santana JR, Burchard EG, Seibold MA, MacArthur DG, Montgomery

SB, Zaitlen NA, Lappalainen T. The landscape of genomic imprinting across diverse adult human tissues[J]. Genome Res, 2015; 25: 927-936.

[42]Singh P, Wu X, Lee DH, Li AX, Rauch TA, Pfeifer GP, Mann JR, Szabo PE. Chromosome-wide analysis of parental allele-specific chromatin and DNA methylation[J]. Mol Cell Biol, 2011; 31: 1757-1770.

[43]Kanduri C. Long noncoding RNAs: Lessons from genomic imprinting[J]. Biochim Biophys Acta, 2016; 1859: 102-111.

[44]Inoue A, Jiang L, Lu F, Suzuki T, Zhang Y. Maternal H3K27me3 controls DNA methylation-independent imprinting[J]. Nature, 2017; 547: 419-424.

[45]Guibert S, Forné T, Weber M. Global profiling of DNA methylation erasure in mouse primordial germ cells[J]. *Genome Res*, 2012, 22(4): 633-641.

[46]Kagiwada S, Kurimoto K, Hirota T,Yamaji M, Saitou M.Replication-coupled passive DNA demethylation for the erasure of genome imprints in mice[J]. *EMBO J*, 2013, 32(3): 340-353.

[47]Kobayashi H, Sakurai T, Miura F,Imai M, Mochiduki K, Yanagisawa E, Sakashita A, Wakai T, Suzuki Y, Ito T, Matsui Y, Kono T.High-resolution DNA methylome analysis of primordial germ cells identifies gender-specific reprogramming in mice[J]. *Genome Res*, 2013, 23(4): 616-627

[48]Denomme M M, White C R, Gillio-Meina C, Macdonald W A, Deroo B J, Kidder G M, Mann M R.Compromised fertility disrupts Peg1 but not Snrpn and Peg3 imprinted methylation acquisition in mouse oocytes[J]. *Front Genet*, 2012, 3.

[49]Szulwach K E, Li X, Li Y,Song CX, Wu H, Dai Q, Irier H, Upadhyay AK, Gearing M, Levey AI, Vasanthakumar A, Godley LA, Chang Q, Cheng X, He C, Jin P. 5-hmC-mediated epigenetic dynamics during postnatal neurodevelopment and aging[J]. *Nat Neurosci*, 2011, 14(12): 1607-1616.

[50]Yildirim O, Li R, Hung J H,Chen PB, Dong X, Ee LS, Weng Z, Rando OJ, Fazzio TG. Mbd3/NURD complex regulates expression of 5-hydroxymethylcytosine marked genes in embryonic stem cells[J]. *Cell*, 2011, 147(7): 1498-1510..

[51]Messerschmidt D M, de Vries W, Ito M,Solter D, Ferguson-Smith A, Knowles BB. TRIM28 is required for epigenetic stability during mouse oocyte to embryo transition[J]. *Science*, 2012, 335(6075): 1499-1502.

[52]Zuo X, Sheng J, Lau H T, McDonald CM, Andrade M, Cullen DE, Bell FT, Iacovino M, Kyba M, Xu G, Li X. Zinc finger protein ZFP57 requires its co-factor to recruit DNA methyltransferases and maintains DNA methylation imprint in embryonic stem cells via its

transcriptional repression domain[J]. *J Biol Chem*, 2012, 287(3): 2107-2118.

[53]Kurihara Y, Kawamura Y, Uchijima Y, Amamo T, Kobayashi H, Asano T, Kurihara H. Maintenance of genomic methylation patterns during preimplantation development requires the somatic form of DNA methyltransferase 1[J]. Dev Biol, 2008; 313: 335-346.

[54]GardnerDK, Lane M, Calder I, Leeton J. Environment of the preimplantation human embryo in vivo: metabolite aalysis of ovidnct and uterine fuids and metabolism of cumulns cells[J]. Fertil steril, 1996; 65:349-353.

[55]de Souza DK, Salles LP, Rosa ESA. Aspects of energetic substrate metabolism of in vitro and in vivo bovine embryos[J]. Braz J Med Biol Res, 2015; 48: 191-197.

[56]Orsi NM, Leese HJ. Ammonium exposure and pyruvate affect the amino acid metabolism of bovine blastocysts in vitro[J]. Reproduction, 2004; 127: 131-140.

[57]Gopichandran N, Leese HJ. Metabolic characterization of the bovine blastocyst, inner cell mass, trophectoderm and blastocoel fluid[J]. Reproduction, 2003; 126: 299-308.

[58]Sutton-McDowall ML, Feil D, Robker RL, Thompson JG, Dunning KR. Utilization of endogenous fatty acid stores for energy production in bovine preimplantation embryos[J]. Theriogenology, 2012; 77: 1632-1641.

[59]Thompson JG. The impact of nutrition of the cumulus oocyte complex and embryo on subsequent development in ruminants[J]. J Reprod Dev, 2006; 52: 169-175.

第五章 TRIM28对牛体细胞核移植胚胎发育及基因组印记的表观调控

第一节 体细胞核移植技术

体细胞核移植，也称为体细胞克隆，是指将动物体细胞的细胞核注入已去核卵母细胞中，以产生与供核细胞的遗传成分一样的动物的技术，包括卵母细胞的成熟、供体细胞细胞周期的同步及去核、细胞融合、卵母细胞激活、胚胎培养及重建等过程。重建的胚胎可以继续发育成一个完整的个体。体细胞核移植技术是当代生命科学和生物技术的研究和应用热点之一。如今，这项技术已经在基本机制和基本技术方面取得了一些进展，并已成为动物细胞工程技术的常用媒介。

1938年，德国胚胎学家Hans Spmann首次提出了核移植技术的理论，这个理论当时主要用于研究细胞核的全能性机制以及胚胎发育过程中细胞质与核之间的相互作用机制。他将胚胎卵裂球注射到去核卵母细胞中，但是由于实验设备的限制，这个开创性的想法没有成功实现。到1950年，Briggs和King使用核移植技术将青蛙囊胚细胞注入已去核的卵中，并成功获得了存活的后代。后来，Gurdon用青蛙的体细胞生产出了蝌蚪。核移植技术的发展经过了数十年的历史，到1981年，Illmensee和Hoppe将胚叶细胞核转移到无核的鼠受精卵中，随着动物生长成年，但这一结果受到各方群体的争议及质疑。McGrath和Solter开发了一种更有效的技术，该技术将供体细胞融合进无核的受精卵代替核注射，但是当使用的是2-细胞阶段胚胎和后期发育的胚胎作为供体细胞时，则不会产生后代。1986年，Willadsen设法通过羊MⅡ期卵母细胞和8-细胞或16-细胞的胚胎胚叶细胞融合，成功获得后代。此后，通过胚胎细胞进行的动物克隆已成功用于不同的动物，例如牛、兔、猪、小鼠和猴子。

1997年，克隆羊"Dolly"诞生，它是第一只从哺乳动物上皮细胞克隆的健康动物，这为体细胞核移植技术的研究及应用打开大门，并且完全废除了"哺乳动物已分化细胞也可以在胚胎细胞状态下重新编程"的传统观念，即哺乳动物已分化细胞也可以像胚胎细胞那样重新编程。从那时起，体细胞核移植技术迅速发展和成熟，克隆动物的研究引发了新的革命。随后，诞生了使用该技术获得的各种克隆动物，包括小鼠、山羊、狗、猪、猫、马、兔子、骡子、非洲斑猫、雪貂、摩弗伦羊、印度野牛、狼和马鹿。有些物种在自然条件下的出生率特别低，健康后代的比例不到1%，但是SCNT克隆的成功打破了传统的观点，即动物的分化细胞不具有发育全能型的概念，是研究细胞分化和多能性分子机制的可行的技术方法。

尽管近年来，已经使用体细胞转移技术成功克隆了许多物种，但是在成熟个体中成功生长和发育的概率仍然很低。许多克隆动物通常会出现发育障碍，例如胎盘胎儿过度生长、怀孕初期胎儿异常生长、新生动物突然死亡等。这些都是印记基因遗传缺陷的典型症状。大量研究表明，植入卵母细胞胞质后，体细胞核中的印记模式异常是导致克隆动物发育异常且SCNT效率低的重要原因。

一、体细胞核移植技术的主要操作过程

1. SCNT的主要操作程序

SCNT的主要步骤包括体外卵母细胞成熟、细胞核去除、供体细胞制备、核注射、融合、激活、体外培养和胚胎移植（见图5-1）。在SCNT显微操作的过程中，持卵针和注射针需要相互配合以减少对卵母细胞的机械损伤。用注射针将供核细胞注入去核后的卵母细胞卵周隙中，融合过程使供体细胞和卵母细胞的细胞膜融合。在自然受精过程中，精子进入卵母细胞可以激活合子，但是SCNT需要人工刺激过程，当然，也有在核移植前进行前激活的案例[1]。核移植过程的每个环节，对于最终的成败都极为重要的，因此，每个环节都需要加以改进和探索。

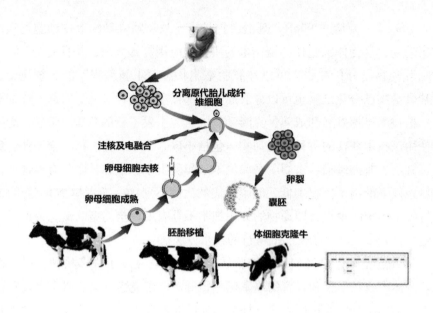

图5-1　牛体细胞核移植示意图

2. 供核细胞

在体细胞的核移植过程中，供体细胞的类型和状态将影响核移植的效率。供体细胞的类型很多，包括成纤维细胞、胚胎干细胞、颗粒细胞、乳腺细胞、肺细胞和肌肉细胞。研究表明，某些类型的体细胞可以实现更高的克隆效率[2]，但目前尚未明确哪种类型的细胞作为SCNT供核细胞最为高效。一些研究还表明，克隆效率可能与供体细胞的分化程度有关。与成体细胞相比，胚胎细胞和早期胎儿细胞通常具有更高的克隆效率[3]。然而，当使用干细胞作为供体细胞时，成功率要低于分化细胞[4]。Enright等发现供体细胞传代次数增加，细胞组蛋白乙酰化程度会随之增高[5]。

3. 卵母细胞去核

实验表明，处于不同阶段的卵母细胞具有不同的支持体外受精胚胎发育的能力[6]。成年牛卵母细胞体外受精获得的胚胎的发育能力高于小牛卵母细胞体外受精获得的胚胎的发育能力。与成年牛卵母细胞相比，小牛卵母细胞体外受精获得的胚胎在体外发育缓慢，并且小牛卵母细胞需要更长的时间才能达到核成熟[7]。许多实验表明，与成年牛卵母细胞相比，小牛卵母细胞在体外支持体外受精、孤雌激活和核移植胚胎发育的能力较弱。

目前，已经成功开发了多种卵母细胞去核方法，其中最常用的是盲吸法。通常情况下，刚刚排出第一极体的成熟卵母细胞核大部分位于第一极体周围。盲吸是基于第一极体的位置来吸出部分细胞质和细胞核，从而达到去核的目的。另一种普遍接受的去核方法是Hoechst33342显示法。使用DNA的活性荧光染料可以在紫外光激发下显示纺锤体，准确地摘除细胞核，但是紫外光照射会对卵母细胞造成一定的损害，因此，使用此方法摘除细胞核需要在几秒钟内完成，对技术要求很高。也有人使用化学诱导去核，例如依托泊苷、依托泊苷联合环己酰亚胺以及乙醇联合秋水仙胺[8]。尽管化学诱导的去核简化了去核过程，并使其更加方便快捷，但此方法仍旧存在问题，通过这种方法获得的核移植胚胎的成功率低于机械去核的胚胎。一些研究人员通过消化透明带法成功地从牛和猪获得了体细胞移植胚胎。该方法不需要复杂的显微操作，但是，没有透明带的胚胎培养条件非常高，并且比手工操作更为复杂。因此，该方法尚未得到广泛应用。

4. 融合

核移植通常使用的融合方法是电融合，即将供体核细胞注入卵周隙，并在一定强度的直流脉冲电击后，使供体细胞核进入受体卵母细胞中以完成重编程。电融合会受到多种因素的影响，例如融合液、融合仪、核供体细胞类型等，且去核后的卵母细胞卵周隙增大，与供体细胞的接触不紧密，这些均会导致融合率下降[9]。电融合需要合适的脉冲电压和脉冲持续时间。这些参数应根据电极间距、融合液差异、融合仪器模型和卵母细胞来源等进行适当调整。

此外，激活方法和时间也对核移植效率有特定影响。研究表明，在激活供体核之前留在卵细胞质中两小时的胚胎生长速率要比在卵细胞质中不超过30 min的胚胎显著提高[10]。但是，如果供体核在卵母细胞质中保留很长时间，核移植的效率就会降低。先前的研究发现，在没有雄性配子的情况下，可以使用物理和化学方法实现成熟卵的孤雌激活[11]。当前，许多孤雌激活方法被成功应用到体细胞核移植技术上。例如，瞬态高压电脉冲用于改变磷酸二酯细胞膜分子的稳定性，这时，在细胞膜上会形成临时的微孔，允许离子与细胞内外的离子和大分子交换，使钙离子内流，从而激活重构胚，并使其重新发育；此外，使用钙离子载体的离子霉素，也能使胞外钙离子流入和细胞内钙离子释放，从而起到激活重构胚的效果[12]，6-DMAP常与离子霉素联合使用。使用7%乙醇、环己酰亚胺或者嘌呤霉素等蛋白合成抑制剂亦可诱导重构胚钙离子释放[13]。随后的研究发现，同时使用蛋白质合成抑制剂和钙离子刺激可以使重构胚达到更好的激活效果[14-21]。但是以上方法的激活效果都不能与生理激活效果媲美[22]。

5. 培养体系

SCNT胚胎的实验室培养是体细胞核移植体系的重要组成部分，也是限制体细胞核转移效率的重要因素。SCNT胚胎激活后，通常在实验室中培养到囊胚阶段（7～8 d），才可以进行胚胎移植。如今，对胚胎发育而言，实验室培养中的任何一种培养液均不如体内培养。用于牛胚胎培养的培养液有很多类型，例如CR1aa、SOFaa、G_1/G_2等。当前，在最佳培养条件下，牛体外受精胚胎和体细胞核移植胚胎的囊胚率可以达到40%左右。

近年来，尽管与核体细胞核移植有关的研究得到了技术上的改进和完善，并成功获得了多种克隆动物，但实验室中SCNT胚胎的发育，尤其是植入后的胚胎发育和成活率还不是很乐观。从这一观点出发，为了提高核移植效率，有必要从核移植的技术方法和原理，特别是表观遗传研究的方面入手进行深入研究。

二、SCNT的应用

通过体细胞核移植技术生产克隆动物可以应用于畜牧业、生物技术、生物医学以及保护濒危物种等多个领域，并且几乎所有畜牧业生产中的重要物种都成功获得了SCNT动物，证实其应用于具有庞大基因型的动物克隆的有效性。此外，SCNT技术使种系遗传修饰成为可能，用于基因修饰的性状包括：饲料的利用率、抗病性（减少药物和抗生素的使用）、减少动物粪便和增加农产品的多样化（即在农村地区提供了新的经济机会并生产了新的消费品）。SCNT也可用于基因定位、添加或删除基因组中相关基因。最近应用这种方式，生产了抗牛海绵状脑病的朊病毒基因牛，并且相应的靶向修饰也被成功应用于猪和羊。利用SCNT技术对家畜携带基因进行修饰，在生物技术领域中展现出了巨大潜力。同时，利用SCNT生产的转基因动物也被用作药物生物反应器，或是成为人类潜在的器官供体。此外，SCNT技术还提供了保护濒临灭绝物种甚至恢复已灭绝物种的新方法。Wells[23]等人报道，使用SCNT成功克隆了最后幸存的恩德比岛牛，同时，Lanza[24]等人的另一项研究则表明，利用异种核移植可以克隆濒临灭绝的物种（野牛），并使用从死去动物身上收集的组织，使用相同的方法克隆摩弗伦羊（濒危绵羊品种）[25]。尽管上述所有SCNT应用程序都具有深远的影响，但其克隆效率低却阻碍了其广泛应用。

三、影响克隆效率的因素

1. 延迟性

SCNT胚胎和受精胚胎存在显著差异，克隆胚胎在发育过程中具有迟缓性和相对较低的细胞数。Balbach的研究表明，与ICSI小鼠相比，SCNT B6C3F1小鼠在2-细胞和3-细胞阶段以及第4-细胞阶段具有更长的细胞周期。此外，他们的研究还表明，当胚胎分为快速分裂和慢速分裂两类时，快速分裂的胚胎更有可能形成囊胚。同样，Mizutani[26]的研究显示，SCNT B6C2F1小鼠胚胎在2-细胞阶段被延迟，但是他们发现除发育缓慢组外，其他组的发育速度不是影响胚胎发育的主要因素。上述研究还指出，当胚胎暴露于白光和荧光灯下时，SCNT鼠胚胎的发育明显较差。所有这些因素都可能导致SCNT胚胎的克隆效率降低。

2. 细胞周期

供体细胞的细胞周期是影响SCNT胚胎发育的重要因素，因为要维持染色体倍数并防止DNA损伤，必须协调供体细胞和受体卵母细胞的细胞周期。其中，未激活的分裂中期 II（M II）卵母细胞主要被用作牛SCNT的受体细胞质。相应的，SCNT过程中使用细胞周期处于G_0或G_1期卵母细胞的研究几乎都成功了，尽管有丝分裂期的细胞也可以在M II卵母细胞中重新编程。有研究将供体细胞为成纤维细胞、受体细胞为G_0和G_1期的SCNT胚胎之间进行囊胚率与出生率的比较，结果显示：G_1期细胞SCNT胚胎的发育能力高于G_0期细胞，但G_0和G_1期细胞SCNT胚胎体外发育没有显著性差异。另外，有人使用预先激活的卵母细胞进行SCNT，NT之前卵母细胞激活6 h，卵母细胞在激活后几个小时内成功激活了体细胞核的重编程能力，这种能力可能很大程度上取决于供体细胞的细胞周期。也有研究使用S/G_2期细胞，NT前卵母细胞激活2.5 h，之后成功克隆出牛。相反，使用G_0—G_1期细胞，NT前卵母细胞激活了2 h，并没有成功获得克隆牛。

3. 融合和激活

在SCNT技术中，由于缺少精子的诱导受精，所以需要人工激活触发胚胎的进一步发育。有研究表明，染色体直接接触未激活的MⅡ细胞质对体细胞核的重编程是有效的，大部分成功的牛SCNT研究都是使用未激活的MⅡ卵母细胞。MⅡ卵母细胞的激活时间可以分为以下两种：①融合几个小时后进行激活（延迟激活方法，DA）；②融合后立即进行激活（融合和激活联合法，FA）。有研究将这两种方法都用于SCNT，并且最终都成功生产出克隆后代。在牛和鼠中，DA方法相比于FA方法，提高了供体细胞为体细胞的G_0/G_1期NT胚胎的体外发育。另外，Aston[27]和Choi[28]等人的研究显示，体细胞核如果过度暴露于MⅡ期细胞质将导致染色质形态异常，融合后SCNT胚胎激活如果小于2.5 h，将导致桑葚胚和囊胚阶段核形态的改变。这些研究结果表明，激活前体细胞核暴露于卵母细胞细胞质的时间会影响SCNT胚胎的体外发育，并且若过度暴露于MⅡ期细胞质，将导致囊胚的发育率不良。

4. 早期胚胎发育阶段的甲基化和乙酰化修饰

正常发育取决于染色质结构中精确的序列变化，主要与基因组DNA的甲基化以及组蛋白的乙酰化和甲基化状态相关。这些表观遗传修饰可以精确控制组织特异性基因的表达。据研究人员推测，哺乳动物包含大约25 000个基因和30 000 ~ 40 000个CpG二核苷酸序列。这些CpG序列主要存在于基因启动子区域。启动子区域通常位于基因上游200 ~ 2 000 bp的非编码区。该区域C + G含量大于50%，CpG岛大于0.6。Li等人的研究说明，CpG二核苷酸中胞嘧啶的正常甲基化在健康哺乳动物的发育中起着至关重要的作用，并且DNA甲基化对寄生性启动子活性也起到了关键的抑制性作用，是真核细胞基因沉默系统的一部分。此前，人们认为甲基化作用主要与基因的沉默有关，但是研究人员发现，越来越多的基因通过甲基化激活，尤其是肿瘤抑制基因以及与突变相关的基因。因此，表观遗传调控对于实现多细胞生物的生物学复杂性是必不可少的，表观遗传调控的复杂性随基因组的大小而增加。

在哺乳动物的早期发育过程中，受精卵形成前后对重组基因组DNA进行了修饰。受精后，父源DNA主动并且迅速去甲基化，而母源DNA进行被动的去甲基化，这在牛、猪、小鼠和人类的受精卵中更为常见。Ziller等[30]分析了人类胚胎中整个基因组的DNA甲基化，发现母源基因组已被去甲基，其在囊胚中的去甲基化程度小于小鼠，这在人类基因组中，对于增加印记基因差异甲基化区域(differentially methylated regions, DMRs)的数目有着较大作用。Ziller等还发现，父源基因组发生全基因组去甲基化，但SINE-VNTR-Alu(short interspersed nuclear elements-variable number of tandem repeats-Alu)成分和一些其他串联重复序列包含的区域被专一地保护起来了，不受全基因组去甲基化作用的干扰。这些结果说明，基因组DNA的重要部分不发生去甲基化，表明其存在遗传记忆。

Dean等人[31]的研究表明，胚胎的DNA在2-细胞阶段和囊胚阶段的甲基化程度升高，这与胚胎基因组转录的物种特异性有关。这些机制可确保早期发育阶段的关键步骤正确进行，包括细胞首次分裂、压缩、囊胚形成、扩增和孵出，这些都受到基因精密的表达调控。在发育的胚胎中，辅助生殖技术的应用，例如体外受精的培养等常与异常的mRNA表达模式有关。并且，伴随更大的表观遗传障碍和更高的异常表型风险。

各种SCNT动物的相继出生，说明成熟卵母细胞有能力恢复已分化体细胞核的全能性。Gurdon等[32]的研究表明，在卵母细胞中重组因子通过表观遗传修饰可参与高度压缩的体细胞染色质的分化，允许额外的修饰，使基因组转录因子参与到染色体中，并建立胚胎发育程序。事实上，在配子基因组中，高度乙酰化和低甲基化的染色质状态是相似的，从而在正常发育中增加了它们的表达。然而，SCNT后的错误重编程抑制了胚胎的发育，这可能是由于在体细胞基因中基因的性质不同或外基因标记的参与，使受精后发育程序的重组机制遇到重大困难，导致其不完整或不正确的重组。

SCNT中普遍存在异常的表观遗传修饰，例如组蛋白低乙酰化和DNA超甲基化等，这些异常的表观遗传修饰会导致SCNT胚胎的发育率、出生率和胎儿存活率降低。Chan 等[31]和Bortvin[33]等人的研究发现：SCNT胚胎的异常表观遗传修饰会导致异常的基因表达谱，进而导致发育障碍或畸形动物的出生，例如胎儿和胎盘的超重、器官的异常大小、成年动物肥胖、免疫缺陷和呼吸困难。另外，在不恰当时期的卵母细胞组蛋白乙酰化作用增加会致使染色体缺陷并可能导致非整倍体胚胎的形成，进而导致早期胚胎死亡、自然流产和遗传性疾病。Akiyama[34]等人的研究已经表明，在小鼠卵母细胞的减数分裂过程中，组蛋白去乙酰化作用不足会导致非整倍体形成和胚胎死亡。

DNA甲基化由DNA甲基转移酶（DNA methyltransferase, DNMT）介导，作用于CpG序列的胞嘧啶中的第5个碳原子位点上。当前发现了四个

DNMT：DNMT1是一种维持酶，负责复制CpG二核苷酸的甲基化模式，并且在复制后合成半甲基化DNA链，并且DNMT1还能够维护母体的印记；DNMT3a和DNMT3b最终不显示DNA的半甲基化，因此作用为催化重新甲基化，这在发育过程中至关重要；DNMT2与其他DNMT同源，但仅表现出了较低的甲基转移酶活性。根据Chen等[35]的研究，DNMT3家族的其他成员，类似于DNMT3（如DNMT3L）的蛋白质，则不具备DNMT活性，但其参与生殖细胞中印记基因的甲基化，并与DNMT3a和3b相互作用以重新激活他们的甲基转移酶活性。

Klose等[36]的一项研究表明，DNA甲基化主要通过直接阻止DNA的转录激活因子与目标基因的结合，或结合甲基-CpG-结合蛋白(methyl-CpG-binding proteins, MBP)结合染色质重塑辅抑制因子复合物，使沉默基因表达，进而对基因表达起到抑制作用。DNA甲基化对染色质结构中基因表达的影响通过修饰来维持，由MBP和DNMT的活性介导，并与组蛋白去乙酰基转移酶（histone deacetylase，HDAC/KDACs）和组蛋白甲基转移酶(histone methyltransferase，HMT)组成复合物。

SCNT中的低乙酰化主要是由于HDAC在基因转录过程中的重要抑制作用造成的。组蛋白功能受多种翻译后修饰的调节，包括组蛋白赖氨酰ε-氨基的可逆乙酰化作用。该作用通过对抗组蛋白乙酰转移酶（HATs）和HDAC之间的活性的平衡来进行严格的调控。有18个潜在的人类HDACs，可分为4类。HDACs通过去除组蛋白尾部的ε-氨基赖氨酸残基的乙酰基，在转录调控中起到了至关重要的作用。核移植后，细胞核和细胞质重组，但HDAC去除了乙酰组蛋白和其他蛋白赖氨酸上的ε-氨基上的乙酰基，进而降低了体内的乙酰化水平，导致大量核染色体聚集并导致转录抑制，阻碍了核转移后胚胎细胞的正常发育重编程并阻止了细胞分化和发育，这对SCNT胚胎发育起到了负面作用。

5. 早期胚胎发育阶段H3K9ac和H3K9me3的表达

在植入前胚胎的发育过程中，父母的染色质经历了广泛而有效的重构过程，以生成胚胎基因组。卵母细胞质中的母源因子以蛋白质和mRNA的形式存储，它们调控配子中最初的染色质重塑。胚胎基因组的转录因子的表达调节这些变化，这种染色质重塑贯穿整个早期发育，并且指导和决定未分化细胞特异性的命运。

在早期发育过程中，核的重编程需要表观遗传修饰。表观遗传修饰会在遗传细胞分裂过程中改变染色质的结构，但是修改细胞转录时，DNA序列不会改变。一些表观遗传机制，包括DNA甲基化、ATP依赖性染色质重塑和组蛋白蛋白质结构的变化、翻译后共价组蛋白尾端的修饰等。DNA甲基化作用于CpG，并与基因转录沉默有关。组蛋白修饰包括乙酰化、泛素化、类泛素化、甲基化和磷酸化。个别修饰会涉及转录激活或抑制。

哺乳动物基因的表达由多种表观遗传机制调控。主要的4个决定因素有：非编码RNA、DNA甲基化、染色质的结构特征和组蛋白修饰。在真核染色质结构中，DNA或组蛋白甲基化与靶基因的基因转录沉默密切相关。组蛋白H3或H4的N末端赖氨酸乙酰化作用可确保核酸中的转录机制进入核小体DNA中，进而激活基因转录[59]。并且随着研究的进一步深入，我们对该机制有了更加详尽的了解，研究发现，组蛋白乙酰化作用具有很强的动态性，这意味着组蛋白赖氨酸会发生恒定的乙酰化和脱乙酰作用，并且由于这两种对立的活动之间相互影响，组蛋白乙酰化在提高核小体DNA解链和基因转录中发挥至关重要的作用。

H3K9的甲基化在生殖细胞程序性凋亡和减数分裂异常中起着尤其重要的作用，它的动态调节受特异的组蛋白甲基转移酶和去甲基化酶调控。研究表明，去甲基酶活性和H3K9甲基转移酶的缺乏会影响蛋白质表达，直接导致异常的减数分裂。

四、牛体细胞核移植研究进展

牛体细胞核移植（SCNT）胚胎可以与体外受精产生的胚胎以相似的速率发育到囊胚。然而，由于移植后胚胎和胎儿的大量丢失，SCNT胚胎的足月发育率非常低。此外，在克隆小牛中观察到出生体重和出生后死亡率的增加。SCNT的低效率可能归因于供体核的不完全重编程，并且克隆胚胎的大多数发育问题被认为是由表观遗传缺陷引起的。SCNT的应用将取决于健康克隆牛犊生产效率的提高。在本节中，我们将讨论牛SCNT的存在问题及最新进展。

1. 牛SCNT效率和存在问题

牛SCNT胚胎可以与体外受精（IVF）胚胎以相似的速率发育到囊胚[37]。然而，在将SCNT胚胎移植到受体奶牛后，从妊娠的第四周开始，胎盘附着期间发生了很高的流产率，胎儿流失一直持续到妊娠后期[39]。与IVF相比，SCNT的胚胎移植后的产犊率非常低[39]。在过去十年中，SCNT的产犊率并未提高，并且仅有9.2%（301/3 264）的SCNT胚胎发育至足月[39]。尽管大多数克隆自体细胞的小牛看起来健康且正常，但与正常繁殖相比，SCNT胚胎先天性异常发生率高，即使胎儿正常，胎盘也常常异常[39]。这些异常很可能是由于SCNT后供体基因组的表观遗传重编程不适当，导致基因表达模式不适当[42]。几项研究揭示了牛SCNT胚胎X连锁基因的异常表达[43]和发育相关基因[44]。在患有发育异常的克隆小牛中也观察到印记基因表达的破坏[45-47]。有证据表明，异常克隆牛的出生体重增加和病理变化可能是由印记基因和相关调控网络基因的表达改变引起的[45-47]。

2. 供体细胞

已从多种体细胞类型的细胞中获得了克隆牛，包括乳腺上皮细胞、卵管上皮细胞和成纤维细胞。然而，迄今为止，尚未就哪种体细胞类型最适合SCNT达成明确共识。供体细胞的细胞周期是影响SCNT胚胎发育的重要因素，因为供体核质体和受体细胞质细胞周期阶段的协调对于维持倍性和防止DNA损伤至关重要。

目前，牛SCNT中的受体细胞质主要是中期 II 卵母细胞，因此，除了几个使用M期供体细胞的研究外，几乎所有的研究都使用了G_0期或G_1期供体细胞来生产克隆牛。尽管克隆牛犊可以从新鲜的非培养细胞[48]或循环细胞[49]中产生，但供体细胞的细胞周期通常通过血清饥饿、同步接触抑制和药物处理以增加G_0或G_1期的细胞数量[50]。

3. 受体卵母细胞

受体卵母细胞的质量影响SCNT的效率，卵母细胞的成熟过程是影响卵母细胞后续发育能力的关键步骤。为了提高SCNT胚胎的发育能力，已尝试通过优化体外成熟（IVM）的培养条件来提高受体卵母细胞的质量。在IVM培养基中添加抗氧化剂可提高SCNT后囊胚的形成速度，并减少克隆囊胚中DNA的断裂。

最近，报道了在IVM中用磷酸二酯酶抑制剂——米力农，可以通过提高去核成功率和体外发育能力来有效提高克隆胚胎的囊胚率[51]。将减数分裂阻断的卵母细胞或卵泡生长刺激的牛卵母细胞用作牛SCNT的受体细胞质可有效提高囊胚率。丁内酯 I 联合脑源性神经营养因子处理可以减缓IVM之前的减数分裂，改善POU5F1和IFN-t（干扰素-tau）的表达，提高SCNT囊胚率和质量。当将体外采集（OPU）的卵母细胞用作受体细胞质时，在OPU之前用FSH（促卵泡素）可改善SCNT囊胚中POU5F1和IFN-t的表达[52]。体内成熟的牛卵母细胞比IVM卵母细胞具有更高的IVF成功率及囊胚率。在牛SCNT中，体内成熟的卵母细胞可用于提高克隆胚胎的发育能力。从体内成熟的卵母细胞衍生的SCNT胚的囊胚率比从体外成熟（IVM）来源的胚胎囊胚率更高。胚胎移植后，体内和体外成熟的细胞质在妊娠35 d时的妊娠率没有差异。然而，在体内成熟的细胞质中，没有发现随后的SCNT胎儿流产，而在体外成熟的细胞质中，它们的流产率很高。这些结果表明，细胞质的体内成熟可能对SCNT胚胎的发育能力具有积极影响，尽管由于研究中用于移植的SCNT胚胎数量少，所以这个结论是推测性的[53]。

4.胚胎聚集

牛SCNT胚胎的囊胚率和囊胚细胞数量显著低于正常胚胎。胚胎质量差，似乎是造成胚胎移植后SCNT胚胎存活率下降的原因。胚胎聚集是一种能够增加囊胚期胚胎细胞数量的方法。对于小鼠，SCNT胚胎的聚集具有高于对照组8倍的足月发育率。在4-细胞阶段聚集两个或三个小鼠SCNT胚胎不仅导致细胞数量增加，而且还改善了SCNT囊胚的Pou5f1信使RNA（mRNA）和Cdx2蛋白的表达[55]。暗示聚集后小鼠克隆效率的提高是由表观遗传上不同的胚胎的卵裂球之间的相互作用和互补介导的。胚胎聚集也被用于生产克隆牛，特别是在无透明带的SCNT过程中。对于牛，3个1-细胞期SCNT胚胎的聚集并不能提高体内发育率[56]，而2个SCNT桑葚胚的聚集会带来较高的初始妊娠率。胚胎聚集改变了牛SCNT囊胚期的基因表达模式，3个1-细胞阶段[56]和8-细胞至16-细胞阶段[56]的胚胎聚集显示出POU5F1表达减少，在3个4-细胞到6-细胞期胚胎的聚集体和非聚集体之间观察到表达量的增加。因此，聚集的时机对于生产高质量的SCNT胚胎可能很重要。为了检查聚集时间对SCNT胚胎体外发育的影响，在1-细胞、8-细胞和16-细胞至32-细胞阶段聚集了2个或3个SCNT胚胎。当在8-细胞阶段或16-细胞至32-细胞阶段进行聚集时，3个SCNT胚胎的聚集体以高速率发育为具有高细胞数量的囊胚，类似体内衍生的囊胚。胚胎移植后，在8-细胞期或16-细胞至32-细胞期聚集的SCNT胚胎的妊娠率显著高于非聚集胚胎（55%或57%比0%）。然而，随后在聚集体中发现了高流产和死胎的发生率。这些结果表明，SCNT

胚胎的聚集可提高胚胎移植后的妊娠率，但不能降低通常在牛SCNT中观察到的胎儿丢失和死产的高发生率。

五、总结与展望

SCNT技术在农业和生物医学中具有潜在的应用。自第一个成功的SCNT以来，提高克隆效率的研究已进行了20多年。但是，牛的克隆效率仍然很低，使其应用受到限制。尽管克隆效率很低，但SCNT技术仍能生产出健康的克隆牛。因此，尽管大量的SCNT胚胎可能是异常的，但是一些胚胎有望发育为健康的犊牛。为了提高每个移植胚胎的产犊率，一种策略是开发一种在胚胎移植之前选择将发育为健康犊牛的SCNT胚胎的方法。最近，建立了一种新的系统，该系统结合了延时摄影成像、微孔培养皿和耗氧量分析，可以选择移植前的牛体外胚胎的质量。在报告中，观察到满足该系统识别的五个预后因素的IVF胚胎的高妊娠成功率（78.9%），并且没有新生小牛出现过度生长或死亡[52]。他们的发现表明，依据这些因素选择胚胎进行移植，将提高牛SCNT的效率。

第二节　体细胞核移植胚胎早期发育的表观调控

近年来，为了研究与细胞核移植有关的理论，研究人员将注意力集中在了表观遗传重编程过程上。其主要内容包括重建DNA甲基化、重建组蛋白乙酰化、端粒的长度恢复、X染色体失活、核及核外结构的重塑、基因印记等。希望通过这些方法对重编程过程进行人为干预，从而提高核移植效率。

表观遗传修饰导致了基因表达水平的可遗传变化，这是由非基因序列变化引起的，并且可以在发育和细胞增殖过程中稳定传递。在哺乳动物的合成和胚胎发育过程中，组蛋白修饰和DNA甲基化的重编程在基因组范围内发生，从而抑制了潜在有害的DNA序列的活性。表观遗传重编程在哺乳动物印记基因的表达过程中也很重要，特别是在建立配子和受精卵全能性中起重要作用。在SCNT胚胎中，供体细胞需要进行表观遗传重编程以恢复分化细胞的全能性。如今普遍认为，由于表观遗传重编程的异常，才阻碍了核移植技术的广泛应用。

目前，已经鉴定出许多与DNA表观遗传修饰有关的蛋白质，这些蛋白质参与某些特定基因的转录调控。主要的表观遗传修饰包括DNA甲基化、X染色体失活、糖基化、磷酸化、甲基化、组蛋白修饰、泛素化和组蛋白乙酰化等。

在基因组表观遗传修饰方式中，近年来的DNA甲基化受到广泛关注。DNA甲基化发生在哺乳动物基因组中，通过改变DNA稳定性、DNA构象、染色质结构和DNA与蛋白质的相互作用等来调节基因表达。它在CpG二核苷酸胞嘧啶的 5′端进行修饰，由胞嘧啶甲基转移酶介导，甲基供体的S-腺苷甲硫氨酸（SAM）将甲基转移到胞嘧啶 5′端，形成 3 种甲基化修饰：5-甲基胞嘧啶（5mC），N6-甲基嘌呤（N6mA）和 7-甲基鸟嘌呤（7mG）。在正常植入之前，已受精胚胎和SCNT胚胎DNA甲基化水平都会经历变化，但是两者之间差异显著。与受精胚胎相比，核移植后供核细胞基因组的去甲基化程度较低，但其DNA甲基化水平远高于正常胚胎水平，更接近体细胞状态。研究表明，在克隆鼠和克隆牛的囊胚期，内细胞团的DNA甲基化状态相对正常，而滋养层DNA却发生超甲基化。因此，推测甲基化紊乱是早期克隆胚胎的发育能力低于受精胚胎的原因之一。

组蛋白修饰作为表观遗传修饰的标志，在基因组表观遗传标记的作用也至关重要。组蛋白带正电荷，并与带负电荷的DNA结合形成核小体。核小体的核心包含4种类型的组蛋白：H2A、H2B、H3和H4，每种组蛋白各有两个分子，结合形成组蛋白八聚体并围绕DNA分子。由组蛋白共价修饰组成的组蛋白密码可以被一些相关的蛋白质识别，这会影响染色质的结构和基因表达的调控。

赖氨酸残基可在组蛋白H3的K4、K9和K27位点以及组蛋白H4K20位点上进行甲基化[45]。特异性组蛋白赖氨酸甲基转移酶（HKMTs）催化组蛋白赖氨酸的甲基化，赖氨酸特异性去甲基化酶 1（LSD1）催化去甲基化[57]。组蛋白的乙酰化和去乙酰化共同参与调节染色质的结构和基因表达，这是一个可逆的动态平衡过程。研究人员认为，转录抑制源于组蛋白的去乙酰化。研究发现，组蛋白去乙酰化能够恢复组蛋白的正电性，并与带负电荷的DNA密切结合，使染色体更加致密，使得各种转录调控元件难以与启动子结合，从而有效地阻止了DNA转录。此外，组蛋白去乙酰化后与沉默元件之间增强的相互作用也增加了转录抑制效果。SCNT支持分化细胞重新编程为全能细胞，彻底改变了我们对细胞命运的决定与发展的理解。

在本节中，我们总结了目前与SCNT表观过程有关的细胞和分子事件。并讨论了这些表观遗传缺陷和克服这些障碍的有效克隆的潜在途径，结果主要来源于小鼠模型。我们还讨论了在人类再生医学中，与诱导多能干细胞（iPSCs）相比，核移植干细胞（ntESCs）的优缺点。最后，讨论与CRISPR/Cas9基因组编辑相结合时，这种改良后的SCNT技术如何对现代医学作出贡献。

一、SCNT之后的细胞事件

卵母细胞细胞质具有显著的重编程分化细胞核的能力。但是，我们对重新编程过程的细胞和分子事件了解得很少。无论何种物种，SCNT程序都涉及三个主要步骤：去核、注射/融合和激活。去除卵母细胞核后，将供体细胞核与去核的卵母细胞进行注射或融合，然后再激活重建的胚胎。下面，我们简要总结了SCNT之后的细胞事件：

1.核膜破裂和PCC形成

进入去核卵母细胞的细胞质后，供体核迅速经历核膜破裂，形成浓缩的中期样染色体。这个过程称为成熟前染色体凝结（PCC），由卵质中存在的M相促成熟因子（MPF）触发。尽管G_0/G_1阻滞的静止细胞是理想的供体细胞，但是只要供体细胞和受体卵母细胞的细胞周期阶段进行充分协调的相互作用，G_2或M期细胞也可以重新编程[58]。PCC似乎是重编程所必需，因为没有PCC会严重损害SCNT胚胎的后续发育[58]。在PCC期间，大多数与染色质结合的蛋白质，包括转录因子（TF），都从基因组中解离。PCC可以稳定维持数小时，直到重组卵母细胞被激活。

2. 激活

受精后，精子携带的磷脂酶C zeta 1（PLCZ1）通过钙振荡和MPF分解诱导卵母细胞活化，从而触发卵母细胞退出M期并启动发育程序[60]。但是，由于体细胞中不存在PLCZ1，因此需要人工激活SCNT重建的卵母细胞以启动发育程序。激活小鼠SCNT重建的卵母细胞最流行的方法是氯化锶（$SrCl_2$）处理，因为向培养基中添加$SrCl_2$可以模拟受精诱导的信号。某些物种（包括人和猴），对$SrCl_2$的敏感性较低，并且在激活后易于恢复MPF的活性[61]，因此，电脉冲或钙离子载体处理的使用较为普遍，而环己酰亚胺或6-二甲基氨基嘌呤（6-DMAP）在激活过程中/激活后添加到培养基中，以抑制MPF活性的恢复，实现有效的中期退出。

3. 核扩展

激活后，供体细胞基因组进入G_1期并形成核膜。未受精的合子，源自精子和卵母细胞的两个原核分别称为雌原核和雄原核（PN）。SCNT胚胎中的PN称为伪核（PPN）。根据PCC染色体的随机分布，胚胎之间PPN的数量会有所不同，但通常会形成一个或两个PPN。PN在受精胚胎中的一个独特特征是其体积大。与PN一样，SCNT的PPN也比原始的供体体细胞大得多。这是通过核扩展实现的，在此过程中PPN掺入了大量母体蛋白[62]。因此，在此过程中染色质结构和蛋白质结合发生了巨大变化。

4. DNA复制

受精后5~6 h，小鼠受精卵开始DNA复制，复制持续6-7小时[63]。尽管SCNT胚胎具有相似的动力学特性，但复制开始的时机似乎在SCNT胚胎之间存在差异。在自然受精的胚胎中，由于DNMT1和UHRF1等因子的参与，维持DNA甲基化的蛋白质在此阶段从核中输出[64, 65]，因此，除新合成的DNA与印记基因，大部分是未甲基化的，导致DNA甲基化及其氧化衍生物以复制依赖性被动稀释方式进行。

5. 合子基因组激活

哺乳动物卵母细胞和精子在转录上是沉默的。受精后，合子从其新组织的基因组中整合恢复转录，称为合子基因组激活（ZGA）。ZGA的时机在物种之间（小鼠是2-细胞阶段、猪是4-细胞到8-细胞之间、人类和牛都是是8-细胞阶段）有所不同。随着ZGA的启动，母体存储的RNA迅速降解，并被新合成的合子RNA取代，SCNT胚胎的ZGA可能存在类似的机制。

二、SCNT过程中的重编程事件

鉴于生物体的大多数细胞类型具有相同的遗传物质，SCNT重编程可能主要通过表观遗传重编程来实现。目前，尚无SCNT重编程的标准定义。下面，我们总结染色质、表观遗传学和转录组变化（见图5-2A）方面的进展，大多数研究成果仍然来自小鼠模型。总体而言，SCNT可以在很短的时间内对供体体细胞进行表观遗传重编程，尽管某些区域对这种重编程具有抗性，且依赖于基因组背景。

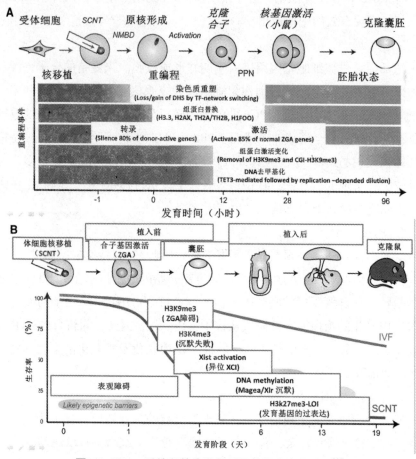

图5-2　SCNT重编程的分子机制及其相关发育缺陷[66]

1. 染色体结构重编程

在真核细胞中，基因组DNA被组蛋白包装，在细胞核中形成染色质。核小体是染色质的基本结构单位，由组蛋白八聚体（2个拷贝的H2A，H2B，H3和H4）组成的核小体及围绕包裹在核小体外的147 bp DNA组成。核小体在基因组中的位置由染色质重塑因子动态调节，并在限制转录因子（TFs）对DNA的可及性中起重要作用。因此，核小体的定位和相关的染色质可及性发生重新编程，以适应SCNT从体细胞向全能细胞的过渡。近来，新技术的进步，如DNase Ⅰ超敏位点测序（liDNase-seq）和转座酶对染色质可及性测序（ATAC-seq），对小鼠和人类植入前胚胎的可及染色质位点进行分析[67-69]，让我们对这一过程有了更深的了解。

使用DNaseⅠ超敏位点测序分析了1-细胞SCNT胚胎的染色质可及性，结果表明，供体体细胞的整体染色质可及性在激活后12 h（hpa）内迅速重新编程为全能合子的模式[70]。SCNT染色质显示出供体细胞的DNaseⅠ超敏位点（DHSs）的剧烈丢失，同时出现了一些合子特异性DHS。有趣的是，染色质可及性的变化与DNA复制无关。基于每种细胞类型的特定TF和DHS之间的高度相关性，SCNT重编程可能涉及通过全局TF网络切换来去除体细胞染色质的组织和获得合子染色质（见图5-2A）。

尽管染色质进行了广泛的重编程，但与体外受精（IVF）相比，某些区域仍对这种重编程具有抵抗力。这些区域在供体体细胞和2-细胞SCNT胚胎中都富含异染色质标记H3K9me3[70]。这个结果与供体细胞中的H3K9me3充当SCNT重编程的表观遗传屏障的事实是一致的[71, 72]。

2.组蛋白变异体的掺入

除了典型的组蛋白（H2A、H2B、H3和H4），几种组蛋白变异体也可以掺入核小体中。受精后，最初用鱼精蛋白包装的精子基因组进行广泛重塑，以便母本存储的组蛋白如H3.3（由H3f3a和H3f3b编码）[73-75]和H2AFX[76]可以重新包装精子DNA。尽管体细胞的染色质与组蛋白包装在一起，但在SCNT胚胎中也发生了类似的剧烈组蛋白变异体交换[77-79]（见图5-2A）。使用稳定表达FLAG-标记组蛋白变异体的ESCs作为供体细胞，观察到大多数组蛋白变异体在激活后5 h内被消除。类似地，SCNT后广泛分布于抑制性染色质的H2A（由H2afy和H2afy2编码），也迅速在供体体细胞核中被清除。与整体组蛋白去除相关，所有三个H3变异体（H3.1，H3.2和H3.3）以及H2AFX均有效地整合到SCNT的供体核中。这些结果表明供体细胞组蛋白被母体储存在SCNT上的组蛋白迅速取代（见图5-2A）。这种组蛋白置换似乎是成功重编程的关键，因为在SCNT之前H3.3（H3f3a和H3f3b两者）的敲低（KD）影响了多能基因激活和SCNT胚胎发育[77, 78]。其他组蛋白变异体在SCNT重编程中的作用仍有待进一步阐明。

除上述组蛋白变异体外，卵母细胞还具有独特的核心组蛋白变异体TH2A和TH2B（分别由Hist1h2aa和Hist1h2ba编码）。这些卵母细胞特异的组蛋白变异体迅速整合到IVF胚胎的原核（PN）中，并在父本基因组激活和胚胎发育中发挥关键作用[80]。由于体细胞中TH2A和TH2B的过表达诱导了染色质的开放并促进了iPSCs的重编程，因此它们也可能有助于SCNT的重编程。同样，体细胞中的接头组蛋白H1也被SCNT后的卵母细胞特异性H1FOO整体取代[81]。揭示这些变异组蛋白在SCNT重编程中的功能，并确定它们在SCNT之前和之后的基因组分布，将有助于我们对SCNT重编程的理解。

3. 组蛋白修饰的重编程

除了组蛋白变异体以外，组蛋白共价修饰（例如乙酰化、甲基化、泛素化和磷酸化）也可以调节基因转录。因此，成功的SCNT重编程应包括将组蛋白修饰模式从供体细胞重编程为受精卵的模式（见图5-2A）。免疫染色研究显示，与IVF胚胎相比，SCNT胚胎的乙酰化和甲基化模式存在广泛差异[82]。但是，高分辨率的组蛋白修饰动力学需要染色质免疫共沉淀高通量测序（ChIP-seq）来揭示。

由于很难获得足够数量的SCNT胚胎，尤其是在1-细胞和2-细胞阶段，因此，SCNT胚胎的ChIP-seq分析在技术上具有很大的挑战性。近来有研究试图比较小鼠供体卵丘细胞和其为供核细胞的2-细胞SCNT胚胎[83]中H3K9me3的分布。该研究表明，供体细胞中大多数富集H3K9me3的启动子在2-细胞SCNT胚胎中是去甲基化的，暗示H3K9me3进行了全基因组重编程。这种去甲基化作用可能是通过内源性H3K9me3脱甲基酶Kdm4b实现的，因为其表达水平与SCNT胚的发育潜力相关[83]。同样，成功进行牛SCNT重编程还需要其他H3K9me3去甲基酶（KDM4D和KDM4E）[84]。这些观察结果表明，成功进行SCNT重编程通常需要H3K9me3去甲基化。有趣的是，小鼠2-细胞SCNT胚胎中的某些区域没有被有效地去甲基化，这表明，H3K9me3去甲基化可能是有效进行SCNT重编程的限制因素。

最近，Matoba等成功获得了小鼠SCNT桑葚胚中H3K27me3的分布图，与H3K27me3在CpG岛中相关的启动子的主要富集相反，H3K27me3广泛分布在母体基因组中，在植入前IVF胚胎的启动子区域不存在[85]。有趣的是，H3K27me3也不存在于SCNT启动子中，这表明，在SCNT上成功进行了广泛的H3K27me3重编程。然而，调控一组新发现的印记基因的母本广泛的H3K27me3结构域，在SCNT胚胎中并没有成功建立[86]，说明在SCNT胚胎中H3K27me3并未完全重编程。

4. DNA甲基化重编程

除组蛋白修饰外，5-甲基胞嘧啶（5mC）处的DNA甲基化是另一个重要的表观遗传修饰，在哺乳动物的发育中起关键作用。DNA甲基化是由DNA

甲基转移酶（DNMT）建立和维持的，可以通过TET蛋白质介导的氧化作用进行去甲基，然后再由胸腺嘧啶DNA糖基化酶（TDG）介导的碱基切除修复进行去甲基化。在小鼠早期发育过程中，DNA通过主动和被动过程的结合经历了广泛的去甲基作用，从而在胚泡期达到最低水平[87]。考虑到大多数CpGs的体细胞基因组甲基化程度很高，因此，广泛去甲基化可能是SCNT重复编码的必要步骤。一些早期研究使用基于5mC抗体的免疫染色，结果显示在整个植入前阶段，牛SCNT胚胎中的DNA甲基化水平相对较高，但尚不清楚SCNT重编程期间是否发生了广泛的DNA去甲基化。

在确定TET3是IVF胚胎的雄PN进行DNA主动去甲基化的主要因子后，研究表明，卵母细胞存储的TET3可以在小鼠SCNT胚胎中定位于雄PN，从而诱导5mC到5hmC的转化[88, 89]，暗示SCNT胚胎中确实发生主动去甲基化。Gu等人[88]的研究进一步表明，受体卵母细胞中删除TET3的SCNT胚胎雄PN中5hmC不能产生，影响了内源性Pou5f1启动子的DNA去甲基化，供体细胞中沉默的Pou5f1-EGFP等位基因的激活延迟，但是DNA甲基化分析仅限于Pou5f1基因座，证明母体TET3对于小鼠胚胎发育是必不可少的[90]。

Alex Meissner及其同事使用还原亚硫酸氢盐测序（RRBS）分析了晚期1-细胞小鼠SCNT胚胎的DNA甲基化[79]。在此阶段，SCNT胚胎的总体DNA甲基化模式与供体体细胞相比，与IVF胚胎更加相似，这表明DNA甲基化的重编程尚未完成。有趣的是，他们发现与种系发育相关的基因经历了显著的去甲基化作用，如某些类型的重复元件［包括长散布的核元件（LINEs）和长末端重复序列（LTR）］一轮复制后仍保持了较高的甲基化水平。另一项研究发现，与供体卵丘细胞相似的高DNA甲基化水平一直保持到SCNT胚胎进入4-细胞阶段为止[91]，这些观察结果表明，与IVF胚胎相似，SCNT胚胎中的整体去甲基可能需要数轮复制。

最近的研究证实了这一观点。通过全基因组亚硫酸氢盐测序（WGBS），获得小鼠SCNT囊胚的第一个全面的DNA甲基化谱，与IVF囊胚的DNA甲基化水平相似，都非常低，平均约20%[92]。鉴于复制依赖的稀释是植入前发育过程中DNA去甲基化的主要推动力，相同的机制也适用于小鼠SCNT胚胎。尽管先前在1-细胞SCNT胚胎中进行的RRBS分析在LINEs和LTRs上均发现了抗甲基化的CpG[79]，但WGBS分析显示，在囊胚期这些区域的甲基化水平已与IVF相似[79]，表明复制依赖性稀释可能能够补偿1-细胞胚胎中的初始DNA甲基化差异，至少在小鼠是这样的。因此，在小鼠SCNT胚胎早期发育过程中SCNT胚胎DNA甲基化重编程主要通过复制依赖性稀释而发生（见图5-2A）。在植入前阶段复制依赖性稀释进行DNA去甲基化可能在不同哺乳动物中保守，因此该机制通常也适用于不同哺乳动物的SCNT重编程。

5. 转录重编程

由于转录受染色质结构和表观遗传状态的严格调控，因此，上述染色质和表观遗传重编程都会影响转录结果（见图5-2A）。RNA测序（RNA-seq）分析小鼠[79]、人[71]和牛[71]中SCNT胚胎的转录活性。在小鼠中，SCNT和IVF胚胎之间的转录组差异在2-细胞阶段明显，因为超过1 000个基因未能在SCNT胚胎中正确激活。根据是否在2-细胞胚胎中成功地重新编程了它们的转录活性，可以将基因分为不同的组。在供体卵丘细胞中高表达的基因中，有80%在SCNT和IVF 2-细胞胚胎中迅速下调，表明这组基因的转录状态被正确地重新编程。但是，其余20%的基因在2-细胞SCNT胚胎中保持了高表达水平，但在IVF对应物中却沉默了，这一组基因维持了供体的体细胞转录"记忆"，而在SCNT之后并没有立即对其进行重新编程。另外一组基因是胚胎特异性的，它们在体供体细胞中沉默，但在2-细胞IVF胚胎中被激活，该组基因中大约85%的基因在2-细胞SCNT胚胎中被激活，表明整体被转录重编程。但是，剩余的15%对SCNT胚胎中的重编程具有抗性。进一步的研究表明，重编程抗性区域或基因（对沉默或激活具有抗性）具有特定的表观遗传特征，我们将在下面进行讨论。

三、阻碍SCNT重编程的表观遗传障碍

克隆效率低限制了克隆技术的应用。例如，在小鼠中，有70%的SCNT胚胎在进入囊胚阶段之前就停止了发育，只有1%～2%的胚胎移植到代孕母鼠中能够达到足月发育[93]。这个数据在其他动物更低，例如灵长类动物，10多年前就已经成功地在恒河猴中获得了SCNT囊胚并衍生出ntESC[94]，但囊胚率仍保持16%，并且克隆猴子的尝试直到最近都没有成功。此外，几乎在所有克隆的哺乳动物物种，胚外组织（例如胎盘）中都观察到异常[93]，这表明克隆动物正常发育存在障碍（见图5-2B）。

在多莉羊出生后的20年中，人们在确定影响克隆效率的条件和参数（包

括供体细胞类型和胚胎培养条件）方面付出了巨大的努力，但进展有限。一个重要发现是使用组蛋白脱乙酰基酶抑制剂（HDACi），如曲古抑菌素A（TSA），使克隆效率从1%提高到6%。尽管相同的方法似乎也提高了猪[95]和牛[96]的克隆效率，但效果有限，更重要的是，HDACi处理如何改善SCNT重编程的机制仍不清楚。然而，这些研究表明，表观遗传学改变可能是SCNT重编程的重要方面。最近的转录组和表观基因组学研究进一步支持了这一观点，该研究表明相当一部分基因组区域对重编程具有抗性。通过表征这些抗重编程区域的表观遗传学特征，已经确定了SCNT重编程的表观遗传学障碍。下面，我们总结了鉴定和克服这些表观遗传障碍的最新进展，目的是提高SCNT的克隆效率（见图5-2B）。

1. Xist异常激活阻碍植入后发育

SCNT胚胎表现出发育缺陷的最关键的限制步骤就是植入。为了确定植入缺陷的分子机制，Inoue等人将单个SCNT囊胚的转录组与性别匹配的IVF囊胚的转录组进行了比较，发现无论性别，许多X连锁基因在SCNT胚胎中均被特异性且持续抑制[37]。这一观察结果在SCNT和X染色体失活（XCI）之间建立了联系。XCI以印记的方式出现在植入前胚胎和胚外组织的父系X染色体上，但它随机出现在胚胎滋养层细胞中[97]。印记的XCI是通过表达来自父本等位基因的X连锁非编码RNA Xist起始的。然后Xist RNA将整个X染色体顺式包裹，并募集Polycomb阻抑复合物2（PRC2）来沉积抑制性组蛋白标记H3K27me3，导致整个X染色体异染色质化。相反，母本产生的X染色体在雄性和雌性中均保持活跃。这样，雌性（XX）和雄性（XY）细胞获得与X连锁基因相似的基因剂量。

SCNT囊胚中观察到X染色体全基因组抑制可能是由异位XCI引起的。实际上，他们发现Xist RNA从母本和父本等位基因中转录，从而在SCNT预先植入胚胎中诱导X染色体的异常沉默。重要的是，他们可以通过使用Xist杂合敲除供体细胞来克服这种异常的XCI，从而导致SCNT克隆幼仔率提高8~9倍。当将抗Xist的小干扰RNA（siRNA）注入雄性1-细胞SCNT胚胎中时，观察到了类似的效果[98]，这表明在植入前阶段Xist的异常激活对SCNT胚胎有长期影响。尽管在牛[37]和猪[99]中观察到了SCNT之后的Xist异常激活，但由于XCI的启动机制多样，因此尚不清楚该机制在人和猴中是否保守。小鼠SCNT胚胎中异位Xist激活的潜在分子机制可能是由于在供体体细胞中缺乏

H3K27me3印记[69]。

2. H3K9me3阻碍ZGA和植入前的发育

SCNT胚胎表现出发育停滞表型的最早时间与不同物种中的ZGA高度相关。鉴于成功的ZGA是胚胎发育所必需的及ZGA与SCNT胚胎停滞之间的相关性，表明ZGA失败可能是SCNT胚胎发育失败的原因之一。如上所述，在小鼠中，SCNT胚胎中的1 000个基因组区域或基因无法在ZGA处激活。有趣的是，这些抗重编程区域（RRR）富含转录抑制标记H3K9me3，供体细胞中H3K9me3可能充当了阻止SCNT胚胎ZGA的障碍。事实证明这一观点是正确的，因为注射编码H3K9me3特异性脱甲基酶Kdm4d的mRNA不仅可以挽救ZGA缺陷，而且可以挽救植入前的发育停滞[100]，使幼崽率从不到1 %提高到8%以上。重要的是，H3K9me3重编程障碍似乎在人类中是保守的，因为注射编码人类H3K9me3脱甲基酶KDM4A的mRNA不仅促进了人类SCNT胚胎的ZGA，而且改善了人类SCNT胚胎的发育，从而使胚胎发育扩展到囊胚阶段，人类ntESC已成功分离出来。值得注意的是，TSA处理的积极作用可能与H3K9me3的去除在功能上相关，因为TSA处理不能进一步改善注射Kdm4d mRNA的SCNT胚胎的发育[100]。此外，通过Kdm4d mRNA注射和TSA处理激活的基因有明显重叠。除了小鼠和人，近来研究表明，注射KDM4 mRNA还可以提高猪[99]、牛[84]和猴[101]的克隆效率。因此，体细胞中的H3K9me3似乎是哺乳动物SCNT重编程的障碍。

3. H3K27me3印记缺陷阻碍植入后发育

另一个SCNT重编程障碍来自克隆胎盘的RNA序列分析。小鼠胚胎第13.5天（E13.5）胎盘的综合等位基因转录组分析确定了三个基因Sfmbt2、Gab1和Slc38a4，它们在正常胎盘中显示父本等位基因特异性表达，但在SCNT胎盘中显示双等位基因表达[30]。鉴于这三个基因在胎盘发育中起重要作用，这些基因的印记缺失（LOI）可能会导致通常观察到的SCNT胚胎的胎盘扩大。有趣的是，这三个基因的印记状态与母体DNA甲基化无关。

为了找到早期胚胎发育过程中染色质可及性和表达的等位基因差异，最近发现了一个新的基因组印记机制，通过该机制，母本沉积的H3K27me3可以抑制母本等位基因在胚胎植入前发育过程中的至少76个基因的表达[86]。出乎意料的是，在SCNT胎盘中失调的所有三个印记基因均属于新鉴定的H3K27me3依赖性印记基因。此外，对小鼠SCNT囊胚的等位基因表达分析表明，在该囊胚阶段可检测到的基本上所有依赖H3K27me3的印记基因均失去了印记状态，变为双等位表达[92]。这可能是由于供体体细胞中没有H3K27me3印记标记，因为它在供体细胞来源的胚胎谱系中存在固有丢失。ChIP-seq分析显示SCNT桑葚胚胚中缺乏母源特异性结构域样H3K27me3，由于一些H3K27me3印记基因在植入后的发育中具有重要的功能，因此这些基因中的LOI可能导致小鼠SCNT胚胎植入发育停滞。由于Xist也受母体H3K27me3调控[86]，因此SCNT胚胎中Xist的异位激活（如上所述）也可能是由于供体体细胞Xist基因座上缺少H3K27m3标记。未来的研究应探讨H3K27me3印记系统及其在SCNT胚胎中的LOI是否在其他哺乳动物物种中得到保护。

4. 其他表观遗传障碍——DNA甲基化和H3K4me3

除了H3K9me3，Xist激活和H3K27me3的LOI外，还可能存在其他表观遗传障碍。例如，对于X连锁基因，尽管使用Xist杂合敲除（KO）细胞作为供体会导致小鼠SCNT囊胚中大多数X连锁基因的表达降低，但X染色体上的Magea和Xlr簇上的基因仍未能激活[37]，这表明至少在小鼠中，一种独立于Xist的沉默机制正在发挥作用。最近对小鼠SCNT囊胚的DNA甲基化进行分析，研究表明，这些基因的大多数启动子DNA甲基化水平较高[92]，表明DNA甲基化是可能的障碍。此外，SCNT胚胎中不存在由卵母细胞通过受精遗传的卵母细胞衍生的DNA甲基化标记。由于某些母源DNA甲基化在滋养细胞发育中起着重要作用，因此缺乏卵母细胞DNA甲基化也可能成为克隆胚胎植入障碍的原因之一。

除了H3K9me3，H3K4me3也可能影响转录重编程，从而削弱SCNT胚胎的发育潜能。Liu等通过对小鼠植入前SCNT胚胎进行单细胞RNA测序，揭示了Kdm5b（H3K4me3脱甲基酶）水平与4-细胞到8-细胞SCNT胚胎发育率之间的相关性[72]。重要的是，Kdm5b的敲除导致4-细胞停滞，而Kdm5b的过表达挽救了SCNT胚胎的4-细胞停滞，表明Kdm5b水平对于SCNT胚胎通过4-细胞阶段至关重要。由于Kdm5b是参与基因阻遏的H3K4me3特异性脱甲基酶，因此，供体细胞中的H3K4me3可能充当阻止体细胞基因沉默的屏障，从而导致SCNT胚胎在4-细胞阶段发育停滞。这与先前报道的SCNT胚胎中的供体细胞转录记忆是一致的[102]。使用非洲爪蟾卵母细胞转录重编程系统也报道了类似的观察结果[103]。因此，尽管目前尚不清楚机制，但是有效去除供体细胞特异的H3K4me3标记可能有助于SCNT的重编程。

四、治疗性克隆

1997年，成功克隆了"多莉"，不仅使克隆成为可能，而且提高了治疗性克隆的可能性，也提高了克隆的囊胚产生多能性人ntESCs的可能性。当第一个人类ESC品系于1998年问世时，这种可能性就成为了现实的希望。由于多能性ntESC具有与供体相同的核遗传物质，因此可用于再生医学，通过核转移（ntESC）衍生来的人的ESC的概念令人兴奋。第一个概念验证实验是在小鼠模型中进行的，其中ntESCs来自克隆的囊胚，并且具有与来自正常受精囊胚的ESC相似的分化能力。通过同源重组实现了突变等位基因在ntESCs中的遗传固定，所得的ntESCs被用作治疗免疫缺陷小鼠。尽管在小鼠中取得了成功，但多年来，在包括灵长类在内的其他动物中分离ntESCs仍然很困难。

1. 人的ntESCs

2007年，取得了一项重大突破，通过抑制受体卵母细胞的过早激活成功地获得了恒河猴ntESC[94]。尽管如此，每个用于SCNT的卵母细胞的ntESC衍生效率仅为0.7%。使用相似的方法，添加TSA，同一小组还建立了第一个以胎儿或婴儿成纤维细胞作为供体细胞的人ntESC细胞系[104]。第二年，在相同或相近的条件下，两个研究小组使用成年供体细胞成功分离了ntESC，包括来自1型糖尿病（T1D）患者的ntESC[105, 106]。重要的是，一组研究表明，来自T1D患者的ntESC系可以分化为分泌胰岛素的β细胞[106]，表明ntESC在细胞替代治疗中的潜在用途。尽管在ntESC产生方面取得了成功，但所有这三个小组的卵子供体在SCNT胚达到囊胚期的能力上均存在很大差异。

由于注射Kdm4d mRNA可以改善小鼠SCNT胚胎的植入前发育，使其能够以与IVF相当的比例进入囊胚期[100]。人SCNT胚胎可以达到囊胚期，从而可以分离ntESC，编码H3K9me3脱甲基酶的人KDM4A mRNA的注射，极大地提高了人SCNT胚胎的发育潜力，使每个卵母细胞供体产生至少一个扩增的囊胚，并随后建立了多个ntESC系[71]。相反，在未注射的对照组中，没有一个SCNT胚胎达到囊胚。因此，KDM4A mRNA注射可以极大地促进患者特异的ntESC的获得。

2. ntESC与iPSC的优缺点对比

目前，已经生成了三种类型的多能干细胞，即胚胎干细胞（ESC）、诱导多能干细胞（iPSC）和核移植细胞（ntESC）。考虑到再生医学，涉及常规受精的人类胚胎干细胞的应用是不合适的，这不仅是出于伦理方面的考虑，而且还因为它们通常具有与患者不同的基因组（同种异体），因此可能导致移植后严重的免疫排斥。两种重新编程的干细胞类型ntESC和iPSC在再生医学方面具有优势，因为同基因细胞可以直接从患者的体细胞中产生。哪种细胞类型更好？显然，iPSC具有技术和伦理优势，尤其是在衍生步骤中，因为ntESC衍生涉及技术上困难的SCNT程序并需要卵母细胞，而iPSC甚至可以通过商业试剂盒轻松获得，不受化理限制。但是，有关iPSC和ntESCs分子特征的最新研究表明，这两种细胞类型之间的关键差异可能会影响其应用。下面，比较这两种细胞类型的分子特征，以了解各自的优缺点。

3. SCNT和iPSC重编程使用不同的机制

除SCNT外，还可以通过细胞融合或转录因子诱导的重编程获得iPSC[107]。但是，SCNT和iPSC重新编程可能存在不同的机制。Takahashi和Yamanaka（2006）证明，仅通过在小鼠体细胞中过度表达一组转录因子（TFs）（Pou5f1、Sox2、Klf4和Myc）即可诱导多能性。1年后，两个小组证明了相同的方法也可以用于从成年人类体细胞中产生人类iPSC[108, 109]。尽管SCNT和iPSC技术都可以将分化的体细胞重编程为胚胎状态的细胞，但这两种重编程技术之间存在根本差异（见表5-1）。首先，iPSC技术将细胞重新编程为类似于ESC的全能状态，而SCNT技术将细胞重新编程为类似于受精卵的全能状态。因此，尽管在多能性方面SCNT和iPSC是相同的，但实现多能性的途径可能会有所不同。其次，重编程的速度不同。SCNT的重编程非常快，染色质可及性和转录组可以在数小时内重编程，这可能是由于卵磷脂酶联蛋白伴侣驱动的快速组蛋白交换所致。此外，至少对于染色质可及性和转录组重编程而言，SCNT重编程比iPSC效率更高。这些差异可能反映了它们不同的重编程机制。例如，Pou5f1是iPSC产生的核心多能TF，对于SCNT重编程是必不可少的；另外，尽管H3K9me3是这两个系统中的关键重编程障碍，但是这种障碍所涉及的关键基因是不同的。虽然它可以阻止iPSC表达的Sox2或Nanog的激活，但可以抑制SCNT中的ZGA。总地来说，这些结果表明，iPSC和SCNT重编程在机制上是不同的。

表5-1　SCNT与iPSCs重编程对比

重编程方式	最终状态	速度	重编程因子
SCNT	全能	快	TET3、Kdm4b、Kdm4d/KDM4D和Kdm5b
iPSCs	多能	慢	TET1、TET2、Kdm2a、Kdm2b、Kdm6a、Pou5f1、Sox2、Klf4、Myc、Lin28、Chd1和Ino80

4.线粒体体置换

ntESC和iPSC之间最关键的区别之一是mtDNA的组成。尽管ntESCs的核DNA来自供体体细胞（患者），但mtDNA来自受体卵母细胞。相反，iPSC的核DNA和mtDNA均来自起始的体细胞（患者）。线粒体通过氧化磷酸化在能量产生中起主要作用，而线粒体DNA的突变可引起代谢异常[110]。因此，先衍生出ntESC，再分化为所需的细胞或组织类型，然后再移植回患者，即可治愈线粒体疾病。此外，在供体成纤维细胞和成纤维细胞衍生的iPSCs中观察到的与疾病相关的缺陷在ntESCs中得到了功能性挽救。尽管人们对核DNA与卵母细胞线粒体的不同单倍型之间潜在的不相容性存在担忧，但源自相对不同单倍型（mtDNA中47个SNP）的ntESCs未显示任何功能异常，表明核-线粒体相互作用正常。然而，另一项研究报道，尽管可以耐受弱免疫反应，但将来自两种不同小鼠品系的具有mtDNA编码蛋白多态性的ntESCs移植到核同种异体宿主中会诱导弱免疫反应[111]。这表明，在开始临床实验之前需要仔细研究。但是，ntESC在线粒体替代中的独特作用，使其在治疗线粒体疾病方面展现出巨大潜力。

5.遗传和表观遗传突变

出于治疗目的，遗传和表观遗传稳定性是不同PSC的重要考虑因素。在详细的遗传和表观遗传学分析后，将iPSC与ESC进行了比较[112]，分析了12个人类iPSC系和20个ESC系的DNA甲基化组和转录组，发现iPSC和ESC都具有内在变异。尽管他们未能鉴定出iPSC中常见的表观遗传缺陷，但他们观察到iPSC的变异要大于ESC，这表明iPSC生成过程可能会引入比ESC更多的变异。造成这种变化的一个因素是供体细胞的表观遗传记忆，这表明，需要较长的培养时间才能去除[112]。同样，对使用不同方法或不同起始细胞类型衍生的5个iPSC系进行了DNA甲基化和转录组分析，并将结果与ESC系进行了比较。尽管iPSC的广泛DNA甲基化与ESC相似，但已鉴定出数百个差异甲基化区域（DMRs）。一些DMR对所有5个iPSC品系都是共有的，表明iPSC品系中存在常见的表观遗传重编程缺陷。

　　成功获得人类ntESCs之后[104]，使iPSC和ntESCs的遗传突变和表观遗传突变的比较研究成为可能。Ma等[114]（2014）比较了来自同一人胎儿成纤维细胞的4个ntESC系和7个iPSC系，以及与ntESCs来自同一卵供体的2个IVF品系。尽管他们没有在样本中发现拷贝数变异（CNV）的频率有任何统计学上的显著差异，但发现ntESC的DNA甲基组比iPSC更类似于IVF。尽管ntESC和iPSC系均具有供体体细胞的残留DNA甲基化记忆，但iPSC的记忆力是ntESC的8倍。而且，iPSC异常甲基化的基因座比ntESC高60倍，其中的大多数（90%）可能是在重编程过程中诱导的。转录组分析显示，iPSC中比ntESC中存在更多差异表达的基因[114]。这些结果表明，就重新编程过程中引入的表观遗传错误而言，ntESC比iPSC更有优势。但另一项研究报道，当比较ntESC和iPSC时，遗传和表观遗传突变水平无显著差异。尽管尚不清楚这两项研究存在差异的原因，但可以用于分析的细胞的传代数以及这两项研究之间iPSC生成的技术差异可能使报道结果差异的部分原因。第一项研究使用胎儿成纤维细胞及病毒表达来获得iPSC，而后者则使用了新生儿或成年成纤维细胞中修饰的mRNA。无论差异来源如何，iPSC和ntESC的功能表征均无显著差异，这表明这两种方法均可以生成能够分化为功能性细胞的多能细胞。

　　最近的一项研究表明，PSC的长期培养会导致TP53基因致癌突变。Kevin Eggan及其同事对140个人类ESC系进行了广泛的基因组和转录组测序分析，包括准备用于临床的26个细胞系，并发现编码著名的抑癌基因P53在体外培养过程中经常发生突变，并且细胞中含有突变型等位基因，在ESC传代过程中具有生长优势[115]。鉴于建立表观遗传学稳定的iPSC细胞系需要长期培养以摆脱体细胞表观遗传记忆，因此，在这种长期培养过程中引入的基因突变引起了潜在的安全隐患。实际上，对来自301位健康个体的711个人类iPSC系的综合分析显示，许多iPSC系在X、17和20号染色体上的某些基因组区域具有重复的拷贝数改变（CNA）。这些观察结果表明，由于长期的衍生和维持过程，iPSC可能在特定的基因组区域具有遗传突变。为了证明这一观点，应在可比较的实验环境下，使用大量细胞系，仔细比较ESC、iPSC和ntESC基因突变的频率，包括供体细胞来源、受体卵和培养条件等。但是，由于ntESC分离效率极低，当前存在的ntESC系受到限制。在这方面，使用健康的供体体细胞并辅以KDM4A mRNA注射，更有效地促进人类ntESC的分离，将促进两种干细胞的比较研究。

五、SCNT未来的研究方向

随着技术的进步，特别是敏感性更高的测序方法的发展，在理解SCNT重编程障碍（从而提高克隆效率）方面取得了长足的进步。此外，专注于SCNT之后的分子事件的工作开始揭示重编程机制。下面将讨论SCNT的主要研究方向以及未来几年中可能会看到的重大进展。

1. 对重新编程机制的进一步了解

自首次成功克隆青蛙以来已经过去了五十年，但是我们对SCNT在分子水平上重新编程的理解仍然有限。为了实现这一目标，需要在编程过程中对染色质和表观基因组变化进行系统且详细的分析。尽管获得足够的SCNT样品进行此类分析在技术上仍然具有挑战性，但最近的研究增加了使用植入前胚胎进行此类研究的可行性。因此，对当前技术的进一步改进可能使SCNT样品的分析成为可能。此类分析可能揭示了SCNT胚胎中新的表观遗传异常，可作为提高SCNT克隆效率的基础。此外，与其他重编程系统（例如iPSC和细胞融合）进行SCNT重编程的比较分析可能会揭示新的理论，因为不同的重编程系统可能具有一些共同的特征。实际上，H3K9me3已被证明也是iPSC重编程的障碍[116]。同样，染色质组装因子1（CAF1）复合物和CBX5（也称为HP1）可能成为iPSC重编程的障碍。测试这些障碍物是否在SCNT重编程中也起作用可能会引起人们的兴趣。

2. 通过定向表观遗传修饰提高克隆效率和质量

作为对先前结果的补充，Xist和H3K9me3在供体细胞中的异位激活是阻碍SCNT重编程的障碍，采用Xist KO供体细胞与Kdm4d mRNA注射相结合的联合方法，实现了24%的成活率，Sertoli细胞用作供体时，小鼠的克隆率最高[92]。但是，此比例仍低于IVF（超过50%），并且所得的SCNT胚胎仍具有异常增大的胎盘。详细的等位基因转录组，ChIP-seq和DNA甲基化组分析显示，以这种方式生成的胚胎在H3K27me3印记基因上表现出LOI并在许多位点处表现出异常的DNA甲基化。这些结果表明异常的DNA甲基化和H3K27me3介导的基因组印记缺陷可能是所观察到的异常表型的原因。由于这些表观遗传修饰是可逆的，因此有针对性的表观遗传改变可能是克服缺陷的好策略。在这方面，Cas9指导的表观遗传调控系统特别强大，因为它最近已用于实现目标DNA甲基化和组蛋白修饰变化。但是，对印记基因进行表观遗传编辑的特殊考虑因素是其等位基因特异性靶向。例如，在编辑H3K27me3依赖性印记基因的情况下，SCNT胚胎中的LOI可能是由于在供体体细胞的母体等位基因上缺少H3K27me3标记[92]。因此，为了解决LOI的问题，在供体细胞的母本等位基因中H3K27me3的靶向沉积将是必要的。

3.用于药物开发的新型人类疾病模型

最新进展使SCNT技术的各种应用成为可能。除线粒体替代疗法用于治疗性克隆外，生殖克隆在扩大农业和经济上重要的动物性状并拯救濒临灭绝的动物方面具有巨大潜力。为了实现这种潜力，首先要做的是测试在小鼠中鉴定的重编程障碍在其他相关动物物种中是否保守。因此，可能会看到更多有关提高农业和经济上重要的动物物种（包括猪、牛和绵羊）克隆效率的研究。同样，改进的克隆技术将可能用于宠物（如狗和猫），以使这项服务更实惠。

要强调的SCNT技术的另一个潜在应用是，生产人类疾病动物模型。大规模测序工作已经建立了人类遗传变异与致病表型之间的相关性。但是，遗传变异与致病表型之间的因果关系需要使用体外和体内模型来解决。确实，已经在小鼠中制作了许多这样的体内模型，但是由于啮齿动物与人类之间的生理差异，所以无法在啮齿动物中对许多人类疾病（包括精神疾病和免疫疾病）进行建模，可能需要与人类在生理上更相关的灵长类动物。

SCNT的独特之处在于它能够从单个供体细胞直接产生动物。此功能可在大型动物（包括灵长类动物）中快速高效地生成人类疾病模型，尤其是与CRISPR/Cas9等基因组编辑技术结合使用时效率更高。尽管将CRSPR/Cas9基因组编辑成分直接注射到受精卵中可以产生各种物种的人类疾病模型，但这种方法仍存在一些重要问题，包括频繁的镶嵌术、随机突变以及相对同源性依赖修复（HDR）介导的敲入（KI）或敲除（KO）的编辑效率低。当试图建立涉及多个编辑基因的疾病模型时，这尤其成问题，因为获得所需多个基因突变的机会非常低。在具有相对较短的世代间隔和较大的产仔数的小型动物模型中，这些问题可以克服，因为可以通过与创建者系的后代杂交来建立所需的全部突变体系。但是，这种方法对具有较长的妊娠期和性成熟时间以及单胎特征的大型动物而言是不可行的。例如，对于食蟹猴来说，妊娠需要164 d才能产下一个后代，而性成熟则需要3～4年。因此，使用这种方法在这种灵长类动物中建立疾病模型将花费超过10年的时间。另一方面，如果在SCNT之前在体外对CRISPR/Cas9基因组进行体细胞编辑并筛选所需的突变，则可以在1~2年内生成所需的疾病模型。

实际上，山羊和猪也采用了类似的方法；但是，这种方法的局限性在于动物克隆效率极低。例如，在家畜中，经基因组编辑的体细胞的克隆效率仅为0.5%~1.0%[117]。如果克隆效率得到提高，则这种方法将是生成人类疾病的大型动物模型（包括非人类灵长类动物模型）的最有效方法。

改进的克隆技术与最新的基因组编辑技术相结合，将扩大SCNT潜在的应用范围，包括研制用于药物筛选和评估的新型人类疾病模型。我们相信，SCNT技术的进一步完善将使许多这些应用程序从过去的梦想变为现实。

第三节　印记基因

基因组印记的过程基于其亲本起源导致基因的单等位基因表达。这是一个表观遗传过程，因为相同的DNA序列的拷贝可以被表达或沉默。尽管存在组织特异性印记的例子，但这种单倍体表达通常存在于表达基因的所有组织中。在1990年，发现第一个印记基因后，多个研究小组的工作已经确定，印记基因的差异表达是由顺式调节区域介导的，顺式调节区域的DNA在胞嘧啶残基上被甲基化修饰。印记控制区ICR的这种差异甲基化是在种系发育过程中获得的，并在早期胚胎和体细胞的表观遗传重编程期间得以维持。印记基因通常聚集在基因组中，其中相邻的母本和父本表达基因由单个ICR协调控制。ICR通过调节局部表观遗传状态（如启动子甲基化、长非编码RNA的表达和组蛋白修饰）来调节单等位基因转录[118]。

从人类的重叠表型和多种病因的儿童生长障碍已经看到了印记基因的重要性。ICR突变、外显子突变或来自一个亲本的染色体部分重复（单亲二倍体或UPD），都会导致印记基因过表达或不表达。由于许多印记区域既包含父本又包含母本表达的基因，因此很难确定印记基因与其症状的因果关系。在某些情况下，印记障碍可能是由多基因剂量失衡引起的。印记疾病的一个共同特征是发育异常，导致早期胚胎的生长和营养获取发生变化（见表5-2），因此，它们突显了印记基因在这些生理过程中的关键作用。

表5-2　常见的印记疾病

印记疾病	表　型	参考文献
Sliver-Russel 综合征（SRS）	早产，三角脸和大头畸形，身体不对称	Netchine et al., 2012[118]
Bechwith-Wieodemann syndrome (BWS)	新生儿低血糖、过度生长、大舌症、常有不对称生长和胚胎肿瘤	Netchine et al., 2012[119]
Angelman syndrome (AS)	头小畸形，许多神经系统疾病，包括智力和言语缺陷、行为和睡眠异常以及癫痫病	Buiting et al., 2016[120]
Prader-Willi syndrome (PWS)	出生时的低钾血症和进食困难，然后在儿童期和成年期出现食欲亢进和肥胖	Holm et al., 1993[121]
Temple syndrome (TS)	早产，出生后发育不良并出现肌张力低下，青春期和儿童期的肥胖症	Ioannides et al., 2014[122]
Transcient neonatal diabetes type1 (TNDM)	早产，出生前几周无法成长、高血糖症和脱水	Mackay and Temple, 2010[123]

哺乳动物中发现了大量印记基因，并且许多印记基因得以在进化过程中保留，例如，胰岛素样生长因子2（IGF2）及其抑制因子IGF2受体（IGF2R）、父本表达的基因1/中胚层表达的转录本（PEG1 / MEST）和胰岛素（INS），暗示印记基因普遍存在于常见的胎生脊椎动物祖先中。许多印记基因在胎盘中表达，并且在胎盘形成过程中起着重要的作用。此外，与胎盘有关的基因更容易被印记，对胎盘的依赖性程度与已知的印记基因数量及其调节的复杂性相关[124]。亲本性别依赖性单倍体表达的存在也已经在开花植物中发现，开花植物中的胚乳从母体的能量储存中获取营养，就像胎盘一样。类似的选择压力很可能导致这些遥远的群体中印记基因的融合进化。

一、印记基因可控制孕期和哺乳期的母体资源的分配

印记基因的这种选择性压力几乎只在母体-后代界面（胎盘）上起作用，从而赋予胎盘在影响母体资源分配方面的独特作用。孕体的资源分配既依赖于胎儿又依赖于母亲，印记基因的作用反映了这一点，印记基因的作用影响了胎儿及母体并参与了两者之间的交流。在孕体中起作用以调节母体能量供应的印记基因可以进一步细分为在胎盘中起作用的基因和在胎儿中起作用的基因。

胎盘决定了营养物质供应速度。胎儿生长的主要能源物质是葡萄糖，母胎间的葡萄糖转移是由多种因素介导的，包括母胎间的血糖浓度梯度、血流

速率和胎盘内的葡萄糖转运蛋白密度。胎盘氨基酸从母体循环转运到胎儿的过程与浓度梯度相反，并且是依赖能量的过程，需要专门的转运蛋白。

印记已在人类和小鼠中得到最广泛的研究。这些生物体具有相似的胎盘生理学特点：都具有含血的胎盘，其中母体血液通过滋养层细胞排列的窦状小腔隙而不是内皮，从而实现更有效的营养转移[125]。在小鼠中，妊娠中期通过胎盘中胚层（将形成胚胎脉管系统）与滋养层细胞（通过母胎诱导胎盘的滋养层）的插入形成最终的胎盘。滋养细胞进一步分化为具有内分泌和能量储存特性的多种细胞类型。印记基因对胎盘发育和营养转运的作用已得到证明。大多数印记基因在胎盘中单等位表达，并在早期发育过程中参与控制建立器官，例如Peg10。此外，印记的基因产物可以调节的胎盘迷宫的大小和表面积从而调控胎儿的物质交换，如Igf2和生长因子结合蛋白10（Grb10）和水通道蛋白。

2. 涉及胎儿资源获取的印记基因

母体组织对营养的吸收与胎儿的生长速度是相互关联的过程。印记基因可以直接作用于促进胎儿生长的途径，因此增加了对孕体资源的需求。IGF途径是主要的胎儿生长促进途径，并且包括由印记基因编码的两个关键成分Igf2和Igf2r。胎儿的生长也受到印记基因的抑制，其中包括cyclin依赖性激酶抑制剂1C — Cdkn1c[126]和Grb10[127]。Grb10编码一个衔接蛋白，在酪氨酸激酶受体的下游发挥抑制信号的作用，并且是雷帕霉素（mTOR）途径的营养传感机制靶标中至关重要的自调节成分[128]。Grb10可能与胎儿生长启动子Delta样同源物1（Dlk1）[129]处于相同的信号传导途径中。Dlk1是父系表达基因，其编码单程跨膜蛋白，可被切割并产生可溶形式，进入血液循环。胚胎中Dlk1的表达水平与妊娠后半期的胚胎质量呈正相关[130]。Dlk1缺失会导致生长迟缓，而过表达会导致过度生长，这与胎盘无关，目前DLK1发挥作用的信号传导途径尚未阐明。但是，胎儿的DLK1会分泌到母体循环中，并起着改变对营养限制的妊娠特异性反应的作用。总之，孕体的印记基因产物通过以下方式改变了母亲的资源分配。

①改变胎盘的转运能力。

②通过对内在增长率的作用来增加胎儿对资源的需求。

③通过产生可改变母亲新陈代谢的胎儿/胎盘激素来向母亲发出信号。

二、孕期能量稳态和资源分配

孕期的能量消耗分为三个部分，即投入胎儿的能量、母亲体内作为脂肪组织沉积的能量以及母亲体内为维持新陈代谢所需的能量。人类和啮齿动物在妊娠的前半段会积累脂肪组织，孕期的能量消耗与孕前的肥胖程度相关——体重指数（BMI）较高的人在怀孕期间体重增加较多，脂肪组织储备也增加。这表明，母亲体内的脂肪储备可以向体内产生信号，指导受孕后的营养分配水平。瘦素和其他脂肪因子是此类信号分子的理想候选者。

瘦素是仅由脂肪组织分泌的一种细胞因子，根据能量储备的状态控制食欲、能量消耗和生殖行为的主要决定因素。简而言之，瘦素向下丘脑弓状核（ARH）的一级神经元表面表达的受体发出信号。已经明确定义了ARH中的两个神经元群——瘦素致病性神经肽Y（NPY）/ Agouti相关肽（AGRP）神经元，以及被激活的厌食原皮黑素皮质激素（POMC）神经元。这些神经元投射到次级下丘脑部位，例如控制进食行为的室旁核（PVN）和调节交感神经元活动水平的背体下丘脑（DMH），关键的中间信号分子是神经肽α-黑素细胞刺激激素（αMSH），它由POMC神经元分泌，作用于皮质素受体，以介导瘦素的下游作用[131]。简而言之，高水平的瘦素使进食神经元神经通路失活而抑制食欲，并通过增加交感神经元活性来增加能量消耗。交感神经元活性的增加反过来会通过激活棕色和白色脂肪组织中热基因的表达来提高体温。脂肪储存量低会导致一系列相反的反应。综上所述，这些机制可保持体内"设定点"，从而保持体重。

瘦素信号传导途径组分的遗传和环境调节可导致这些设定值的改变，或导致体内稳态的失调。例如，围生期暴露于高脂母亲饮食的幼鼠未能在ARH和PVN之间建立神经元连接，导致成年后身体组成发生改变并易患代谢性疾病。瘦素缺陷型（ob/ob）小鼠和黑色素皮质激素中枢途径组成发生突变的人，由于瘦素缺乏症或耐药性，食量增加且肥胖。在ob/ob敲除小鼠中使用定时瘦素替代疗法进行的精确实验研究表明，该因子对繁殖能力具有广泛的影响。控制促性腺激素释放、受孕和着床都需要瘦素信号传导。此外，在围生期哺乳和分娩后适当的母性行为亦需要瘦素。

妊娠与瘦素抵抗有关。妊娠后半程孕妇血液中的瘦素循环水平上升，但是，ARH中致癌肽NPY和AGRP的表达保持稳定。此外，给怀孕大鼠注射瘦素，不会抑制食物摄入或激活下游的αMSH途径。妊娠晚期的瘦素抵抗力被认为是由胎盘激素分泌所介导的，特别是催乳素和胎盘泌乳素。向雌性大鼠的脑室内注射催乳激素可模拟妊娠的瘦素抵抗，催乳素受体的表达在与能量稳态相关的下丘脑区域广泛分布。一致地，小鼠中催乳素受体的整体缺失会导致妊娠期葡萄糖稳态的变化。然而，瘦素信号传导对此表型的贡献尚未得到明确检验。因此，胎盘激素分泌与瘦素敏感性之间的相互作用，对于适当的母亲妊娠反应至关重要。

第二个脂肪因子是脂联素，在怀孕期间也具有重要功能。根据脂肪细胞的大小，脂联素从脂肪细胞分泌，并作用于多个组织，主要是增加胰岛素敏感性[132]。脂联素水平在啮齿动物和人类妊娠中均下降，并且在泌乳期间保持较低水平。妊娠后半段脂联素水平低会增加孕妇的胰岛素抵抗，从而降低孕妇的葡萄糖摄取并增加孕妇—胎儿的葡萄糖浓度梯度，有利于胎儿的摄取。与此相一致，肥胖的孕妇和具有胰岛素抵抗力的啮齿动物会生出大婴儿并进一步降低脂联素水平[133]。此外，在怀孕期间向肥胖小鼠补充脂联素可以逆转母体胰岛素抵抗和胎儿过度生长。

小鼠缺失和过表达模型研究表明，印记基因在能量稳态中具有重要作用——导致稳态脂肪，使脂肪因子生成和敏感性的稳态水平发生改变。但是，尚未直接测试其中表型改变对妊娠结局的影响，并且仅在很少的印记基因操作中测量了妊娠期间的脂肪因子水平。

三、印记基因介导能量稳态的中枢控制

1. Gnas基因

Gnas位点编码母体和父体表达的产物（Gsα和XLαs），以及几种调节性RNA。尽管Gsα主要是双等位基因表达，但它仅在少数母体表达的组织（包括肾脏和神经内分泌组织）中被印记。来自Gnas位点的第二个同工型编码XLα，其含有来自Gsα的蛋白质的独特氨基末端。这种同工型仅从父系遗传的染色体表达，主要在大脑和内分泌组织中表达。甲型甲状旁腺功能减退症——一种多激素抵抗，低交感，早期严重肥胖和胰岛素抵抗的综合征。中枢黑皮质素信号传导限制食物摄入并刺激交感神经和能量消耗，已知黑皮质素受体4（MC4R）与Gsα偶联。母体表达的Gsα在DMH中是必需的。该组织中Gsα的缺失通过减少体力活动和棕色脂肪组织（BAT）中解偶联蛋

白1（UCP1）的表达来减少能量消耗，从而导致肥胖和胰岛素抵抗。食物摄入量不受影响。小鼠对黑皮质素激动剂的作用具有抗性，当在DMH中消融MC4R时，这些表型出现，表明它们是通过该通路异常信号转导的直接结果。出人意料的是，无论是Gsα还是MC4R突变小鼠，耐寒性都没有受到影响，并且它们都能够在BAT中和通过促进白色脂肪组织（WAT）褐变而引起对冷挑战的转录反应[134]。

2. Peg 3

父本表达基因3（Peg3）在胎盘和卵巢以及某些神经内分泌组织中表达。从父亲那里继承了Peg3缺失的小鼠在出生时发育迟缓，并且一生都很小。断奶后，雄性显示出脂肪堆积，雌性进入青春期延后。成年后，动物的白色脂肪沉积增加，循环瘦素水平很高。动物表现出减少的能量消耗，降低的静息体温，并且抗寒能力降低。Peg3在发育中的下丘脑中表达，缺失Peg3的小鼠中，下丘脑进食中心神经肽的转录调控被破坏。尽管可以在成年后得到补偿，但动物对瘦素的敏感性仍然较低，这表明中枢能量稳态的设定值发生了永久性变化[135]。

在怀孕期间，Peg3突变的母亲无法在早期妊娠中增加食物摄入，因此，产后脂肪储备减少。此外，由Peg3突变体母亲所生的野生型幼崽体重无法适当增加，并且青春期推迟。突变的母亲无法表达特定的母性行为，例如幼仔取舍和筑巢，而这些母亲生产的后代断奶后成活的可能性很低。

有趣的是，具有Peg3突变的母亲或后代惊人地相似，抗寒能力降低，产前和产后的生长速度降低。尽管功能相似，但Peg3主要在成人的下丘脑室旁核中表达，该区域可调节母体行为和产奶量，而幼崽突变引起的功能障碍最可能是由于Peg3在胎盘中的作用。如前所述，胎盘通过内分泌信号传导调节母亲的代谢适应和母亲的行为，后代中Peg3的缺失与催乳素样基因表达的改变有关。胎盘和下丘脑可能通过内分泌信号传导相互作用，从而导致母体和后代都缺乏Peg3时产生累积效应。

3. Prader-Willi 综合征

Snord116映射到Prader-Willi综合征（PWS）的关键区域，编码C/D盒小核仁RNA（SnoRNA），该催化性RNA家族调节RNA加工。但是，Snord116的目标未知，在小鼠中，Snord116仅在大脑中表达，并定位于食欲中心。小鼠中Snord116的缺失会导致出生后发育迟缓，并对食欲产生年龄依赖性。在早期生活中，食欲会降低；但是，以后的食物摄入量增加。与野生型同窝仔相比，小鼠不会变得肥胖，而是会增加能量消耗并保持减少的脂肪储存的稳定状态。

Magel2编码在大脑中表达的E3泛素连接酶。它位于人的PWS基因座，并在父系中表达。从小鼠的父本遗传等位基因中删除了Magel2，出现了PWS表型：这些动物在出生后早期无法成长，但后来却出现了追赶性生长，并且成年后肥胖者增多。但是，这种能量失衡不是由突变小鼠的食欲亢进引起的，因为尽管它们进食少，但它们的能量消耗也很少。Magel2缺失会导致下丘脑功能的多种缺陷，包括POMC神经元对瘦素的不敏感性。Magel2基因敲除动物中的瘦素不敏感性与弓形核神经元与其靶标之间的神经元连接的发育受损积累有关，这种损伤发生在出生后早期。

四、外周组织中的印记基因

1. Peg1/Mest

Mest（Peg1）位于人类7q32染色体上，目前在小鼠和人类细胞中发现。在小鼠中，Mest基因在胚胎发育早期的中胚层组织中特异性表达。通过在小鼠胚胎cDNA文库中进行消减杂交法获得了8个印记基因（Peg1-Peg8），其中Mest基因是8个母系印记基因中表达最强的。它位于小鼠6号染色体近端，母源复制会导致胚胎死亡。在人类7号染色体上，Mest基因是第一个被确定的印记基因，对原始生长有停滞作用。如果小鼠Mest基因敲除，将导致胚胎和胚胎外发育迟缓，并抑制出生后生长。研究还发现，父亲表达的Mest基因在促进胎儿生长发育中起一定作用。

Peg1/Mest在内部表达并编码α/β-水解酶折叠家族的成员。当给近交C57BL6小鼠喂高脂饮食时，它们显示出可变的脂肪组织增益反应。仅在高脂喂养2 d后，WAT中就会诱导Peg1/Mest mRNA的水平增加，并且表达与体重增加呈正相关。在多种肥胖的遗传和饮食模型中，Peg1/Mest水平与脂肪细胞大小相关[136]，并且脂肪细胞中Peg1/Mest的过度表达会导致细胞大小增加。删除了Peg1/Mest的小鼠减少了脂肪存储，并减少了脂肪因子的产生。已经提出，在正能量平衡期间的Peg1/Mest诱导通过脂肪细胞肥大来控制脂肪组织扩张的初始阶段。Peg1/Mest突变的母亲表现出异常的行为，他们无法清洁新生的幼崽并摄入胚外组织，他们无法将幼崽带入巢中，并且在筑巢方面的表现很差。因此，幼崽的生存受到严重损害。

2. necdin

通常，necdin通过与p53的相互作用，实现对细胞增殖的限制。necdin在小鼠和人为父系表达，母系印记。小鼠体内necdin的缺失会导致WAT隔室过度增殖，但不会影响能量平衡。在突变小鼠中，WAT的大小增加，而脂肪细胞的大小却没有同时增加，这表明扩张是通过前脂肪细胞增生的机制发生的。

3. Cdkn1c

在正常组织中，Cdkn1c表达的增加会导致其表型与Silver-Russell综合征相似，出生前和出生后发育迟缓，并且没有脂肪。Cdkn1c在围生早期的多个脂肪组织贮库中表达，其表达水平反映了该贮库的"棕色脂肪"倾向，即在刺激后表达致热基因。Cdkn1c剂量增加的小鼠在WAT和BAT中显示出致热基因活性增加，体温升高。Cdkn1c的删除导致围生期致死，因此，无法评估出生后的表型。然而，Cdkn1c的消融会导致胚胎发生过程中BAT发育受损[137]。

4. H19

父系印记基因H19是最早被鉴定出的印记基因之一，其全长2.5 kb，含有4个内含子和5个外显子，编码一个2.3 kb的非编码RNA。H19与印记基因IGF2相距不远（约90 kb），两者属于同一个印记基因群，并且均在长期进化过程中具有较高保守性[138]。若发生印记基因H19表达异常，则会导致动物死亡。此外，有研究表明，H19的异常表达可能和早期胚胎的发育失败有关[139]。胚胎发育时期，H19基因高水平表达，主要集中在以内胚层及中胚层为来源的组织中。虽然在细胞质和细胞核内都存在H19的RNA分子，但其基本位于细胞质内起相应的基因调控作用[140]。H19印记基因的表达产物为非蛋白——lncRNA，在人和小鼠中是mi-675的前体，说明H19可能作为一个原始的microRNA前体发挥基因调控作用[141]。

5. Peg10

Peg10属于母系印记基因，因此是父系等位基因表达。此印记基因衍生自反转录转座子，总长度约为8.3 kb。位于人染色体7q21.3和牛染色体4上。2001年，利用cDNA微阵列在肝癌中首次发现Peg10基因，并发现它在多种组织和器官中都有表达。Peg10编码的蛋白质参与调节胎儿的生长、胎盘的形成和滋养细胞的分化，并在胎儿的生长发育中起重要作用。Peg10基因敲除的小鼠胚胎会发生胚胎发育迟缓，胎盘减小等现象。其他研究表明，Peg10表达量在自然流产组织中较低，而在肝癌组织和肝癌细胞系中较高。

6. Grb10

对于印记基因来说，Grb10通常在双亲中表达，但在不同的组织中表达。母体表达出现在外周组织中，而中枢神经系统仅是父本表达，母本表达的Grb10控制生长和能量稳态，父本的Grb10调节社交优势行为。产后，母体遗传的Grb10缺失导致瘦肉增加，脂肪减少（瘦素表达水平降低）和葡萄糖稳态提高，食物摄入量未受到严重影响。Grb10表达在成熟脂肪中较低，但可以通过冷刺激或肾上腺素刺激在褐色脂肪细胞中诱导。成熟脂肪细胞中Grb10的缺失会导致BAT无法响应刺激，因此，出现生热障碍。

研究者利用交叉代孕实验消除母亲或后代中Grb10对后代生长的影响。这些研究表明，Grb10在后代和母亲中起互补作用。与野生型母亲育成的幼崽相比，Grb10缺失的母亲杂交后代的野生幼崽（继承了母亲缺失的等位基因）显示出较早的成长，这表明Grb10在母亲中的正常作用是增加后代的资源分配。有趣的是，野生型母亲培育Grb10突变幼崽比野生型幼崽体重增加。但是，如果是突变型母亲培育突变型后代，这种效果提高，表明母亲和幼崽中Grb10剂量的平衡是决定从母亲到其后代的营养流动的关键决定因素[142]。缺失Grb10不会改变母亲健康，但虽然需求量的增加，催乳素水平也相应升高，Grb10突变型母亲无法增加奶产量，表明对催乳素升高的抵抗力。Grb10在妊娠过程中表达于乳腺上皮，但是，其作用尚不清楚，因为未发现由Grb10突变型雌性产生的组织形态或乳成分的缺陷[142]。

7. Dlk1

大量研究显示，Dlk1为前脂肪细胞分化的抑制剂，因为该蛋白质的可溶性形式可以抑制3T3-L1-细胞或间充质细胞体外分化为脂肪细胞。此外，Dlk1在成人WAT中的异位表达会引起脂肪营养不良。与野生型小鼠相比，Dlk1转基因小鼠具有更大比例的小脂肪细胞，具有更高的胰岛素敏感性。相反，Dlk1缺失小鼠比野生型小鼠具有更大的脂肪细胞。Dlk1剂量对循环中的瘦素水平具有预测的效果：Dlk1小鼠的瘦素水平升高，而Dlk1转基因小鼠的水平降低。然而，尽管如此，任何一种基因操作都不会改变食物的摄入量，表明瘦素敏感性受损。另外，Dlk1可能在生命早期起到增加脂肪细胞数量的作用。此外，消融该胚胎DLK1阳性细胞群体导致了脂肪库大小的减少。

与野生型母亲相比，Dlk1缺失母亲产下更多的后代（每窝大约多出1只幼崽），总产仔数增加。而且，Dlk1缺失母亲产仔与Dlk1完整的母亲产仔质量没有差异。因此，Dlk1缺失母亲增加了对每个产仔的投入，而不是减少后代大小以抵消后代数量。另外，尽管Dlk1缺失的母亲进入妊娠时脂肪存储增加，但他们在妊娠期间获得的脂肪量比野生型母亲少。总地来说，没有Dlk1功能拷贝的雌性在妊娠中投入了更多的资源，这表明Dlk1在雌性生殖中的正常作用是减少营养分配[143]。

五、克隆胚胎的基因组印记异常

"多莉"羊的诞生不仅打破了生命科学中动物已分化细胞不具有发育全能性的传统概念，而且由此而诞生的体细胞核移植（SCNT）技术也展示出了巨大的应用前景，它为家畜良种选育、转基因动物生产、濒危动物保护及细胞衰老分化机理等研究提供了新的技术手段。迄今为止，应用体细胞核移植技术已相继诞生牛、小鼠、猪和兔等十余种克隆动物。目前，SCNT技术成功率仍然很低，克隆动物经常出现发育异常，如胎盘胎儿过度生长，妊娠早期胚胎丢失、新生动物猝死等，这些都是典型的印记基因异常的症状，表明SCNT过程可能引起印记模式的紊乱。

基因组印记是双亲基因组的一种差异表观修饰机制，通过印记基因位点被差异甲基化区域（DMRs）标记，使父系或母系的等位基因出现单等位基因表达。这些印记基因对胚胎发育、后天生长及成体行为等具有重要作用。只含父系或母系的基因组的胚胎不能进行正常发育及大多数人类疾病和癌症中都伴随着印记丢失的现象，让我们看到了适当的印记表达在正常生长发育过程中的重要性。印记甲基化在生殖细胞发生过程中建立，受精后，胚胎基因组发生广泛的主动和被动去甲基化过程，直至植入前再发生重头甲基化。亲本印记基因能够抵抗这种早期胚胎的去甲基化过程（见图5-3），允许其稳定地从生殖系向后代遗传。早期胚胎发育阶段维持生殖系来源甲基化机制对于基因组印记特异性是非常重要的。一旦这一阶段印记甲基化维持机制受到破坏，印记基因将发生异常表达，导致各种发育缺陷及严重疾病。克隆动物经常出现和人类印记基因疾病和鼠印记基因变异体相似的症状。

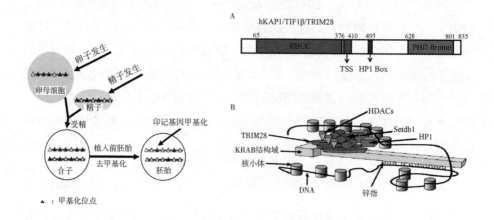

图5-3 受精后印记基因的甲基化维持

基因组印记是一种表观调节现象，其中生殖细胞基因组经历了父源或母源单等位基因表达。哺乳动物的单性胚胎很难存活，这表明在重编程过程中，印记保护和维持非常重要。哺乳动物是具有双染色体的二倍体生物，一个来自父亲，一个来自母亲，因此每个基因有两个拷贝。通常，父系和母系的基因具有相同的表达潜力，但是经过表观遗传修饰后，部分基因仅在两个亲本染色体之一中表达。基因组印记既影响雄性后代也影响雌性后代，因此它不是性别遗传而是亲代遗传。例如，父系印记基因H19（母体表达，父系印记），在母系遗传染色体上有活性，而在父系遗传染色体上则沉默，并且无论是雌性或是雄性后代，H19都是这种单等位基因表达的表达方式。哺乳动物孤雌胚胎和孤雄胚胎，因为它们仅包含父本或母本的二倍体基因组，并且印记基因表达并不相同，所以它与正常胚胎不同，不能正常发育。已经确定许多癌症与印记丢失有关，并且维持早期胚胎中印记基因对于胚胎的正常发育也很重要。

生物体的所有细胞（除了少数例外）都携带相同的遗传信息。在发育过程中细胞特殊功能的分化是基因差异转录的结果，而不是拥有不同的遗传信息。这些差异转录和翻译程序主要通过DNA和染色质的表观遗传修饰来指导和调节基因表达。其中，被最广泛研究的是DNA甲基化，也是基因组印记的主要表观调控机制。细胞的基因组不会影响遗传密码，但是在每个细胞分裂周期中都是可遗传的。在新的生命周期开始时，表观基因组需要恢复为没有修饰的空白状态。在实验室中，转录因子在体细胞中的转染可用于迫使它们达到"诱导多能性"状态。体内的某些体细胞也可能会进行病理性表观重编程，但最重要的重编程过程发生在原始生殖细胞（primordial germ cell，PGC）的发生、发育以及卵子向胚胎的转化过程中。基因组印记（例如，ICRs中的DNA甲基化）也在此过程中经历了建立、维持和擦除的循环过程[54]。以小鼠为例，胚胎7.5 d（E7.5）外胚层细胞特化形成原始生殖细胞（PGC），E8.5～E11.5的PGC向生殖脊迁移。在PGC形成和迁移的早期，它具有与其他外胚层细胞相同的表观修饰模式。当PGC在E11.5到达生殖脊时，就会清除包括甲基化在内的表观标记。PGC去甲基完成后，随着PGC的重新分化，ICRs的甲基化标记被重新建立，并且雌雄配子具有不同的途径，即雄性生殖细胞的甲基化建立始于胚胎时期的前精原细胞增殖期，而雌性配子开始于出生后排卵前的卵子成熟期。甲基化的重获基于甲基转移酶DNA 3a（DNA methyltransferase 3a，DNMT3a）。DNMT3a活性取决于酶的活性调节因子DNMT3L。DNMT3L的丢失也会导致父源和母源印记的丢失。父本基因组在受精后和第一次分裂之前通过TET3介导进行主动甲基化。TET3（Ten-eleven translocation 3）将5-甲基胞嘧啶（5-methylcytosine，5mC）氧化为5-羟甲基胞嘧啶（5-hydroxylmethylcytosine，5hmC）并且失去了大部分的5-胞嘧啶（5mC）标记，本实验室前期研究也得出了一致的结论[58]。与主动去甲基化相反，第一次卵裂直到囊胚阶段，母系基因组依赖复制，细胞分裂发生被动去甲基化。印记基因能够抵御这种全基因的主动及被动去甲基化过程而被维持。印记DNA序列的一个重要特征是仅修饰两个亲本配子之一。因此，印记建立过程需要两种不同类型的系统，每种系统指导一条不同的DNA序列。一旦创建了印记，就必须在受精后的同一条亲代染色体中维持，并且稳定遗传。

　　研究表明，克隆胚胎核供体印记基因抵抗早期胚胎去甲基化的效率与正常受精胚胎存在差异，小鼠SCNT胚胎并不能进行有效的印记甲基化维持[144]。在克隆牛的研究中，Yang等运用实时定量反转录PCR技术确定了Igf2、Igf2R和H19基因在夭折克隆牛多种组织均异常表达，健康存活到成年的克隆牛三种组织（皮肤、肌肉和肝脏）中印记基因均正常表达[145]。Suzuki等发现，由于体细胞核移植过程引起的混乱重编程，而引起的克隆牛母系印记基因SNRPN差异甲基化区域甲基化的丢失[146]及父系印记基因H19差异甲基化区域的去甲基化现象[147]。国内多个实验室也观察到了克隆牛印记基

因的异常表达模式，Liu等从流产的4个体细胞核移植克隆牛胚胎中检测了
Peg3、MAOA、Xist和Peg10四种印记基因甲基化的表达情况，发现四种基
因都有不同程度的甲基化异常现象[148]。Su等在出生后48 h内死亡的克隆牛中
观察到IG-DMR的异常甲基化状态，并推测可能导致Gtl2和Dlk1异常表达，
与克隆牛肺脏发育异常有关[149]。

印记基因产物在脂肪-下丘脑轴上以多个水平起作用，来调节能量稳态
的设定点。印记基因消融或过表达的鼠模型的实验表明，下丘脑需要它们来
调节神经内分泌途径对瘦素的敏感性。而且，在发育中和成熟的脂肪组织中
印记基因的剂量可以调节瘦素的分泌。孕体对妊娠的投资程度与孕前脂肪储备
呈正相关，体重指数高的母亲在自己的脂肪储备和受孕生产上投资更多，瘦素
为这种作用的潜在介质。鉴于印记基因产物可以调节瘦素的产生和对瘦素的中
枢敏感性，我们预测母源印记基因剂量的受损可能会影响母亲的资源分配。

迄今为止，印记基因在母体中的作用尚未得到明确测试。母源印记
Peg3、Peg1/Mest和Grb10缺失均减少了瘦素信号传导，并减少了母体投资。
相反，Dlk1缺失会增加瘦素的产生并增加孕妇的孕产投资。需要进一步的研
究来确定印记基因失调的其他模型是否引起母体表型的缺陷，以及是否涉及
其他脂肪因子（例如，脂联素）。

自30年前发现印记基因以来，印记基因一直是探索基因表达的表观遗
传控制的范例。而且，它们在早期生命增长和胎盘发育中的作用是无可争议
的。然而，越来越明显的是，印记基因功能在生殖过程中对母体生理起着更
广泛的作用，即通过调节信号和改变胎儿内源稳态的胎盘内分泌产物，也可
以通过改变母体能量设定值，从而在母体上产生下游作用和营养供应。在理
解自然生殖策略方面，揭示这些途径的分子性质具有广泛的应用，并为预防
人类妊娠并发症提供了基础。

第四节　表观遗传药物对体细胞核移植
胚胎发育的促进作用

"多莉"羊的出生打破了一个传统的观念，即生命科学中的动物已分化
细胞不具备发育全能性，并且由此诞生的体细胞核移植（somatic cell nuclear

transfer, SCNT）技术也显示出了广阔的发展前景，为家畜良种选育、转基因动物的生产、濒临灭绝动物的保护及细胞衰老分化机理等现象提供了全新的研究角度和崭新的技术手段。迄今为止，应用该技术已经相继诞生了十余种克隆动物，例如牛、小鼠、猪和兔子等。其中，牛是SCNT技术研究和应用最广泛的物种，现已有高泌乳性能奶牛培育、良种公牛克隆和濒危物种成功保护等见于报端。此外，已有研究表明，通过SCNT技术成功生产的转基因牛，例如缺乏原朊蛋白和牛奶中酪蛋白过表达的奶牛。这种方法会改进牛的肉质、产奶量、奶的品质以及牛奶中包含的营养成分进而产生极大的经济效益。但是，当前SCNT技术的成功率仍然很低。克隆经常会出现发育异常，例如基因表达异常、胎盘胎儿过度生长、妊娠胎儿早期丢失以及新生动物猝死等，这些异常现象的原因尚未得到充分的解释，因此，对哺乳动物体细胞核移植机理进行研究从而提高克隆效率十分必要。

哺乳动物SCNT已证明，成熟的卵母细胞具有重编程分化的体细胞或生殖细胞基因组的能力。在重编程过程中，基因组经历了重要的表观遗传修饰，例如组蛋白修饰和DNA去甲基化，这些修饰对于新形成的受精卵和随后的胚胎发育是非常重要的。基于这种策略，研究人员开发了多种表观遗传学药物，包括组蛋白去乙酰基酶抑制剂（inhibitors of HDAC，HDACi）和DNA甲基转移酶抑制剂（inhibitors of DNMT，DNMTi）。这些药物可以修复发生缺陷的基因的表达，包括控制细胞周期、细胞信号传导、肿瘤细胞浸润和转移、细胞凋亡、血管生成和免疫识别。此外，它们可通过化学处理受体细胞或是卵母细胞，以抑制DNA甲基化转移酶（DNMTs）和组蛋白去乙酰基转移酶（HDACs）的活性，从而增加组蛋白乙酰化水平，降低DNA甲基化水平，并促进体细胞或卵母细胞的表观修饰重建，从而实现完全重编程，进而提高克隆效率[4]。

受精后，卵母细胞通过重编程机制高效地设置了发育程序，但是SCNT过程面临的主要问题就是：体细胞染色质不能与卵母细胞的重编程因子充分相互作用，这可能导致重编程不完整或错误。另一方面，核移植（NT）是一个复杂的、多步骤的过程。在实验过程中，许多生物学和技术因素都会影响SCNT胚胎的发育和质量，从而降低克隆效率。为了提高核重编程效率，表观遗传药物进入SCNT的舞台。这些小分子化合物（例如，TSA和VPA）都属于HDACi，该药物具有抑制组蛋白去乙酰化酶的活性的作用，并且已经应用于SCNT技术来提高重编程效率。TSA是第一个在SCNT中成功实现的HDACi，研究表明，TSA处理牛体细胞或处理卵母细胞可以促进胚胎发育并显著提高克隆小鼠的成功率。研究结果显示，TSA可以促进猪克隆胚胎的生长发育。VPA是一种具有组蛋白去乙酰化酶抑制剂抑制活性的短链脂肪酸，可改善小鼠和牛SCNT胚胎的质量；它具有与TSA类似的功能，并且更有效。尽管不同HDAC抑制剂的效果不同，并且对不同类型物种具有不同的功效，但毫无疑问，都具有提高核重编程效率和克隆效率的效果。

PsA作为一种新型的HDACi，可以显著改善克隆小鼠胚胎的发育，但仍未见在其他动物，尤其是在牛中应用。因此，本实验室以牛的孤雌胚胎和克隆胚胎为研究对象。通过在培养过程中添加HDACi PsA，分析PsA对牛孤雌胚胎和克隆胚胎的多能基因表达以及表观修饰因子的影响，并研究PSA对牛孤雌胚胎和克隆胚胎的潜在作用。这将为体细胞核移植胚胎重编程机制研究提供了可行性技术方法和理论依据，并为提高体细胞核移植效率提供丰富的实验依据，具有重要的理论意义和实用价值。

一、早期胚胎发育阶段的甲基化和乙酰化修饰

正常发育取决于染色质结构中精确的序列变化，主要与基因组DNA的甲基化以及组蛋白的乙酰化和甲基化状态相关。这些表观遗传修饰可以精确控制组织特异性基因的表达。据研究人员推测，哺乳动物包含大约25 000个基因和30 000～40 000个CpG二核苷酸序列。这些CpG序列主要存在于基因启动子区域，启动子区域通常位于基因上游200～2 000 bp的非编码区。该区域C＋G含量大于50%，CpG岛大于60%。CpG二核苷酸中胞嘧啶的正常甲基化在健康哺乳动物的发育中起着至关重要的作用，并且DNA甲基化对寄生性启动子活性也起到了关键的抑制性作用，是真核细胞基因沉默系统的一部分。此前，人们认为甲基化作用主要与基因的沉默有关，但是研究人员发现，越来越多的基因通过甲基化激活，尤其是肿瘤抑制基因以及与突变相关的基因。因此，表观遗传调控对于实现多细胞生物的生物学复杂性是必不可少的，其复杂性随基因组的大小而增加。

在哺乳动物的早期发育过程中，受精卵形成前后对重组基因组DNA进行了修饰。受精后，父源DNA主动并且迅速地去甲基化，而母源DNA进行被动的去甲基化，这在牛、猪、小鼠和人类的受精卵中更为常见。对人类胚

胎中整个基因组的DNA甲基化进行分析，发现母源基因组已被去甲基化，其在囊胚中的去甲基化程度小于小鼠，这在人类基因组中，对于增加印记基因差异甲基化区域（differentially methylated regions, DMRs）的数目有着较大作用。Ziller等还发现[150]，父源基因组发生全基因组去甲基化，但SINE-VNTR-Alu（short interspersed nuclear elements-variable number of tandem repeats-Alu）成分和一些其他串联重复序列包含的区域被专一地保护，不受全基因组去甲基化作用的干扰。这些结果说明，基因组DNA的重要部分不发生去甲基化，表明其存在遗传记忆。

根据Dean等人的研究[151]，胚胎的DNA在2-细胞阶段和囊胚阶段的甲基化程度升高，这与胚胎基因组转录的物种特异性有关。这些机制可确保早期发育阶段的关键步骤正确进行，包括细胞首次分裂、致密化、囊胚形成、扩增和孵出，这些都受到调控基因精密的表达调控。在发育的胚胎中，辅助生殖技术的应用，例如体外受精的培养，通常与异常的mRNA表达模式有关。并且，伴随更大的表观遗传障碍和更高的异常表型风险。

各种SCNT动物的相继出生，说明成熟卵母细胞有能力恢复已分化体细胞核的全能性。Gurdon等[151]的研究表明，在卵母细胞中重编程因子通过表观遗传修饰可参与高度压缩的体细胞染色质的分化，允许额外的修饰，使基因组转录因子参与到染色体中，并建立胚胎发育程序。事实上，在配子基因组中，高度乙酰化和低甲基化的染色质状态是相似的，从而在正常发育中增加了它们的表达。然而，SCNT后的错误重编程抑制了胚胎的发育，这可能是由于在体细胞基因中基因的性质不同或更高的基因标记的参与，使受精后发育程序的重组机制遇到重大困难，导致其不完整或不正确的重组。

SCNT中普遍存在异常的表观遗传修饰，例如组蛋白低乙酰化和DNA超甲基化等，这些异常的表观遗传修饰会导致SCNT胚胎的发育率、出生率和胎儿存活率降低。Chan等[33]和Bortvin等人[152]的研究发现：SCNT胚胎的异常表观遗传修饰会导致异常的基因表达谱，进而导致发育障碍或畸形动物的出生，例如胎儿和胎盘的超重、器官的异常大小、成年动物肥胖、免疫缺陷和呼吸困难。另外，在不恰当时期的卵母细胞组蛋白乙酰化作用增加会致使染色体缺陷并可能导致非整倍体胚胎的形成，进而导致早期胚胎死亡，自然流产和遗传性疾病。Akiyama等人[152]的研究已经表明，在小鼠卵母细胞的减数分裂过程中，组蛋白去乙酰化作用不足会导致非整倍体形成和胚胎死亡。

DNA甲基化由DNA甲基转移酶（DNA methyltransferase, DNMT）介导，作用于CpG序列的胞嘧啶中的第5个碳原子位点上。当前，发现了四个DNMT：DNMT1是一种维持酶，负责复制CpG二核苷酸的甲基化模式，在复制后合成半甲基化DNA链[53]，并且DNMT1还能够维护母体的印记；DNMT3a和DNMT3b最终不显示DNA的半甲基化，因此，作用为催化重新甲基化，这在发育过程中至关重要；DNMT2与其他DNMT同源，但仅表现出了少量的甲基转移酶活性。根据Chen等[35]的研究，DNMT3家族的其他成员，类似于DNMT3（如DNMT3L）的蛋白质，则不具备DNMT活性，但其参与生殖细胞中印记基因的甲基化，并与DNMT3a和3b相互作用以重新激活他们的甲基转移酶活性。

Klose等[36]的一项研究表明，DNA甲基化主要通过直接阻止DNA的转录激活因子与目标基因的结合，或结合甲基-CpG-结合蛋白（methyl-CpG-binding proteins, MBP）以及结合染色质重塑辅抑制因子复合物，沉默基因表达，进而对基因表达起到抑制作用。DNA甲基化对染色质结构中基因表达的影响通过修饰来维持，由MBP和DNMT的活性介导，并与组蛋白去乙酰基酶（histone deacetylase，HDAC）和组蛋白甲基转移酶（histone methyltransferase，HMT）组成复合物。

SCNT中的低乙酰化主要是由于HDAC在基因转录过程中的重要抑制作用造成的。组蛋白功能受多种翻译后修饰的调节，包括组蛋白赖氨酰ε-氨基的可逆乙酰化作用。该作用通过对抗组蛋白乙酰转移酶（HATs）和HDAC之间的活性的平衡来进行严格的调控。有18个潜在的人类HDACs，可分为4类。HDACs通过去除组蛋白尾部的ε-氨基赖氨酸残基的乙酰基，在转录调控中起着至关重要的作用。核移植后，细胞核和细胞质重组，但HDAC去除了乙酰组蛋白和其他蛋白赖氨酸上的ε-氨基上的乙酰基，进而降低了体内的乙酰化水平，导致大量核染色体聚集并导致转录抑制，阻碍了核转移后细胞正常发育的重编程并阻止了细胞分化和发育，这对SCNT胚胎发育起到了负面作用。

在植入前胚胎的发育过程中，父母的染色质经历了广泛而有效的重构过程，以生成胚胎基因组。卵母细胞质中的因子以蛋白质和mRNA的形式存储，它们调控配子中最初的染色质的重塑。胚胎基因组中因子的表达调节这些变化，这种染色质重塑贯穿整个早期发育，并且为未分化细胞指导特异性的命运。

在早期发育过程中，核的重编程需要表观遗传的修饰。表观遗传修饰会在遗传细胞分裂过程中改变染色质的结构，但是修改细胞转录时，DNA序列不会改变。一些表观遗传机制，包括DNA甲基化、ATP依赖性染色质重塑和组蛋白结构的变化、翻译后共价组蛋白尾端的修饰等。DNA甲基化作用于CpG，并与基因转录沉默有关。组蛋白修饰包括乙酰化、泛素化、类泛素化、甲基化和磷酸化。个别修饰会涉及转录激活或抑制。

哺乳动物基因的表达由多样的表观遗传水平调控。主要的4个决定因素有：非编码RNA、DNA甲基化、染色质的结构特征和组蛋白修饰。在真核染色质结构中，DNA或组蛋白甲基化与靶基因的基因转录沉默密切相关。组蛋白H3或H4的N末端赖氨酸乙酰化作用可确保核酸中的转录机制进入核小体DNA中，进而激活基因转录。并且，随着研究的进一步深入，对该机制有了更加详尽的了解。研究发现，组蛋白乙酰化作用具有很强的动态性，这意味着组蛋白赖氨酸会发生恒定的乙酰化和脱乙酰作用，并且由于这两种对立的活动之间相互影响，组蛋白乙酰化在提高核小体DNA解链和基因转录中发挥至关重要的作用。

H3K9的甲基化在生殖细胞程序性凋亡和减数分裂异常中起着尤其重要的作用，它的动态调节受特异的组蛋白甲基转移酶和去甲基化酶调控。研究表明，去甲基酶活性和H3K9甲基转移酶的缺乏会影响蛋白质表达，直接导致异常的减数分裂。

近年来，为了解决克隆胚胎中的表观遗传异常，进行了许多能提高核重编程效率的研究，例如使用表观遗传药物处理供体细胞或利用其诱导卵母细胞重编程。迄今为止，表观遗传药物已在提高SCNT胚胎的发育率和克隆率方面取得了巨大成功。为研究克隆胚胎的克隆机制和提高克隆效率提供了丰富的经验基础和技术手段，具有重要的意义和研究价值。

二、表观遗传药物

表观遗传学，也称为"外遗传学""表遗传学"和"后遗传学"，研究当DNA序列没有变化时基因功能的可逆和可遗传改变。这些改变包括：DNA修饰（例如，甲基化修饰）、组蛋白的各种修饰等，其修饰剂被称为表观遗传药物，包括HDACi和DNMTi等。

1. DNMTi

DNMTi针对异常启动子的超甲基化，可分为两类：核苷和非核苷类似物。最常使用的胞嘧啶核苷类似物是最有效的DNMT抑制剂，胞嘧啶环被修饰并对其产生抑制活性，包括5-氮杂胞苷（5-azacytidine）、5,6-二氢-5-氮杂胞苷（5,6-dihydro-5-azacytidine）、5-氟-2-脱氧胞苷（5-fluoro-20-deoxycytidine）、5-氮杂-2-脱氧胞苷（5-aza-2-deoxycytidine，5-AZA-CdR）和zebularine。这些核苷一旦作用于细胞，就会由核苷酸激酶（nucleoside kinase）修饰，然后合并，在细胞周期的S期直接（脱氧核苷）或伴随核糖还原（核糖核苷）进入DNA。胞嘧啶类似物会被合并进入DNA中，成为S期DNMT的最佳底物。但是，修饰的胞嘧啶环在酶和环之间会形成稳定的共价键，而由此产生的DNMT活性的细胞损耗，将会最终导致去甲基化DNA的合成。

2. HDACi

HDACi可以分为短链脂肪酸、环状四肽、苯甲酰胺和异羟肟酸，其中大多数通过阻断HDAC的催化位点来进行表达，并含有Zn^{2+}。HDAC抑制剂能够引起乙酰化的组蛋白的积累。从癌细胞中已经观察到，组蛋白乙酰基被纳入到核小体中并且可以逆转异常的表观遗传模式。Yoo等[154]的研究表明，HDACi活性不仅限于组蛋白，还会引起非组蛋白细胞蛋白质的高度乙酰化，至少在某种程度上通过不同于直接重塑染色质的机制调节HDACi的效应。

如今，提高SCNT效率的策略是促进卵母细胞重编程，使其通过供体细胞化学处理或细胞重建使其进行表观遗传修饰。在SCNT胚胎中观察到异常的遗传修饰，例如异常的组蛋白修饰和DNA甲基化。DNMTi和HDACi可以分别升高组蛋白乙酰化的水平和降低DNA甲基化的水平，这有助于将转移的细胞核的染色质打开，并调节异常的表观遗传修饰，促进重组因子在卵细胞质中出现，改善胚胎发育情况。

TSA是第一个成功应用于SCNT的HDAC抑制剂（HDACi）。TSA处理供体牛体细胞或供体牛卵母细胞可以促进胚胎发育，并且TAS处理可以显著提高克隆小鼠的存活率。研究结果表明，TSA也可以促进从猪克隆的胚胎的发育[155]。很多组蛋白去乙酰化酶抑制剂都应用于SCNT技术来提高重编程效率，促进克隆胚胎发育，例如维甲酸（VPA）、Scriptaid和oxamflatin等。其中，VPA是近些年来应用比较多组蛋白去乙酰化酶抑制剂，它是一个短链脂肪酸，具有组蛋白去乙酰化酶抑制剂抑制活性，可改善小鼠、牛和猪等

SCNT胚胎的质量，与TSA相比，VPA具有相似的作用，但是VPA相对来说更加有效。同时，Isaji等人[156]的研究也证明，VPA可以改善小鼠、牛和猪SCNT胚胎的发育和性能，比曲古抑菌素（trichostatin A，TSA）有相似或更好的效果。另一项研究表明[74]，用500 nmol/L Scriptaid处理猪SCNT中的供核细胞和早期克隆胚胎，能够提高后代0~1.3%的出生率。

FK228是天然的HDACi之一，具有独特的活性，使该复合物成为针对HDAC的第一个前体药物。当转化化合物FK228成为活性物质时，还原剂（例如谷胱甘肽）可以调节二硫键的还原，从而协调作用在HDAC催化区域中锌离子上的巯基。此外，研究表明，血液中含有FK228和谷胱甘肽复合物的巯基。因此，有与FK228相似活性的小分子具有很高的开发价值，它可以减少复合物与细胞蛋白的非特异性结合，并减少具有不良反应或细胞毒性的复合物的产生。

丁酸钠（NaBu）是一种无毒的脂肪酸，是通过碳水化合物的厌氧发酵在结肠中自然合成的，可以用作一种有效的HDAC抑制剂。NaBu是一种HDAC非竞争性抑制剂，与底物结合部位不相关，在体外的一系列细胞系中，它都可以诱导包括生长停滞和分化在内的有效的效应。在不同的系统中，NaBu不仅可以抑制组蛋白的去乙酰化，还可以抑制DNA甲基化和组蛋白的磷酸化；并且，在合适的浓度下促进猪体外受精胚胎的发育。Liu等[155]的研究表明，用NaBu处理可以增加猪卵母细胞的组蛋白乙酰化作用。在GVBD之后，用NaBu短时间处理猪卵母细胞可以提高其减数分裂的能力，但会使卵母细胞的成熟发生延迟。然而，目前尚不清楚它对牛卵母细胞的诱导作用。

5-杂氮-2'-脱氧胞嘧啶（5-Aza-2'-deoxyazacytidine，5-aza-dC），是一种能够提高SCNT胚胎的发育的DNMTi。研究表明，将供体细胞和牛SCNT胚胎用5-aza-dC和TSA联合处理可减少NT囊胚Line 1序列的甲基化水平，这与体外受精胚胎的水平类似；并且，上述处理方法可使克隆效率从2.6%提高到13.4%。但是，从供体细胞和克隆胚胎经5-aza-dC和TSA联合处理后的克隆牛和未经处理的克隆牛中观察到各种异常，包括胎儿过度生长综合征等。从这种现象来看，仅通过表观遗传修饰剂处理很难完全纠正表观遗传异常。尽管不同的HDAC抑制剂的作用效果不同，并且对不同物种具有不同的功效，但毫无疑问，它们可以提高克隆效率以及细胞核重编程效率。

3. Psammaplin A（PsA）

海洋天然产物PsA是一种从海绵中分离出来的溴代酪氨酸衍生物，并且在分子内部包含二硫键[157, 158]，具有轻微的细胞毒性，还具有抗癌和抗菌特性，还可以抑制诸如氨肽酶N(APN)、组蛋白去乙酰化酶（HDAC）、DNA甲基转移酶（DNMTs）和拓扑异构酶Ⅱ等的活性。

APN是锌依赖性金属蛋白酶。最初，PsA可通过在体外抑制APN来抑制血管生成[159]。HDAC的活性位点结构类似于金属蛋白酶和丝氨酸蛋白酶的共同结构，催化脱乙酰化的潜在机理类似于锌蛋白酶，例如APN和矩阵金属蛋白酶[85]。另外，锌蛋白酶抑制剂含有锌螯合组，例如巯基和羧酸盐。因此，PsA可通过还原反应暴露于抑制性基团，从而抑制某些锌依赖性酶，例如APN、HDAC和拓扑异构酶Ⅱ。

近年来，研究表明，微量浓度的PsA可通过选择性诱导与细胞周期阻滞和调节细胞凋亡相关的基因来预防几种癌症的扩散。例如，它对A549人肺癌细胞和MDA-MB-435乳腺癌显示出强生长的抑制活性。Kim和Pina等人的研究[160]发现，PsA在体外可以有效抑制HDAC活性并诱导HeLa细胞中H3的高度乙酰化，但不能引起微管蛋白乙酰化作用，这表明PsA至少在一定程度上抑制HDAC活性（主要针对HDAC1）。有许多报道表明，组蛋白高度乙酰化可能导致抑癌基因的上调（如凝溶胶蛋白和p21），并抑制肿瘤刺激物的产生，如缺氧诱导因子-1α（HIF-1α）和血管内皮生长因子（VEGF）。但是，PsA可以在细胞中选择性诱导组蛋白高乙酰化，从而导致在转录水平上以HDAC为靶基因的溶凝胶蛋白的逆转录。Kim等人[160]的研究显示，PsA可以以剂量依赖的方式降低溶凝胶蛋白的mRNA水平，该表达类似于辛二酰苯胺异羟肟酸（SAHA）的表达，并且可以作为积极调控（即PsA和SAHA分别诱导凝溶胶蛋白1.40和1.49倍的表达）。此外，根据Pina等人的研究，显示PsA还可以有效抑制DNMT活性，但随后的研究无法解释这种双重作用。

近年来，为了解决克隆胚胎中的表观遗传异常，很多研究都使用了表观遗传药物处理供体细胞或利用其诱导卵母细胞重编程。迄今为止，表观遗传药物已在提高SCNT胚胎的发育率和克隆率方面取得了巨大成功。为研究克隆胚胎的克隆机制和提高克隆效率提供了丰富的经验基础和技术手段，具有重要的意义和研究价值。

第五节　一例死亡克隆牛主要脏器组织学观察及胎盘印记基因甲基化水平分析

自1997年"多莉"羊的诞生以来，体细胞核移植（SCNT）技术在濒危动物保护、转基因动物生产、家畜良种选育及细胞衰老分化机理等领域，展示出了广阔的应用前景。目前，应用体细胞克隆技术已相继诞生猪、牛、羊、兔和水貂等多种动物。但是，目前克隆技术成功率仍然十分低，胎儿及胎盘出现发育异常，如脐带畸形、胎盘增生和胎盘血管缺陷等，并由此引起克隆胎儿的各器官发育缺陷。

克隆动物普遍存在印记基因异常的现象（如前文所述），而印记基因对于胎盘的发育、胎儿的生长具有关键的调控作用。大量文献报道了克隆牛、猪和羊等动物胎盘中，很多印记基因mRNA表达及DNA甲基化修饰出现异常。在克隆动物的胎盘，一些与调控其发育的重要印记基因，如H19、Peg3和Cdkn1c的差异甲基化区域（DMRs）都出现了异常甲基化状态。克隆胚胎印记基因DMRs甲基化异常很可能是造成克隆动物胎盘发育缺陷的关键因素。本章以1例出生后3 h死亡的克隆牛及其胎盘为研究对象，利用组织学方法对其主要脏器进行形态学观察，并利用BSP（亚硫酸氢盐测序）分析胎盘印记基因H19、Peg10及Snrpn的甲基化状态，以期为提高克隆效率提供参考数据。

（一）材料

1. 实验动物

转基因克隆牛，本章所选克隆牛饲养于吉林大学牛场。

2. 溶液配制

固定液：10%甲醛。

苏木精染液：称取苏木精粉0.5 g，铵矾24 g溶解于70 mL蒸馏水中，然后取NaIO 31 g，水5 mL，再加入甘油30 mL和冰醋酸2 mL，混合均匀，滤纸过滤，备用。

伊红染液：称取0.5 g水溶性伊红染液，溶于100 mL蒸馏水中。

稀盐酸酒精：用75%乙醇加1%盐酸。

不同浓度梯度乙醇、二甲苯和中性树脂。

（二）实验方法

1. 主要内脏器官的组织取材、固定及石蜡切片制备（HE染色）

（1）死亡克隆牛主要脏器（心、肝、脾、肺和肾脏）修整为1 cm左右组织块，放入10%甲醛中固定。

（2）修剪、脱水和透明：固定修剪后，放入包埋盒中，流水冲洗（彻底冲掉组织中的固定液）30 min。至于不同浓度的酒精脱水（30%、40%、50%、60%、70%、80%、90%、95%及无水酒精中各2次，每次1 h），逐渐脱去组织块中的水分。脱水之后将组织块置于透明剂二甲苯中透明，二甲苯为有机溶剂，既溶于水又溶于石蜡，以二甲苯替换出组织块中的酒精，再以石蜡包埋。

（3）浸蜡、包埋：将已透明的组织块置于已达到熔点的石蜡，放入溶蜡箱保温。待石蜡完全浸入组织块后利用包埋机进行包埋，冷却凝固成块即成。包埋好的组织块变硬，才能在切片机上切成很薄的切片。

（4）切片、展片和烤片：将包埋好的蜡块固定于切片机上，切成5 μm薄片，切下的薄片放到加热的水中烫平，再贴到载玻片上，放45℃恒温箱中烘干。

2. 染色过程

（1）脱蜡：二甲苯Ⅰ、Ⅱ各10 min。

（2）覆水：100%（Ⅰ、Ⅱ）、90%、80%和70%酒精各5 min，自来水冲洗5 min×3。

（3）苏木精染色5 min，根据染色情况，可以适当增加或减少染色时间，流水冲洗。

（4）1%盐酸酒精分化1 min，流水冲洗，用吸管滴加乙酸，布满玻片上的组织即可，分化后颜色变浅了一些，成为蓝色。

（5）返蓝：自来水冲洗10 min。

（6）伊红染色1 min，根据染色情况，可以适当增加或减少染色时间，流水冲洗。

（7）脱水：70%、80%、90%和100%酒精各10 s，二甲苯1 min，可以在通风橱自然晾干再封片，约5 min左右。

（8）滴上中性树胶，封片。

3.胎盘组织的亚硫酸氢盐测序分析（BSP）

（1）基因组DNA的提取及亚硫酸氢盐处理：利用动物组织基因组DNA提取试剂盒（TianGen）提取基因组DNA，每个样品取50 ng左右基因组DNA，用甲基化试剂盒(ZYMO)进行亚硫酸氢盐处理，并用于PCR反应。

（2）H19、Snrpn及Peg-10差异甲基化区域（DMRs）的甲基化PCR扩增。

根据牛H19、Snrpn及Peg-10 DMRs序列，设计甲基化PCR引物（见表5-3）。

表5-3　牛H19、Snrpn及Peg-10甲基化PCR引物序列

名　　称	核酸序列s(5′-3′)	片段长短(bp)	基因Bank号
Snrpn	F-GAGGTGTTGATGTGTGGTAGTA R-AACCAAACATTTTTACAACCAC	421	NW_931245
H19	F-TTTGGTTTTTGTTTGGATT R-ATAACTTCAAAATTACCTCCTACC	385	NR_003958.2
Peg-10	TTTGGTATAGGTGTGGGATT TACCACCCRTATCTAAACTTAAAT	261	NM_001127210.2

PCR反应总体系为25 μL，包括0.125 μL Taq DNA聚合酶(EX Taq, TaKaRa)，2 μL DNTP，上下游引物各1 μL，1 μL亚硫酸氢盐处理后的基因组DNA，剩余体积用水补平。扩增程序为：94℃预变性4 min，变性后加EX Taq DNA 聚合酶，94℃、30 s，52℃、40 s，72℃、30 s，共45个循环；72℃、7 min；4℃保存。DNA回收试剂盒（TianGen）回收目的片段，将回收的DNA用于BSP研究。

（3）BSP 测序：胶回收产物与pMD18-T 载体（TaKaRa）连接2 h，转化涂板后每个胶回收产物挑取15个阳性单克隆送上海生工测序。

（三）结　果

1.克隆牛主要内脏器官形态学观察

克隆牛出生时便表现出明显异常，母牛妊娠时就出现巨腹症，生产时出现过多的羊水，胎盘明显增生并充血，胎盘节的数量比正常受精胚胎显著减少。犊牛出生后，无法站立，在生后3 h后死亡。我们对死亡克隆牛进行剖检发现：肝脏和心脏体积较正常出生个体偏大，肝脏形态颜色正常，但局部呈黄色。肺脏是变化最大的脏器，颜色偏灰，肺张不全，表面覆盖有脂肪，克隆犊牛脾脏呈灰白色，但是肾脏形态和大小基本正常。将克隆犊牛主要内脏器官制片染色进行组织学观察，结果表明：克隆犊牛心肌细胞变细拉长，排列散乱，闰盘及横纹模糊，部分细胞核呈固缩状态着色变深（见图5-4A）；

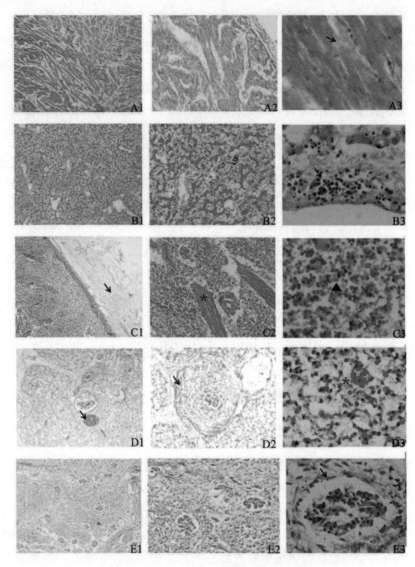

图5-4　克隆牛主要内脏器官组织学观察

A. 心脏：心肌细胞变细伸长，排列欠规则，横纹不明显（↓）；

B. 肝脏：肝脏被膜下淋巴细胞浸润（↓）；

C. 脾脏：脾脏被膜增厚（↓），脾脏小梁伸入实质（＊），实质中红髓与白髓没有明显分界，红髓的脾索脾窦均不清晰（↓）；

D. 肺脏：肺间质中毛细血管充血（↓），肺泡隔增厚，隔间毛细血管充血（＊）；

E. 肾脏：未出现明显异常（↓）。

注：A1-E1 100×、A2-E2 250×、A3-E3 1 000×

对于肝脏，肝小叶分界不清，肝细胞索紊乱、出现断裂，局部肝细胞胞浆溢出较多蛋白颗粒，肝细胞细胞质中，有大小不等的空泡，细胞核亦发生固缩，血窦及肝脏被膜下，发生炎性反应，有大量淋巴细胞浸润，肝血窦增大（见图5-4B）；脾脏被膜明显增厚，脾小梁结构明显，并含有平滑肌，但是实质中红髓与白髓不易区分，未见明显脾小体，并未见明显的脾索脾窦（见图5-4 C）；肺脏变化最为明显，各级毛细血管均观察到扩张充血，肺泡腔内具有红细胞，肺泡壁塌陷并未张开，肺泡隔增厚，肺泡上皮细胞呈立方形（见图5-4D）；肾脏组织结构与正常结构无差异，可见清晰肾小体（见图5-4E）。

2. 转基因克隆牛胎盘印记基因H19、Snrpn及Peg10 DMRs甲基化分析

亚硫酸氢盐处理基因组DNA，并以其为模板来扩增父源印记基因H19、母源印记基因Snrpn及Peg10的差异甲基化区域（DMRs），目的条带回收后连接T载体测序分析。利用BiQ analyzer分析序列甲基化水平。克隆牛胎盘印记基因H19、Snrpn及Peg10甲基化水平，如图5-5，转基因克隆牛胎盘印记基

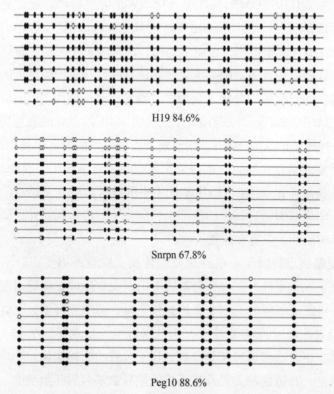

H19 84.6%

Snrpn 67.8%

Peg10 88.6%

图5-5 胎盘中印记基因H19、Snrpn及Peg10 DMRs甲基化水平分析

因H19及Peg10的甲基化水平分别为84.6%和88.6%，显著高于50%，出现超甲基化状态。印记基因Snrpn的甲基化水平为67.8%，也出现升高趋势。

（四）讨论

胎盘发育异常是克隆效率低，克隆动物流产、死亡的主要原因[161]，印记基因对于胚胎及胎盘的发育非常重要。因此，为确定印记基因表观调控与克隆动物过度生长及胎盘缺陷之间的联系，本研究利用BSP的方法，对一例出生后3 h即死亡的转基因克隆牛的主要脏器组织形态及胎盘印记基因Snrpn、Peg10及H19 DMRs的甲基化状态进行分析。结果表明，该克隆犊牛主要内脏器官均出现异常，呈现不同程度病理变化，胎盘H19及Peg10 DMRs甲基化水平显著升高，Snrpn的DMRs甲基化水平与正常胎盘相比虽有升高，但差异不显著。

胎盘H19及Peg10 DMRs出现了迷乱的超甲基化状态，可能引起基因表达抑制，使其表达量降低。Su等对转基因克隆牛的胎盘印记基因的甲基化模式进行分析，发现H19的DMRs高度甲基化。Wei 等报道产后死亡克隆猪胎盘的Igf2的DMR2以及H19的DMRs出现超甲基化。Peg10是母源印记基因，由Ono R等2001年首次报道[58]，在成年动物，该基因主要在脑、肾脏、肺脏中表达，但在胚胎组织及胎盘中高度表达。该基因参与调控胎盘形成，滋养层分化，并且在细胞增殖和分化以及凋亡过程中起调控作用。Liu等从流产的4个克隆牛胚胎中分析Peg3、Peg10等印记基因DMRs甲基化的表达情况，发现Peg3 和Peg10等印记基因DMRs，均出现了不同程度的异常甲基化[148]，这些结果与本研究的结果相吻合，本研究结果也显示母系印记基因Peg10甲基化水平显著升高。印记基因DMRs甲基化水平的异常与胎儿及胎盘的发育调控密切相关。印记基因通过调控胎盘的生长，来影响母体和胎儿之间的物质交换，最终影响胎儿的发育和生长。

我们观察到克隆犊牛心肌纤维变细伸长，横纹不明显。肝小叶分界不清，部分肝细胞索紊乱，肝血窦和被膜下出现炎症反应。肺脏出现明显病理变化，其各级细支气管的毛细血管均扩张充血，肺泡腔可见大量红细胞，壁塌陷，这与袁苏娅[162]等对克隆牛肺脏的病理组织学观察的结果一致。肾脏组织结构基本正常，而袁苏娅等也观察到了肾脏的病理变化。产生这种差异的原因可能是，肾脏的相关异常基因或印记异常基因的胚胎细胞，随机分化为滋养层细胞，而未参与内细胞团的形成，因此，虽然胎盘异常，印记异常，但是肾脏的发育并未受到显著影响，这可能也是少数克隆动物能够成功诞生并健康成长的原因。

总之，在出生后3 h死亡的克隆犊牛及其胎盘中，我们观察到了父源印记基因H19及母源印记基因Peg10 DMRs的异常甲基化。印记异常，导致胎盘发育异常，进而会影响克隆牛胎儿发育。因此，推测克隆过程并未使供核细胞的印记完全擦除，其表观重编程是不完全的，导致了印记基因H19和Peg10的迷乱的甲基化状态，最终导致胎儿和胎盘的异常发育，同时也让我们看到正确表观重编程在胚胎发育过程中的重要作用。

第六节 TRIM28下调对牛植入前胚胎H3K9me3 与H3K9ac表达分布的影响

组蛋白的甲基化修饰参与了哺乳动物体内的许多生物学过程，尤其是正常染色质中组蛋白H3赖氨酸第9位点（H3K9）的表观修饰，在抑制转录中起重要作用。本节中，使用免疫荧光染色的方法探究了TRIM28下调，对植入前胚胎H3K9me3及H3K9ac表达和分布的影响。

（一）材料

1.实验材料

冷冻精子（品种为西门塔尔，购自长春新牧科技有限公司），牛卵巢（购自长春本地屠宰场）。

2. 主要试剂及耗材

化学合成的针对牛TRIM28的3对siRNA和1对无义siRNA（上海吉玛公司），双抗（青霉素、链霉素）购自Thermo公司，胎牛血清（FBS），兔抗组蛋白 H3（acetyl K9）多克隆抗体，兔抗组蛋白 H3（tri methyl K9）多克隆抗体购自abcam公司，FITC-羊抗兔IgG二抗购自boster公司，FSH，17β-雌二醇，LH（Sigma），透明质酸酶，肝素，石蜡油，细胞松弛素CB，牛血清白蛋白，4%多聚甲醛，Hoechst，Triton，蜡和凡士林混合物，防荧光淬灭剂，无水乙醇，PVP-360；毛细玻璃管（三种），移液枪及枪头，10 mL注射器，酒精灯，细胞培养皿，EP管，盖玻片，载玻片。

3. 主要溶液配制

生理盐水：每升双蒸水9 g氯化钠，高压灭菌。

卵母细胞成熟液：TCM-199（9.5 g/L），碳酸氢钠 2.2 g/L，丙酮酸钠 0.22 g/L。

PBS磷酸盐缓冲溶液：氯化钠8 g/L，氯化钾0.2 g/L，磷酸氢二钠1.15 g/L，磷酸二氢钾0.2 g/L。

操作液：TCM-199（9.5 g/L），碳酸氢钠 2.2 g/L，HEPES 5.9 g/L，牛血清白蛋白3 g/L。

酸性台氏液：氯化钠 8 g/L，氯化钾0.2 g/L，二水氯化钙0.24 g/L，氯化镁0.047 g/L葡萄糖0.5 g/L，PVP 2 g/L。

TALP受精液：见表5-4。

SOF胚胎培养液：见表5-5。

表5- 4　TALP

成分	g/100 mL
氯化钠	0.66
氯化钾	0.023
磷酸二氢钾	0.005
碳酸氢钠	0.21
二水氯化钙	0.029
氯化镁	0.005
葡萄糖	0.09
牛血清白蛋白	0.3
乳酸钠	0.187
丙酮酸钠	0.01

表5- 5　SOFaa

成分	g/100 mL
氯化钠	0.629
氯化钾	0.053
磷酸二氢钾	0.016
碳酸氢钠	0.261
二水氯化钙	0.025
氯化镁	0.005
葡萄糖	0.043
谷氨酰胺	0.015

续表

成分	g/100 mL
乳酸钠	0.047
丙酮酸钠	0.036
牛血清白蛋白	0.4
必需氨基酸	2 mL
非必需氨基酸	1 mL

4. 主要常用仪器

见表5-6。

表5-6　实验常用仪器

仪器名称	型号	产地
电热恒温水浴锅	DK-8D三温三控水槽	上海
显微操作系统	OLYMPUS	日本
CO_2培养箱	Thermo BB150二氧化碳培养箱	美国
倒置荧光显微镜	OLYMPUS IX73、OLYMPUS IX71	日本
正置荧光显微镜	OLYMPUS BX51	日本
体式显微镜	MOTIC SMZ-140 SERIES	厦门
移液器	DRAGONMED	北京
水平离心机	Aida TD5Z	中国
离心机	SiGMA	德国
超净工作台	S-SW-CT-IFD超净工作台	上海
高压蒸汽灭菌器	Panasonic MLS-3751L	日本
恒温摇床	HZQ-F160振荡培养箱	哈尔滨
电子天平	SHIMADZU AUY220	日本
离心机	SiGMA	德国
振荡器	ZP-400振荡器	苏州
恒温磁力搅拌器	78HW-1恒温磁力搅拌器	江苏
pH计	Insmark IS139	上海
恒温热台	Yamatake Sdc15	日本
拉针仪	Narishge PC-10	日本
磨针仪	Narishge EG-400	日本
断针仪	Narishge MF-900	日本
液氮储存罐	Thermo	美国
冰箱	Haier BCD-215TS	青岛
台式电脑	Lenovo 启天B4500-B452	北京

（二）研究方法

1. 卵母细胞的获取

从长春当地的屠宰场获得牛卵巢，并用含有青霉素的温度为38.5°C的无菌生理盐水洗涤。使用洁净的10 mL 12号针头从抽取牛卵巢浅表直径2~7 mm卵泡中的卵泡液。在相对无菌（细胞间）环境中将卵泡液转移到培养皿中。使用体式显微镜进行监测，通过口吸管和吸卵针吸取卵母细胞，在M199卵母细胞成熟液中将其洗净两次，将其放入含有FBS、FSH、LH和17β-雌二醇的M199卵母细胞成熟液中（提前将成熟液放置在5%CO2/38.5℃培养箱中平衡4 h以上）。此时，卵母细胞处于GV期，22~24 h后，卵成熟到MⅡ阶段。利用提示显微镜观察并统计卵母细胞成熟率。

2. siRNA显微注射下调TRIM28的表达

本实验室已筛选出有效干扰TRIM28表达的siRNA（化学合成的三种siRNA混合siRNA）[141]，用此有效siRNA以及含5 μg/mL CB的操作液，在直径60 mm的培养皿皿盖上制作显微操作滴（每滴30 μL）并盖上石蜡油；用卵母细胞体外成熟液清洗刚刚抽取、口吸管捡出的GV期卵母细胞，用透明质酸酶去除其周围的颗粒细胞，清洗后移至含有CB的操作滴中，利用倒置显微镜和显微操作系统进行显微操作，用拉针仪、磨针仪和断针仪提前制作的持卵针吸持住卵母细胞，以注射针吸取适量有效siRNA，并将其注入卵母细胞胞质中央位置，注入量约为胞质体积的3%~5%；而后，将注好的卵母细胞放回卵母细胞体外成熟液中，置于二氧化碳培养箱继续培养，22~24 h后观察并统计卵母细胞成熟率。

3. 体外受精（IVF）

首先，在38.5℃、5%CO$_2$的培养箱中平衡20 min以上的DPBS精子洗液和TALP受精液。从液氮中取出冷冻精子，于38.5℃水浴中解冻，然后用酒精棉擦拭。将冻精管在超净台中剪开，让精子流入热好的DPBS洗液中，水平离心机离心以去除上清液，然后用TALP离心机洗涤，最后将稀释的精子与TALP混合以制成微滴（100 μL/滴，总共3滴）盖油，并且此过程需要确保每个滴中的精子浓度和活力都满足自然受精范围;将培养至成熟的对照组或下调组MⅡ期卵母细胞在TALP微滴中清洗后，移至精子滴中进行体外受精；约22 h后，将其转移到SOF胚胎培养液中进一步培养；每48 h换液一次，注意胚胎卵裂并每12 h记录一次，记录并统计卵裂率。

4. H3K9me3和H3K9ac在不同阶段胚胎中的表达分布

通过免疫荧光染色研究H3K9me3和H3K9ac在胚胎不同阶段的表达分布。使用口吸管和移卵针将来自对照组和测试组的成熟MⅡ卵以及胚胎发育至2-细胞、4-细胞、8-细胞和囊胚阶段的胚胎转移到酸性台氏液中以去除透明带。随后，在室温避光固定4%多聚甲醛30 min，TRITON透化30 min、2%BSA（牛血清白蛋白）在38.5℃下作用1.5 h，一抗（H3K9me3 / H3K9ac）在38.5℃作用1.5 h，二抗（FITC-绵羊抗兔IgG）在38.5℃避光作用1.5 h，在室温下将Hoechst避光作用12 min。所有上述过程均用含0.1%PVP的PBS溶液清洗干净，最后在载玻片上使用蜡和凡士林的混合物固定四个角以支撑盖玻片，在中间滴入少量荧光淬灭剂，将最终洗好的胚胎移至其内，封片。利用正置显微镜OLYMPUS BX51拍摄图像，紫外光激发核染料为蓝色光，绿光激发二抗为红色光。照相系统为"CellSens Standard"。

5.数据整理与分析

用荧光成像系统CellSens Standard对免疫荧光染色图片进行拍照处理，Image J分析图像，用SPSS19.0进行数据分析，独立样本t检验中P值 < 0.05时，则认为差异显著。

（三）结果与分析

1. 正常牛卵母细胞成熟率及TRIM28下调后卵母细胞成熟率

本实验中，正常的卵母细胞成熟时间为18～22 h，成熟率为74.38% ± 3.77%，TRIM28下调的卵母细胞的成熟时间为23～24 h，成熟率为62.52% ± 2.13%，二者成熟率差异不显著（$P > 0.05$）（见表5-7）。

表5-7 卵母细胞成熟率

	成熟率（%）
正常卵母细胞	74.38±3.77
TRIM28下调卵母细胞	62.52±2.13

2. 卵母细胞TRIM28下调对胚胎发育及卵裂率的影响

正常IVF胚胎开始卵裂时间为受精后16～22 h，卵裂率为63.84% ± 2.22%，TRIM28下调的IVF胚胎开始卵裂时间为受精后28～32 h，卵裂率为49.28% ± 2.73%，二者差异显著（$P < 0.05$）（见表5-8）。

表5-8　TRIM28下调胚胎及IVF胚胎卵裂率

	2-细胞（%）	4-细胞（%）	8-细胞（%）
对照组IVF胚胎	63.84±2.22	59.37±5.92	37.26±3.88
TRIM28下调胚胎	49.28±2.73	44,56±4.72	29.55±5.69

3. H3K9me3和H3K9ac在不同阶段胚胎中的表达分布

为研究下调TRIM28对植入前胚胎H3K9me3和H3K9ac表达分布的影响，我们采用了免疫荧光染色的方法对其表达分布进行分析。结果表明，正常IVF胚胎H3K9me3和H3K9ac均在2-细胞有荧光信号，4-细胞、8-细胞信号强度逐渐降低，8-细胞表达减少尤为显著，信号微弱（见图5-6、5-7）；H3K9me3

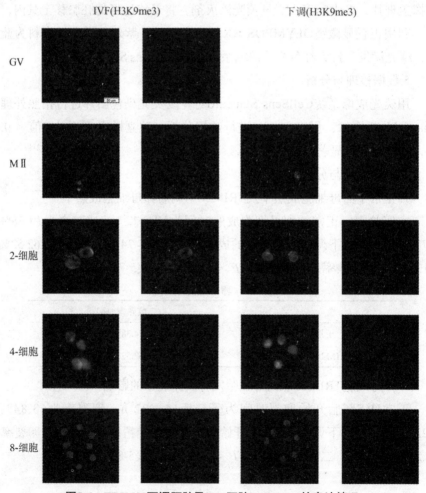

图5-6　TRIM28下调胚胎及IVF胚胎H3K9me3的表达情况

和H3K9ac均分布在细胞核内，在GV期卵母细胞中表达，在MⅡ期卵母细胞中表达量极低，对照组和下调组MⅡ期卵母细胞的H3K9me3和H3K9ac几乎无荧光信号（见图5-6、5-7）；相比于IVF组，2-细胞和4-细胞阶段TRIM28下调胚胎的H3K9ac表达水平有所升高，8-细胞阶段TRIM28下调胚胎与对照组相比H3K9ac水平没有显著差异（$P > 0.05$）（见图5-6、5-8）；下调TRIM28后相比于IVF组，2-细胞阶段TRIM28下调胚胎的H3K9me3表达水平显著降低（$P < 0.05$），4-细胞和8-细胞阶段TRIM28下调胚胎H3K9me3水平没有显著差异（$P > 0.05$）（见图5-6、5-8）。TRIM28下调胚胎H3K9ac水平各个阶段均没有显著差异（$P > 0.05$）（见图5-7、5-9）。

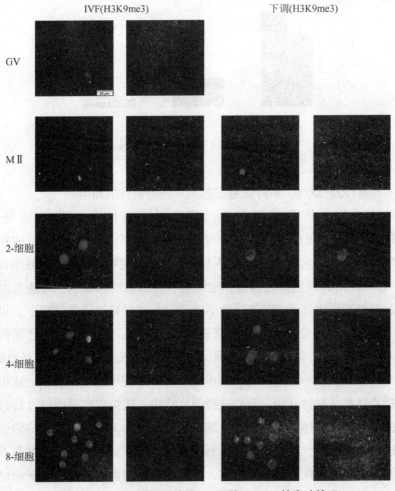

图5-7　TRIM28下调胚胎及IVF胚胎H3K9ac的表达情况

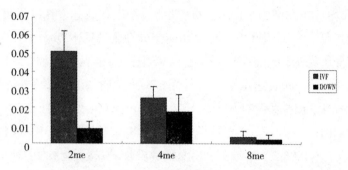

图5-8 TRIM28下调胚胎及IVF胚胎H3K9me3的表达情况

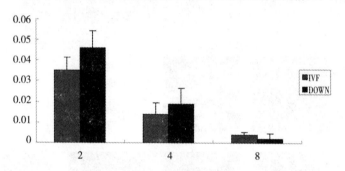

图5-9 TRIM28下调胚胎及IVF胚胎H3K9ac的表达情况

（四）讨论

1.下调TRIM28对牛卵母细胞成熟率及胚胎发育的影响

本实验中，卵母细胞正常的成熟时间为18~22 h，成熟率为74.38%±3.77%，TRIM28下调的卵母细胞的成熟时间为23~24 h，成熟率为62.52%±2.13%，二者成熟情况差异不显著。结果表明，卵母细胞注射siRNA下调TRIM28对其成熟情况具有一定影响，分析该现象原因，可能是由于卵母细胞对细胞质中注入siRNA的量不适应，并且在显微操作过程中，机械损伤会导致部分卵母细胞成熟时间延迟，生长停滞，或成熟前便已死亡。因此，卵母细胞下调TRIM28后成熟时间比对照组稍长，且成熟率相对偏低。

为了提高成熟率，应尽可能减少显微操作过程中的机械损伤。这可以从制作持卵针和注射针开始。我们选择厚度适中，吸持口径适中以及持口平整光滑的持卵针。选择断口小，针尖细，坡度平缓均匀的注射针。持卵针主要用于固定卵母细胞，此过程需要控制吸力，以确保固定稳定并且细胞不会受到太大损坏。经过我们的不断尝试，我们发现持卵针的外径略大于卵母细胞的直径，并且将吸持口径控制在卵母细胞直径的四分之一左右时最为适用。

若吸持口径太大则损伤细胞，太小则难于固定。在显微操作过程中，注射针尤为重要。在制作时，可以将针尖轻轻磕碰出一个小断口，并保持针尖细，坡度平滑，以减少刺破卵母细胞带来的机械损伤。

在对照组中，IVF胚胎在受精后18～22 h开始卵裂。卵裂率为63.84%±2.22%，4-细胞率为59.37%±5.92%，8-细胞率为37.26%±3.88%，囊胚率为10.18%±6.37%，TRIM28下调胚胎在受精后的28～32 h开始卵裂。卵裂率为49.28%±2.73%，4-细胞率为44.56%±4.72%，8-细胞率为29.55%±5.69%，几乎不会发育到囊胚。对照组胚胎卵裂率良好，并且能够发育至囊胚阶段。与对照组相比，TRIM28下调的胚胎卵裂率低，卵裂速度慢，差异显著（$P <$ 0.05）。原因之一可能是卵母细胞在显微注射过程中受到了机械损伤，更重要的一点是，推测在胚胎早期发育过程中缺乏TRIM28的调控会导致印记丢失，这与Messerschmidt[163]等人的研究结果相同。此外，这些卵母细胞来自长春当地的屠宰场。运输环境差、时间长、质量难以保证，也可能影响胚胎的体外发育。

2. H3K9me3和H3K9ac在不同阶段TRIM28下调胚胎中的表达分布

在哺乳动物基因功能研究中，RNA干扰（RNAi）现已成为一种广泛使用的基因沉默技术。通过引入内源性mRNA同源双链RNA，诱导靶RNA被特异性降解，最终使靶基因沉默。在本实验中，使用免疫荧光染色方法，通过对牛GV期卵母细胞进行显微注射siRNA来下调TRIM28在卵母细胞中的表达。我们选择了哺乳动物植入前胚胎表观修饰的两个重要位点H3K9me3和H3K9ac进行研究。

在真核细胞中，细胞核中的组蛋白尾对多种共价修饰都非常敏感，包括甲基化、泛素化、磷酸化和乙酰化。组蛋白尾上的遗传标记可以参与招募一些效应蛋白及效应蛋白复合体，并通过改变染色质的结构来调控基因表达，从而调节染色质的各种功能。这是一种动态的转录调控模式[164]，例如小鼠的基因表达，染色体分离以及DNA复制[165]。

免疫荧光结果表明，H3K9me3和H3K9ac均分布在细胞核中，在GV期卵母细胞中表达，而在MⅡ期卵母细胞中的表达量非常低。对照组和下调组MⅡ期卵母细胞的H3K9me3和H3K9ac几乎没有荧光信号（见图5-6、5-7），这与张胜[166]等的结果相一致。该结果表明，MⅡ期卵母细胞中的组蛋白H3K9并没有表观遗传三甲基化和乙酰化的标记，这可能意味着H3K9me3

和H3K9ac对牛的减数分裂具有特定作用，而MⅡ期卵母细胞 H3K9me3和H3K9ac的消失，则可能是在为受精后的其他修饰位点的表观重编程做准备。牛正常IVF胚胎的H3K9me3和H3K9ac均在2-细胞期有荧光信号，信号强度从4-细胞、8-细胞逐渐降低。8-细胞表达减少尤为明显，并且信号微弱（6、7）。说明牛体外受精植入前胚胎8-细胞阶段H3K9的三甲基化和乙酰化水平均达到最低值。

H3K9me3最初是在小鼠和绵羊的研究中发现的。据报道，在小鼠植入前胚胎中也检测到H3K9me3信号，且H3K9me3信号强，表达水平高[148]，侧面说明H3K9me3对牛植入前胚胎的发育中起重要作用。下调TRIM28后，与IVF组相比，2-细胞阶段TRIM28下调胚胎的H3K9me3表达水平明显降低（$P < 0.05$），4-细胞和8-细胞阶段TRIM28下调胚胎H3K9me3水平没有显著差异（$P > 0.05$）（见图5-6、5-8）。这一发现表明，TRIM28的下调对发育至2-细胞的胚胎中的H3K9me3水平有最大影响。这可能是由于TRIM28组成的表观抑制复合体对一些如HP1、SETDB1等效应因子的招募作用，参与H3K9的表观遗传修饰中，也就是说，TRIM28的积累与H3K9me3呈线性相关，因此，在下调早期对H3K9me3的水平具有显著的抑制作用[167]。

与IVF组相比，TRIM28下调胚胎H3K9ac表达水平在2-细胞和4-细胞阶段升高，8-细胞阶段TRIM28下调胚胎与对照组相比H3K9ac水平没有显著差异（见图5-7、5-9）。在哺乳动物细胞核中，组蛋白乙酰化和去乙酰化是可逆的动态平衡，共同调节染色质的结构和基因表达。该过程主要由组蛋白乙酰转移酶（HATS）和组蛋白去乙酰化酶（HDACs）调控。TRIM28下调节胚胎中H3K9乙酰化水平升高，组蛋白乙酰化异常，就会促进DNA和组蛋白的解离，松弛染色体结构，并最终增强基因的转录。该结果还表明植入前胚胎中TRIM28在修饰表观修饰和基因表达调控中起重要作用。

总之，通过本节实验，证明TRIM28下调对卵母细胞成熟影响较小，但对胚胎卵裂率有显著影响；下调TRIM28后相比于IVF组，2-细胞阶段TRIM28下调胚胎的H3K9me3表达水平显著降低（$P < 0.05$），2-细胞和4-细胞阶段TRIM28下调胚胎的H3K9ac表达水平则有所升高。

第七节　TRIM28对牛早期SCNT胚胎发育的表观调控

体细胞核移植的成功率很低，并且经常会出现克隆体发育异常。研究表明，印记模式干扰可能是SCNT效率低的原因之一。TRIM28是正常发育和分化的主要调控因子。母系TRIM28对于胚胎正常发育是功能性的。母系TRIM28缺失会导致印记丢失。为了进一步研究牛TRIM28基因对SCNT胚胎发育的影响，本实验通过亚硫酸盐测序，免疫荧光染色和荧光定量PCR研究了牛TRIM28基因对植入前SCNT胚胎的影响。

（一）材料

1.实验材料

长春当地屠宰场获得的牛卵巢，以及母牛子宫内未出生的牛胎儿。

2.实验主要试剂及耗材

兔抗组蛋白 H3（acetyl K9）多克隆抗体，FITC-羊抗兔IgG二抗购自Boster公司，兔抗组蛋白 H3（tri methyl K9）多克隆抗体购自abcam公司，DNA/RNA微量提取试剂盒（AllPrep DNA/RNA Micro Kit）购自Qiagen公司，PMD-18T载体试剂盒购自宝生物工程有限公司，大肠杆菌DH5α感受肽细胞购自Tiangen公司，甲基化试剂盒（EZ DNA methylation-Direct Kit）购自Zymo Research，DNA凝胶回收试剂盒购自爱思进生物技术有限公司，荧光定量PCR试剂盒（SYBR®Premix Ex TaqTM Ⅱ），引物（18s，TRIM28，菌液PCR通用引物）合成自上海Sangon Biotech公司，反转录试剂盒购自全式金，热启动酶Ex Taq，dNTP，2×Taq PCR Green Mix购自TaKaRa公司，双抗（青霉素、链霉素）购自Thermo公司，M-199卵母细胞成熟液（Gibco），操作液，SOF胚胎培养液，LB培养基（液体、固体），17β-雌二醇，FSH，LH购自Sigma公司，DMEM细胞培养液，TAE，EB，青-链霉素（Thermo），二甲基亚砜，氨苄西林，胎牛血清（FBS），6-DMAP，胰蛋白酶，离子霉素，透明质酸酶，牛血清白蛋白，细胞松弛素CB，石蜡油，β巯基乙醇，4%多聚甲醛，Triton，Hochest，防荧光淬灭剂，PVP-360，PBS溶液，石蜡凡士林，无水乙醇；细胞冻存管（Corning），无酶枪头，无酶管，毛细玻璃管（三种），EP管，10 mL注射器，酒精灯，24孔板，细胞培养皿，盖玻片，载玻片。

3.主要溶液配制

细胞培养液：含有10%FBS（胎牛血清）和100 U/mL双抗的DMEM培养液。

LB培养基（液体）：胰蛋白胨10 g/L，酵母5 g/L，氯化钠10 g/L，高压灭菌，4℃保存。LB培养基（固体）：胰蛋白胨10 g/L，酵母5 g/L，氯化钠10 g/L，琼脂15 g/L，高压灭菌，50℃加入氨苄西林制作培养皿。

融合液：甘露醇51 g/L，二水氯化钙0.021 g/L，硫酸镁0.012 g/L，HEPES 0.12 g/L，PVA 0.1 g/L。

4. 主要实验仪器

见表5-9。

表5- 9　实验常用仪器

仪器名称	型号	产地
电热恒温水浴锅	DK-8D三温三控水槽	上海
显微操作系统	OLYMPUS	日本
CO_2培养箱	Thermo BB150二氧化碳培养箱	美国
体式显微镜	MOTIC SMZ-140 SERIES	厦门
倒置荧光显微镜	OLYMPUS IX73、OLYMPUS IX71	日本
正置荧光显微镜	OLYMPUS BX51	日本
细胞融合仪	BTX ECM 2001	美国
荧光定量PCR仪	ABI7500荧光定量PCR仪	美国
水平离心机	Aida TD5Z	中国
离心机	SiGMA	德国
超净工作台	S-SW-CT-IFD超净工作台	上海
干热箱	Yamato DKL410C送风定温恒温箱	日本
高压蒸汽灭菌器	Panasonic MLS-3751L	日本
电子天平	SHIMADZU AUY220	日本
振荡器	ZP-400振荡器	苏州
移液器	DRAGONMED	北京
恒温磁力搅拌器	78HW-1恒温磁力搅拌器	江苏
恒温热台	Yamatake Sdc15	日本
拉针仪	Narishge PC-10	日本
磨针仪	Narishge EG-400	日本

续表

仪器名称	型号	产地
断针仪	Narishge MF-900	日本
自动制冰机	GRANT XB130-FZ/R134A	杭州
超低温冰箱	海尔DW-86L386立式超低温保存箱	北京
PCR仪	东胜龙ETC811	北京
电泳仪	DYY-10C型电泳仪	北京
凝胶成像仪	WEALTEC Dolphin-DOC	美国
紫外白光透射仪	WD-9403F紫外分析仪	北京
微波炉	Galanz微波炉	广东
pH计	Insmark IS139	上海
液氮储存罐	Thermo	美国
冰箱	Haier BCD-215TS	青岛
台式电脑	Lenovo 启天B4500-B452	北京
恒温摇床	HZQ-F160振荡培养箱	哈尔滨

（二）研究方法

1. 供核细胞的获取、培养和冻存

在本实验中，用于体细胞核移植的供体细胞是牛胎儿的成纤维细胞，通过将牛子宫中未出生胎儿的腹部皮肤分离培养获得。无菌条件下剪取一块牛胎儿腹部皮肤组织，用含有青霉素和链霉素的PBS洗涤，然后用干热灭菌处理的剪刀镊子，将组织在培养皿中切成细碎小块，加入含有10%血清和1%双抗的DMEM细胞培养液，然后直接放入CO_2细胞培养箱中。定期监控细胞生长情况并及时更换培养液。细胞盖住培养皿底部后，小心取出组织块并进行细胞传代。取3~5代细胞作为核供体细胞。

成纤维细胞冻存：成纤维细胞覆盖整个培养皿底部后，吸出培养液，加入适量的胰蛋白酶并在37℃下孵育3 min，在倒置显微镜下观察到细胞从培养皿底部分离，并从纺锤形变为球形即可，加入胎牛血清以终止消化，用无菌PBS（2 000 r/min 5 min离心）洗涤两次，再加入含10%二甲基亚砜的胎牛血清，用移液枪吹吸混匀，移至细胞冻存管放入Dianrui盒中（逐渐降温），在-80℃的低温冰箱中冷冻24 h，然后将其存储在液氮中。

2. 体细胞核移植（SCNT）

用透明质酸酶去除MⅡ卵母细胞周围的颗粒细胞。在无菌环境下，将含5 μg/mL CB的操作液在直径60 mm培养皿皿盖内制作成6~9个30 μL 操作微滴。盖油，将卵母细胞移到操作滴中，并使用倒置显微镜和显微操作系统进行显微处理。用拉针仪、磨针仪和断针仪提前制作的持卵针固定待去核的卵母细胞。调整卵母细胞的位置，使第一个极体的位置在三点钟方向，用注射针刺入卵母细胞透明带，斜口正对卵膜下的第一极体，缓缓将第1极体及附近少部分胞质一并吸出，即在保证高去核率的前提下，减少细胞质的去除。用0.25%胰蛋白酶消化液消化接触抑制的供体细胞5 min，镜下观察确定消化完全后，加入血清终止消化；DMEM清洗两遍后（离心）放入卵母细胞相邻的微滴中；选择完整的和可回收的供体细胞；使用注射针吸取成纤维细胞并将其注射到去核后的卵母细胞卵周隙中。供体细胞应尽可能靠近细胞质，将其安置在融合池中（微电极法），将连接融合仪的两个微电极分别连接到融合槽的两个电极接头上，用移卵针吹吸拨动重构胚位置使得核质接触面与融合槽方向平行（与电流方向垂直），融合仪进行电融合；电融合参数为：直流电电压100 V，10 μs脉冲时长，2次脉冲；电融合后，挑选融合成功的重构胚，用离子霉素（5 min）联合6-DMAP（4 h）的方法进行胚胎激活，最终置于SOF胚胎培养液中继续培养，每48 h换液一次，每12 h观察记录一次胚胎卵裂情况，记录并统计卵裂率。

3.胚胎的培养及收集

SCNT胚胎以及对照组正常IVF胚胎在SOF胚胎培养液中进行胚胎的体外培养。收集不同阶段胚胎（2-细胞、4-细胞、8-细胞、囊胚），用酸性台式液除去透明带，用0.1%PVP的PBS溶液洗涤，然后放置在含有β-巯基乙醇的细胞裂解（DNA/RNA微量提取试剂盒中的）中（细胞数量不少于200个）并储存在-20℃备用。

4. DNA/RNA的提取以及cDNA的获取

使用DNA/RNA微量提取试剂盒，按照说明步骤提取不同阶段（2-细胞、4-细胞、8-细胞和囊胚）SCNT胚胎以及对照组正常IVF胚胎的DNA和RNA，步骤如下：

（1）因为细胞数小于500个，所以需向细胞中加入20 ng载体RNA（稀释后加入5 μL），加RLT Plus至350 μL，振荡混匀。

（2）混匀后移至AllPrep DNA收集柱中，放在2 mL管上（提供），9 000×g离心45 s。

（3）将AllPrep DNA收集柱放到新的2 mL管上（提供），4℃存放以便进行后续DNA纯化。

（4）向第2步得到的滤液中加入350 μL 70%乙醇，混匀后移至RNeasy MinElute收集柱中，9 000×g离心30 s，弃废液。

（5）加入700 μL RW1，9 000×g离心30 s，弃废液。

（6）加入500 μL RPE，9 000×g离心30 s，弃废液。

（7）加入500 μL 80%乙醇，9 000×g离心2 min，弃废液。

（8）将RNeasy MinElute收集柱移至一个新的1.5收集管内（提供），加入20 μL RNase-free水，全速离心1 min，得到RNA洗脱液，−80℃保存。

（9）向步骤3得到的RNeasy MinElute收集柱中加500 μL AW1，9 000×g离心30 s，弃废液。

（10）加500 μL AW2，全速离心2 min，弃废液。

（11）弃废液后，全速离心1 min，将AllPrep DNA收集柱放在一个新的1.5 mL离心管内，加入50 μL 70℃预热好的EB，静置2 min（室温）。

（12）9 000×g离心1 min。

重复第6步，得到DNA洗脱液，−80℃保存。

得到RNA洗脱液后，利用反转录试剂盒（全式金）将RNA反转录为cDNA，体系见表5-10。

表5-10　反转录体系

成　分	体　积
RNA	6 μL
Anchored Oligo(dt)18 Primer	1 μL
Random Primer	1 μL
TransScript RT/RI Enzyme Mix	1 μL
gDNA Remover	1 μL
2×TS Reaction Mix	10 μL

25℃孵育10 min，42℃ 30 min，85℃ 5 s，最终将收集到的cDNA放置于−80℃保存。

5. TRIM28在不同阶段SCNT胚胎中的表达

以正常的IVF胚胎为对照，通过荧光定量法在验证了不同阶段TRIM28在SCNT胚胎（2-细胞、4-细胞、8-细胞和囊胚）中的表达。将SCNT胚胎和正常IVF胚胎在不同阶段（2-细胞、4-细胞、8-细胞和囊胚）提取的RNA逆转录为cDNA（全式金反转录试剂盒），然后使用荧光定量PCR仪（ABI，

7500）检测SCNT胚胎和对照组正常IVF胚胎中的TRIM28的表达量。

本实验室已完成标准曲线制作，得到了内参基因18sRNA和TRIM28的标准曲线，结果表明各基因具有一致的扩增效率且接近100%，这满足了采用△△CT法的条件。摸索好质粒最佳反应条件以后，以各阶段实验组和对照组cDNA为模板，每个样本设置三个重复，且每个基因均设置阴性对照。TaKaRa的荧光定量PCR试剂盒（SYBR®Premix Ex TaqTM Ⅱ）体系见表5-11。

表5- 11　荧光定量PCR反应体系（20 μL）

成　份	体　积
SYBR®Premix Ex TaqⅡ（Tli RNaseH Plus）（2×）	10 μL
ROX Reference Dye（50×）	0.4 μL
PCR Forward Primer（20 μmol/L）	0.8 μL
PCR Reverse Primer（20 μmol/L）	0.8 μL
cDNA模板	2 μL
ddH$_2$O	to 20 μL

反应条件：95℃ 30 s预变性，95℃ 5 s变性，60℃ 30 s退火，40个循环。

以18s作为内参基因，相对定量采用$2^{-\triangle\triangle CT}$的方法，△△CT=实验组（CT目的基因–CT内参基因）–对照组（CT目的基因–CT内参基因），$2^{-\triangle\triangle CT}$表示：实验组目的基因的表达相对于对照组的变化倍数。

6. SCNT胚胎中印记基因Mest、Peg10和H19的甲基化状态检测

本实验室已证明，3种印记基因H19、Mest和Peg10经PCR反应扩增后目的片段特异性较好，可用于后续回收纯化和目的片段克隆。从不同阶段下调组和对照组的胚胎中提取DNA，使用甲基化试剂盒对其进行甲基化处理，分析印记基因Mest、Peg10和H19的DMR的甲基化状态。步骤如下：

（1）将200 μL样品DNA与130 μL CT Conversion Reagent充分混合。

（2）孵育：98℃ 8 min，64℃、3.5 h，4℃保存。

（3）向试剂盒提供的收集柱中加入600 μL M-Bingding Buffer，以及孵育好的DNA样品，轻微混匀，10 000×g离心30 s，弃废液。

（4）向收集柱中加入100 μL M-Wash Buffer，全速离心45 s，弃废液。

（5）向收集柱中加入200 μL M-Des μLphonation Buffer，室温孵育20 min，全速离心45 s，弃废液。

（6）向收集柱中加入200 μL M-Wash Buffer，全速离心45 s，弃废液。

表5-12　引物序列表

名称	序列	序列号
Mest-1-F387	5′-GGGGGAAAAAATTTTTTTTTTT-3′	
Mest-1-R387	5′-AAACTCCCAACACCTCCTAAAT-3′	NM_001083368.1
Mest-2-F	5′-GGTATTATTGGGGTTTTTATATTGTGA-3′	
Mest-2-R	5′-CCAACACCTCCTAAATCCCTAACTA-3′	
Peg10-1-F	5′-GTTTGGTATAGGTGTGGGATTT-3′	
Peg10-1-R	5′-TCAAAACCCTAAAAACTTAAATTCTC-3′	NM_001127210.2
Peg10-2-F230	5′-GTTTGGTATAGGTGTGGGATTT-3′	
Peg10-2-R230	5′-ACACCTTACTCAAAACCTACC-3′	
H19-1-F385	5′-TTTGGTTTTTGTTTGGATT-3′	
H19-1-R385	5′-ATAACTTCAAAATTACCTCCTACC-3′	NR_003958.2
H19-2-F382	5′-GGTTTTTGTTTGGATTTTG-3′	
H19-2-R382	5′-ATAACTTCAAAATTACCTCCTACC-3′	
M13-47-F	5′-CGCCAGGGTTTTCCCAGTCACGAC-3′	
RV-M-R	5′-GAGCGGATAACAATTTCACA-3′	

（7）重复第6步操作。

（8）将收集柱转移至1.5 mL离心管（试剂盒提供）中，添加10 μL M-Elution Buffer，全速离心45 s，−20℃保存。

（9）引物的保存与稀释：引物离心沉至EP管底部后，按要求加入适量ddH₂O将其稀释至储存浓度，涡旋震荡混匀，−20℃保存，10倍稀释后为使用浓度。

（10）以不同发育阶段（2-细胞、4-细胞、8-细胞、囊胚）植入前正常IVF胚胎和下调组胚胎甲基化处理过的DNA为模板，进行巢式降落式PCR（第一次PCR以甲基化试剂盒处理过的DNA为模板，第二次PCR以第一次PCR的产物为模板），引物序列见表5-12，PCR体系见表5-13。

表5-13　PCR反应体系（25 μL）

成　分	体　积
GoldenMix	12.5 μL
上游引物	1 μL
下游引物	1 μL
模版	1 μL
ddH₂O	to 25 μL

（11）PCR扩增程序：95℃、5 min预变性，94℃、30 s变性，60℃、30 s退火，72℃、1 min延伸，15个循环，每循环温度下降1℃，94℃、30 s变性，45℃ 30 s退火，72℃、1 min延伸，15个循环，72℃、5 min终止延伸，4℃保存。

7. AxyPrep DNA胶回收试剂盒进行回收验证步骤如下：

（1）将PCR扩增产物进行琼脂糖凝胶电泳，在紫外分析仪上紫外照射找出并切下含有目的片段的凝胶置于洁净的2 mL离心管中，称重（凝胶净重）。

（2）向2 mL离心管中加入3倍凝胶体积（1 mg=1 μL）Buffer DE-A，混匀后75℃熔化凝胶，间断混合。

（3）熔化后加入1.5倍凝胶体积Buffer DE-B混匀。

（4）将混合液转移至收集柱内，置于2 mL管中，12 000×g离心1 min，弃废液。

（5）向收集柱中加500 μL Buffer W1，12 000×g离心45 s，弃废液。

（6）向收集柱中加700 μL Buffer W2，12 000×g离心45 s，弃废液。

（7）重复第6步。

（8）弃废液后，12 000×g离心1 min。

（9）将收集管放在洁净的1.5 mL离心管中，加入28 μL 65℃预热的Eluent，静置1 min（室温），12 000×g离心1 min，得到胶回收产物。

胶回收产物通过凝胶电泳检测确定目的片段回收成功后，进行重组质粒的制备及测序。

（10）连接：将胶回收的目的片段连接到T载体上，连接体系见表5-14。

表5- 14　T载体连接体系（10 μL）

成　分	体　积
Solution Ⅰ	5 μL
PM-18T	0.5 μL
模版	4.5 μL

16℃作用3.5 h，10 μL体系。

（11）转化：将重组质粒转入大肠杆菌DH5α感受态细胞中。

取出−80℃保存的DH5α感受态，冰浴熔化，分装50 μL感受态至洁净的1.5 mL离心管中，加入10 μL连接产物冰浴30 min，42℃水浴80 s，冰浴

3 min，从水浴至冰浴的过程尽量避免摇晃，在超净台内向管中加460 μL LB培养液，37℃恒温摇床摇菌45 min。

（12）涂板培养：转化后，10 000 r/min离心1 min，弃除部分上清液，留200 μL混匀，移至含100 μg/mL Amp的LB固体培养基上涂匀，正置10 min后倒放在37℃恒温培养箱中培养。

（13）挑菌：恒温培养约24 h后，挑取24个单菌落，置于1 mL Amp+ LB培养液中，37℃150 r/min恒温摇床培养6~10 h。

（14）目的基因的鉴定：菌液PCR，PCP体系见表5-15。

表5- 15　PCR反应体系（20 μL）

成　分	体　积
2×Taq PCR Green Mix	10 μL
上游引物	0.4 μL
下游引物	0.4 μL
模版	1 μL
ddH$_2$O	to 20 μL

PCR扩增程序：95℃、1 min预变性，94℃、30 s变性，58℃、30 s退火，72℃、30 s延伸，40个循环，72℃、10 min，4℃保存。

PCR产物进行1%琼脂糖凝胶电泳检测，选出15个阳性克隆的菌液测序［生工生物工程(上海)股份有限公司］。甲基化序列分析软件为BiQ Analyzer。

（15）H3K9me3和H3K9ac在不同阶段SCNT胚胎中的表达分布（同2.2.3）。

（16）数据整理与分析。使用BIQ甲基化测序软件对测序结果进行比对分析，用荧光成像系统cellSens Standard对免疫荧光染色图片进行拍照处理，Image J分析图像，用SPSS19.0对荧光定量数据进行分析，独立样本t检验中$P < 0.05$时，则认为差异显著。

（三）结果与分析

1.体细胞核移植（SCNT）胚胎的发育情况分析

对照组IVF胚胎和SCNT胚胎的各阶段卵裂率如表5-16所示。与对照组相比，SCNT植入前胚胎卵裂率显著低于IVF胚胎。

表5-16　SCNT胚胎及IVF胚胎卵裂率

	2-细胞（%）	4-细胞（%）	8-细胞（%）	囊胚（%）
对照组IVF胚胎	63.84±2.22	59.37±5.92	37.26±3.88	10.18±6.37
SCNT胚胎	53.55±2.96	45.79±4.20	32.95±5.47	8.19±5.28

2. TRIM28在不同阶段SCNT胚胎中的表达

为了确定TRIM28在牛植入前印记基因的SCNT胚胎的DMR甲基化的维持作用，我们使用荧光定量PCR分析了卵母细胞（GV，MⅡ）和早期SCNT胚胎（2-细胞、4-细胞、8-细胞和囊胚）TRIM28的mRNA表达水平（见图5-10）。以MⅡ卵中TRIM28的表达水平为标准1。结果表明：TRIM28 mRNA的表达在卵母细胞中较高，从GV期到MⅡ期一直升高，持续到激活后的2-细胞期。2-细胞阶段达到了峰值，从2-细胞到4-细胞的阶段明显降低，8-细胞时达到最低，8-细胞至囊胚期逐渐增加。

TRIM28在不同阶段SCNT胚胎中的表达：以IVF组为对照，采用相对荧光定量的方法，将MⅡ期卵母细胞中TRIM28的表达量设为1，其他样本均以之为标准，得到TRIM28在不同阶段SCNT胚胎中的相对表达情况（见图5-11）。相比于IVF胚胎，SCNT胚胎TRIM28表达量2-细胞阶段表达量显著降低，而在4-细胞阶段含量相对较多，差异显著（$P < 0.05$）。

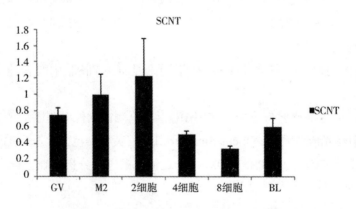

图5-10　SCNT胚胎TRIM28的相对表达量

3. 印记基因H19和Mest、Peg10的甲基化状态检测

为了证明SCNT过程对植入前胚胎发育不同阶段的印记基因DMRs代谢程度的影响，本实验收集了处于不同生长阶段（2-细胞、4-细胞、8-细胞和囊胚）的SCNT胚胎，并使用了亚硫酸氢盐测序的方法分析印记基因H19、

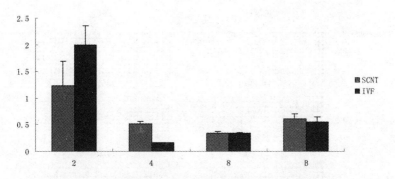

图5-11　SCNT胚胎和IVF胚胎中TRIM28的相对表达量

MEST和Peg10的DMRs甲基化状态。结果显示，对照组中正常IVF胚胎在不同发育阶段的父系印记基因H19的DMRs的甲基化程度分别为74.0%、68.3%、68.4%和80.5%（见图5-12）。母系印记基因 Mest的DMRs甲基化程度为88.1%、81.9%、68.8%和75.6%（见图5-13），Peg10的DMRs甲基化程度分别为88.5%、87.7%、85.0%和75.6%（见图5-14）。在SCNT胚胎的不同生长阶段（2-细胞、4-细胞、8-细胞和囊胚），H19父系印记基因的DMRs甲基化程度分别为31.4%、23.7%、41.1%和36.0%（见图5-12），显著低于IVF对照组，表现出甲基化丢失（见图5-20）；母系印记基因Mest的DMRs甲基化程度为77.8%、83.3%、64.4%和71.3%（见图5-13）。Peg10的DMRs的甲基化程度分别为89.2%、94.2%、74.7%和72.0%（见图5-14）。与对照组相比，Mest和Peg10之间没有显著差异（见图5-21、5-22）。

4. H3K9me3和H3K9ac在不同阶段SCNT胚胎中的表达分布

为了研究SCNT过程对H3K9me3和H3K9ac的影响，本实验采用免疫荧光染色方法进行比较分析。结果表明，与IVF组相比，SCNT组的胚胎在2-细胞阶段和4-细胞阶段没有显著差异（$P > 0.05$）。而H3K9me3荧光信号在8-细胞阶段增加，囊胚期减弱，均差异显著（$P < 0.05$）（见图5-15、5-17）；SCNT胚胎2-细胞、4-细胞和囊胚阶段H3K9ac免疫荧光染色信号较IVF组均显著减弱（$P < 0.05$），而在8-细胞期的H3K9ac含量与IVF组没有显著差异（$P > 0.05$）（见图5-16、5-18）。

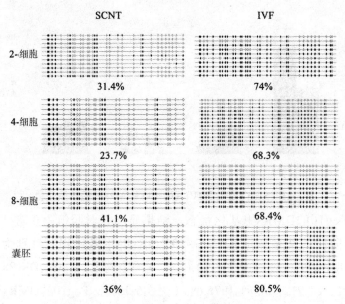

图5-12　SCNT胚胎中印记基因H19甲基化状态

图中每行测序结果代表一条单克隆，每个圆圈代表一个CpG位点，黑色实心
代表该CpG位点发生了甲基化，白色空心则代表位点未发生甲基化，下同

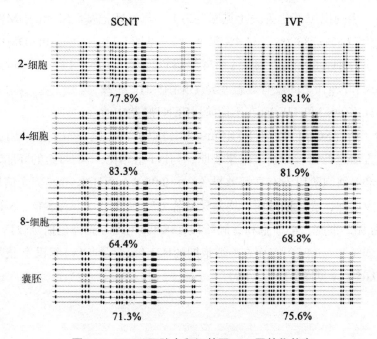

图5-13　SCNT胚胎中印记基因Mest甲基化状态

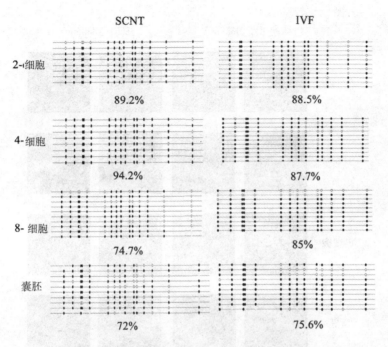

图5-14 SCNT胚胎中印记基因Peg10甲基化状态

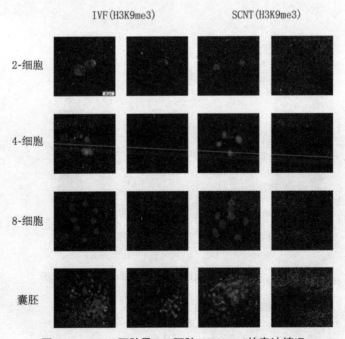

图5-15 SCNT胚胎及IVF胚胎H3K9me3的表达情况

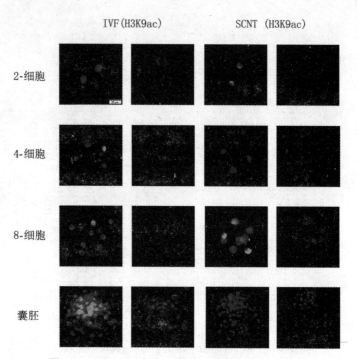

图5-16　SCNT胚胎及IVF胚胎H3K9ac的表达情况

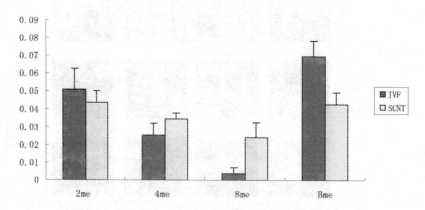

图5-17　SCNT胚胎及IVF胚胎H3K9me3的表达情况

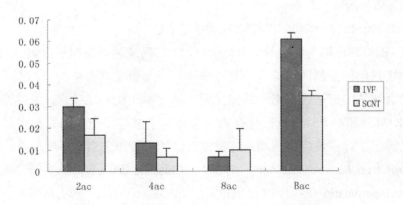

图5-18　SCNT胚胎及IVF胚胎H3K9ac的表达情况

（四）讨论

1. 体细胞核移植（SCNT）胚胎的发育

对照组的IVF胚胎在受精后16～22 h开始卵裂，卵裂率63.84%±2.22%，4-细胞率59.37%±5.92%，8-细胞率37.26%±3.88%，囊胚率10.18%±6.37%；SCNT胚胎卵裂裂始于化学激活后的18～24 h，卵裂率为53.55%±2.96%，4-细胞率为45.79%±4.20%，8-细胞率为32.95%±5.47%，囊胚率为8.19%±5.28%。与对照组相比，SCNT各阶段的胚胎卵裂率相对较低，但比下调组略高。尽管囊胚率低于IVF对照组，但它也可以发育至囊胚期。分析的部分原因可能是由于体细胞核移植的复杂过程导致，电融合过程中过度的电刺激，例如过度激烈的化学活化以及显微注射造成的机械损伤等，而另一部分原因可能是由于胚胎早期发育中的供体细胞重编程所致，包括印记基因的重编程紊乱导致的胚胎发育异常。此外，这些卵母细胞来自长春当地的屠宰场，运输环境差，时间长，质量难以保证，也可能影响胚胎的体外发育。

为了减少对SCNT胚胎的外部刺激，在显微操作过程中必须将机械损伤降至最低。可以从持卵针和注射针的生产制作，消卵母细胞去核和注射的操作方法，电融合的参数调整，胚胎的体外培养以及化学激活等方面进行改进。注射针在显微操作过程中非常重要。在制作时需经过拉针、断口、磨尖、吊针、烤弯等步骤，保证注射针尖端锐利并且口径大小适中，既能够吸入供体细胞，又不会对卵母细胞造成太大创口，以减少机械损伤。卵母细胞去核采用盲吸法。穿透透明带时避免刺入细胞质，并在确保去核的基础上尽可能少地去除细胞质。当注射细胞核时，应选择小而完整的成纤维细胞，在卵周隙较小的位置注入。

2. TRIM28在不同阶段SCNT胚胎中的表达

TRIM28可以与KRAB型锌指蛋白ZFP57形成转录抑制复合体，ZFP57是连接到印记控制区的第一个复合体组件。小鼠受精卵中的母源ZFP57被敲除会导致印记基因沉默，并使父源母源甲基化ICRs丢失[5]。可以看出，由TRIM28和ZFP57形成的化合物复合体对于维持印记基因非常重要。目前已确定了许多效应蛋白均通过该复合体的招募作用聚集于靶位点，例如N-CoR（nuclear corepressor）、HDAC（histone deacetylases）[93, 94]和HP1（heterochromatin-associated protein 1）。Messerschmidt[68]等人的研究表明，在小鼠受精后全基因组重编程过程中，TRIM28起到关键的印记基因甲基化维持作用。一些研究发现，如果母源的TRIM28在小鼠胎儿中被敲除，则TRIM28在2-细胞阶段中很少表达，并且随着早期受精卵的发育，父源等位基因在4-细胞阶段开始转录。最终将导致胎儿死亡，这也表明TRIM28在胎儿早期发育中是必需的。

本实验收集了牛植入前SCNT胚胎和IVF胚胎，并通过荧光定量PCR分析了植入前SCNT胚胎中TRIM28的表达情况。对照组在体外受精后，TRIM28的表达在2-细胞阶段显著升高至峰值，在4-细胞阶段显著下降，然后缓慢增加。结果表明，当IVF胚胎发育到2-细胞阶段时，TRIM28的表达最高，此时正是父源基因组发生主动去甲基化的阶段，这表明，TRIM28在维持IVF胚胎2-细胞阶段印记基因的甲基化过程中扮演了重要角色。

在不同发育阶段的IVF胚胎、SCNT胚胎和TRIM28下调胚胎中TRIM28的表达趋势基本相似，但是在2-细胞阶段的SCNT胚胎中，TRIM28的表达远低于IVF胚胎（见图5-19）。研究表明，母源效应因子TRIM28参与维持印记基因的甲基化[168]。TRIM28在SCNT胚胎的2-细胞期表达减少将不可避免地减少或改变其相应功能，导致SCNT胚胎的DNA甲基化丢失，从而降低SCNT的成功率。本实验室曾得出结论，体外受精胚植入前胎中TRIM28表达量的降低将导致2-细胞阶段中的印记基因H19 DMRs的甲基化显著降低[78]。该结果也证实了TRIM28影响印记基因甲基化。

SCNT胚胎中TRIM28的表达量远高于TRIM28下调胚胎（见图5-19）。这一结果表明，在牛植入前SCNT胚胎发育过程中，TRIM28在维持印记区域方面的甲基化作用并未全部丢失。原因之一可能是SCNT过程对TRIM28表达量的影响不是至关重要的。SCNT植入前胚胎发育过程中，供核细胞经过重编程后TRIM28的表达或许存在一定的代偿机制，这可能会减轻SCNT过程对TRIM28表达的抑制影响。另外，SCNT技术在操作过程中可能还不够成熟，并且出现了诸如去核不完全等缺点，导致SCNT胚胎收集不纯并参杂了些孤雌胚胎。

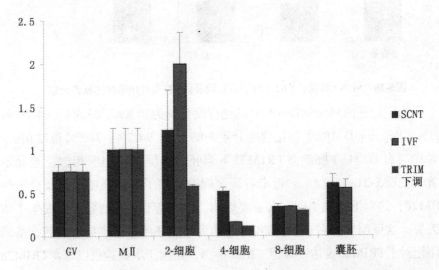

图5-19　SCNT胚胎、TRIM28下调胚胎和IVF胚胎中TRIM28的相对表达量

3. SCNT胚胎印记基因H19、Mest和Peg10的甲基化状态检测

研究表明，SCNT植入前胚胎中印记基因缺失与母源TRIM28基因表达降低有关。本实验室还使用siRNA显微注射技术特异性下调卵母细胞TRIM28的表达。结果表明，母源TRIM28基因表达的下降，极大地影响了早期胚胎父系印记基因H19甲基化的维持[141]，与前人的结果是一致的。

该测试的结果表明，在SCNT胚胎的不同生长阶段（2-细胞、4-细胞、8-细胞和囊胚），父系印记基因H19的DMRs甲基化程度分别为31.4%、23.7%、41.1%和36.0%。相对于IVF组胚胎，H19的DMRs甲基化程度在2-细胞、4-细胞和囊胚中显著降低，但并没有TRIM28下调胚胎的甲基化丢失严重（见图5-20）。这可能与父源TRIM28基因在发育后期拯救母源TRIM28减少导致的发育异常有关，但由于缺失母源TRIM28对早期胎儿而造成的损害将在生长过程中积累。印记缺陷一旦发生就无法修复，进而影响胚胎发育的继续。这也显示了母源TRIM28维持印记甲基化的重要作用[78]。

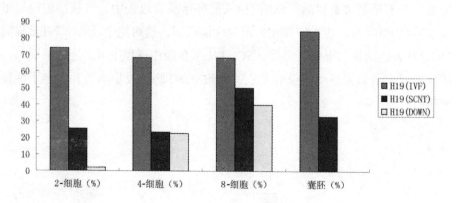

图5-20　SCNT胚胎、TRIM28下调胚胎及IVF胚胎H19甲基化状态比较

　　母系印记基因Mest的DMRs甲基化程度分别为77.8%、83.3%、64.4%和71.3%，Peg10的DMRs甲基化程度分别为89.2%、94.2%、74.7%和72.0%，两者均与对照组IVF胚胎及TRIM28下调胚胎的甲基化程度相似，差异不显著（见图5-21、5-22）。近来有研究同时敲除了小鼠胚胎母源及合子的TRIM28，这对维持胚胎印记有重要影响，导致所有检测的胚胎都发生了印记丢失，这证明母源和合子的TRIM28均为早期胚胎印记维持所必需，基因组印记对于TRIM28表达量敏感。由此推测，是由于本试验仅以母源TRIM28为变量，所以印记基因出现不均衡影响。其他研究也报道了TRIM28对印记位点的这种不均衡作用。在ZFP57变异体中也观察到了这种对印记位点影响的可变性[169]，但确切的机制仍不清楚。

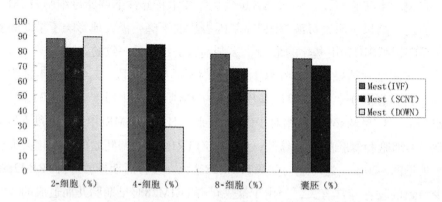

图5-21　SCNT胚胎、TRIM28下调胚胎及IVF胚胎Mest甲基化状态比较

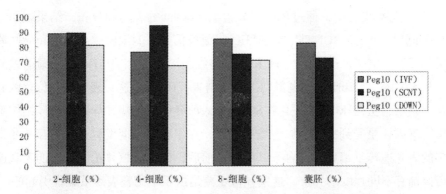

图5-22　SCNT胚胎、TRIM28下调胚胎及IVF胚胎Peg10甲基化状态比较

4. H3K9me3和H3K9ac在不同阶段SCNT胚胎中的表达分布

研究表明，体细胞核移植技术的成功率很低，并且经常发生发育异常（牛为7%～8%）。原因之一是由于表观遗传机制的紊乱[59]。在本实验中，使用免疫荧光染色探究了哺乳动物植入前胚胎中两个重要表观修饰位点H3K9me3和H3K9ac在SCNT胚胎不同阶段的的表达分布。

研究表明，在哺乳动物中已受精的早期胚胎会发生快速的去甲基化，合子基因激活后重新甲基化，例如牛的去甲基化状态维持到8-细胞，然后重新甲基化。与IVF组相比，SCNT组的胚胎在8-细胞时期H3K9me3荧光信号增强，囊胚期逐渐减弱，差异显著（$P < 0.05$），而2-细胞和4-细胞阶段之间的差异并不显著（$P > 0.05$）（见图5-18、5-22）。H3K9me3在8-细胞阶段的水平升高表明SCNT胚胎从8-细胞时期开始，三甲基化水平受到影响，此时，组蛋白的表观修饰与正常受精胚胎开始不同，表明体细胞核移植胚胎组蛋白的去甲基化过程不完全，甲基化过程提前发生。该结果将导致从8-细胞阶段开始的早期胚胎发育中异常的甲基化水平，这将改变基因组的正常表达。该结果与先前的研究相同[9]。有研究报告显示，ES细胞中TRIM28的减少会导致所有ICRs大量的丢失异染色质标记H3K9me3，同时组蛋白乙酰化水平升高[170, 171]。ZFP57/TRIM28复合体将SETDB1和HP1募集到靶位点，SETDB1可以将H3K9me2转换为H3K9me3，并调节H3K9me3的沉积。因此，可以认为SCNT植入前胚胎中TRIM28的表达异常降低是导致H3K9me3积累减少的重要原因之一。

组蛋白乙酰化和去乙酰化是一个动态平衡且可逆的过程，可诱导染色体结构发生变化。组蛋白乙酰化使染色体结构松弛，去乙酰化则使染色体浓缩[172]。在本实验中，通过免疫荧光检测H3K9ac的表达和分布，结果表明，与IVF胚胎相比，SCNT胚胎的H3K9ac免疫信号在2-细胞、4-细胞和囊胚阶段均显著减弱（$P < 0.05$）。H3K9ac在8-细胞阶段的含量与IVF组无显著差异（$P > 0.05$），Enright等也得到了一致结果。H3K9ac这一表观修饰位点的异常，暗示组蛋白H3K9乙酰化在SCNT植入前胚胎中很弱，导致染色体结构聚集，基因转录受到抑制。以上结果表明，在牛胚胎早期发育过程中存在非常多的表观遗传重编程。在合子基因激活前后，体细胞核移植的胚胎的表观遗传修饰有不同程度的异常，这些异常主要是由于不完整表观重编程引起的。

总之，本章得出结论：①SCNT对植入前胚胎卵裂率有一定程度影响；②IVF胚胎中TRIM28的表达量于2-细胞阶段达到峰值，从2-细胞到4-细胞阶段显著降低，8-细胞达到最低，从8-细胞到囊胚逐渐升高；SCNT胚胎相比于IVF胚胎，TRIM28表达量在2-细胞阶段表达量显著降低，而在4-细胞阶段含量相对较高。③与IVF胚胎相比，SCNT植入前胚胎父系印记基因H19的DMRs甲基化程度显著下降，但不及TRIM28下调胚胎丢失严重。④SCNT胚胎相比于IVF组，8-细胞阶段H3K9me3的荧光信号显著增强，囊胚阶段显著减弱；SCNT胚胎2-细胞、4-细胞和囊胚阶段H3K9ac免疫荧光染色信号较IVF组均显著减弱。

第八节　表观药物PsA对牛早期SCNT胚胎发育的影响作用研究

一、PsA对牛孤雌胚胎发育的影响

PsA是一种从海绵动物中分离出来的天然化合物，最初报道PsA能够抑制各种癌细胞系的活性[174]。然而，目前对于其抑制癌细胞生长的机理仍然知之甚少，推测可能是通过抑制氨基肽酶（APN）来实现对癌症的抑制。近年来，研究表明纳摩尔浓度的PsA可以抑制HDAC和DNMT活性，并对HDAC1具有更好的抑制作用[175]。

（一）材料

1.实验材料

冷冻精子：品种为西门塔尔，购自长春新牧科技有限公司。

牛卵巢、45日龄的牛胎儿：购自长春本地屠宰场。

2. 实验试剂和耗材

PsA（圣克鲁斯生物技术公司，德国），FITC-羊抗兔IgG二抗和兔抗组蛋白H3K9ac/me3多克隆抗体（Abcam），双抗（青/链霉素）（Thermo），β-雌二醇（β-estradiol），LH（Sigma），肝素（Heparin），透明质酸酶（Hyaluronidase），FSH，DMEM，CB，牛血清白蛋白（BSA），离子霉素（Ionomycin），6-DMAP，4%多聚甲醛，Hoechst，Triton，石蜡油，蜡和凡士林混合物，防荧光淬灭剂，PVP，无水乙醇；10 mL注射器，细胞培养皿，移液枪，枪头，毛细玻璃管，载玻片，盖玻片，酒精灯，EP管。

3. 主要的溶液配制

PBS磷酸盐缓冲溶液：8 g/L NaCl，0.2 g/L KCl，1.15 g/L磷酸氢二钠，0.2 g/L磷酸二氢钾。

卵母细胞成熟液：9.5 g/L TCM-199，2.2 g/L碳酸氢钠，0.22 g/L丙酮酸钠（丙酮酸钠配成浓缩液，过滤，用时加入）。

生理盐水：1 L双蒸水中加入9 g NaCl，高压灭菌。

操作液：9.5 g/L TCM-199，2.2 g/L碳酸氢钠，5.9 g/L HEPES，3 g/L BSA。

酸性台氏液：8 g/L NaCl，0.2 g/L KCl，0.24 g/L二水氯化钙，0.047 g/L氯化镁，0.5 g/L葡萄糖，2 g/L PVP。

4. 主要的仪器

表5-17　实验仪器

仪器	型号	产地
电热恒温水浴锅	DK-8D三温三控水槽	上海
显微操作系统	OLYMPUS	日本
CO$_2$培养箱	Thermo BB150二氧化碳培养箱	美国
倒置荧光显微镜	OLYMPUS IX73	日本
正置荧光显微镜	OLYMPUS BX51	日本
体式显微镜	MOTIC SMZ-140 SERIES	厦门
水平离心机	Aida TD5Z	中国
离心机	SiGMA	德国
超净工作台	S-SW-CT-IFD超净工作台	上海

续表

仪器	型号	产地
高压蒸汽灭菌器	Panasonic MLS-3751L	日本
恒温摇床	HZQ-F160振荡培养箱	哈尔滨
电子天平	SHIMADZU AUY220	日本
振荡器	ZP-400振荡器	苏州
恒温磁力搅拌器	78HW-1恒温磁力搅拌器	江苏
pH计	Insmark IS139	上海
恒温热台	Yamatake Sdc15	日本
拉针仪	Narishge PC-10	日本
磨针仪	Narishge EG-400	日本
断针仪	Narishge MF-900	日本
液氮储存罐	Thermo	美国
荧光定量PCR仪	Applied Biosystems ABI 7500型定量PCR仪	美国

（二）研究方法

1.卵母细胞的收集和体外成熟

从长春当地的屠宰场购得的牛卵巢，在4 h内保存在有无菌生理盐水的热水瓶中保持在20～25℃运送回实验室，含有青霉素的温度为38.5℃的无菌生理盐水洗涤。使用洁净的10 mL 12号针头从抽取牛卵巢浅表直径2～7 mm卵泡中的卵泡液。在相对无菌（细胞间）环境中将卵泡液转移到培养皿中。使用体式显微镜进行监测，通过口吸管和吸卵针吸取卵母细胞，在M199卵母细胞成熟液中将其洗净两次，放入含有FBS、FSH、LH和17β-雌二醇的M199卵母细胞成熟液中（提前将成熟液放置在5%CO$_2$/38.5℃培养箱中平衡4 h以上）。此时，卵母细胞处于GV期。22～24 h后，卵成熟到MⅡ阶段。利用提示显微镜观察并统计卵母细胞成熟率。

2.卵母细胞的孤雌激活

用透明质酸酶去除成熟的卵母细胞的颗粒细胞，操作液中清洗2遍。在镜下用移卵针将卵母细胞转移到离子霉素中激活5 min。之后转移到6-DMAP中激活4 h(含有或者没有表观遗传修饰剂)。激活后，使用SOF充分清洗，之后把胚胎培养在含有或者没有表观遗传修饰剂的SOF中。

3.胚胎的培养和收集

胚胎在含有或者没有表观遗传修饰剂的SOF中进行培养，之后收集实验需要时期的胚胎，用酸性台式液去除透明带，之后在含有0.1% PVP的PBS中清洗胚胎，再放入含有β-巯基乙醇的细胞裂解液（取自DNA/RNA微量提取试剂盒中）中（细胞数不少于200），−20℃保存备用。

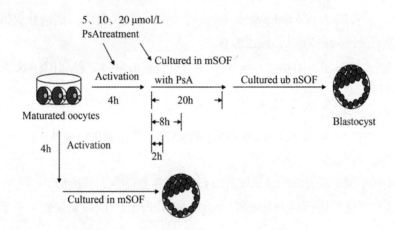

图5-23 孤雌激活及PsA处理的图解说明

4.表观遗传药物的处理

PsA溶解在二甲亚砜（DMSO）作为一个3 mmol/L储备溶液，4℃储存。在培养和激活中，表观遗传修饰剂最后的浓度经储存液稀释后使用，用于不同的实验过程。设计三个不同浓度（5μmol/L、10 μmol/L、20 μmol/L）的表观遗传修饰剂分别处理卵母细胞：胚胎分别暴露于PsA中6 h、12 h和24 h，包括4 h激活和其后2 h、8 h和20 h培养（见图5-23）。PsA处理后，将胚胎放在KSOM滴中清洗，清洗完毕后培养在无表观遗传修饰剂的KSOM中。

5.cDNA的制取

使用DNA/RNA微量提取试剂盒（Qiagen公司），步骤如下：

（1）从冰箱−20℃中取出用75 μL裂解液（RLT Plus）冻存的胚胎，因为胚胎数小于500个，因此需在裂解液中加入载体RNA（20 mg），再加RLT Plus至0.35 mL，用振荡仪混匀。

（2）混匀后移入AllPrep DNA离心柱中，放在2 mL收集管上（试剂盒提供），8 900×g离心半分钟。将AllPrep DNA柱放入新的2 mL管上（试剂盒提供），4℃保存，RNA提取后进行DNA纯化。

（3）向AllPrep DNA柱中加入0.35 mL 70%乙醇，混匀后移至RNeasy MinElute柱中，8 900×g离心15 s，弃废液。

（4）加0.7 mL RW1，8 900×g离心15 s，弃废液。

（5）加0.5 mL RPE，8 900×g离心15 s，弃废液。

（6）加0.5 mL 80%乙醇，8900×g离心120 s，弃废液。

（7）将RNeasy MinElute柱移至一个新的1.5收集管内（试剂盒提供），打开盖子全速离心5 min，使乙醇挥发。

（8）加22 μL RNase-free水，14 000×g离心60 s，得到RNA洗脱液，−80℃保存。

DNA的纯化：

（9）向步骤（2）得到的AllPrep DNA离心柱中加0.5 mL AW1，8 900×g离心15 s，弃废液。

（10）离心后加0.5 mL AW2，14 000×g离心120 s，弃废液。

（11）之后进行14 000×g离心60 s，将AllPrep DNA收集柱放入一个新的1.5离心管内。

（12）加入预热好的70℃30 μL EB，20～35℃静置120 s，8 900×g离心60 s。

（13）再次进行第12步，得到DNA洗脱液，−80℃保存。

6. RNA的反转录

提取RNA之后，使用反转录试剂盒（全式金）进行反转录（反转录体系如表5-18所示），提取出cDNA，做普通的PCR，电泳，观察是否有条带，有条带则提取出cDNA。

表5-18　反转录体系

成　分	体　系
RNA	6 μL
Anchored Oligo(dt)18 Primer	1 μL
Random Primer	1 μL
TransScript RT/RI Enzyme Mix	1 μL
gDNA Remover	1 μL
2×TS Reaction Mix	10 μL

表5-19　qRT-PCR的引物

引物	引物序列5'-3'	文献
18s-F	GACTCATTGGCCCTGTAATTGGAATGAGTC	Zhang et al.,2015
18s-R	GCTGCTGGCACCAGACTTG	Zhang et al.,2015
DNMT1-F	TGAGCCCTACCGTATTGG	Zhang et al.,2015
DNMT1-R	TGTCTGCGTGGTAACTGG	Zhang et al.,2015
HDAC-F	CTCCATCCGCCCAGATAACA	
HDAC-R	CACAGAGCCACCAGTAGACAG	
Nanog-F	AACAACTGGCCGAGGAATAG	Zhang et al.,2015
Nanog-R	AGGAGTGGTTGCTCCAAGAC	Zhang et al.,2015
Bcl-F	GGTATTGGTGAGTCGGATCG	Su et al.,2015
Bcl-R	AAGAGTGAGCCCAGCAGAAC	Su et al.,2015
BAX-F	GTGCCCGAGTTGATCAGGAC	Zhang et al.,2015
BAX-R	CCATGTGGGTGTCCCAAAGT	Zhang et al.,2015
SOD1-F	GCTGTACCAGTGCAGGTCCTCA	Su et al.,2015
SOD1-R	CATTTCCACCTCTGCCCAAGTC	Su et al.,2015

7. 荧光定量PCR

荧光定量PCR反应体系按照说明书（SYBR®Premix Ex TaqTM Ⅱ）进行配置（见表5-20）。实验以18 s为内参，进行荧光定量PCR，记录各组的Ct值，运用$2^{-\triangle\triangle Ct}$的计算来比较各组间基因的表达变化。

表5-20　荧光定量PCR反应体系

成　分	体　系
SYBR®Premix Ex Taq Ⅱ（Tli RNaseH Plus）（2×）	10 μL
ROX　Reference　Dye（50×）	0.4 μL
上游引物（20 μmol/L）	0.8 μL
下游引物（20 μmol/L）	0.8 μL
cDNA模板	2 μL
ddH₂O	to 20 μL

8. 免疫荧光染色和图像分析

（1）从培养基中选择要染色的胚胎，用PBS+PVP（包含0.5%TritonX-100和1%BSA）清洗3次，每次3 min。

（2）在5%酸性台式液去除胚胎的透明带，显微镜下观察去带情况，PBS+PVP清洗3次，每次3 min。

（3）用4%的多聚甲醛固定胚胎30 min，PBS+PVP清洗3次，每次3 min。

（4）0.5%TritonX-100（PBS配制）室温通透30 min，PBS+PVP清洗3次，每次3 min。

（5）用2%BSA做滴，盖油，室温封闭1.5 h。

（6）在96孔板中加入足够量的稀释好的一抗，放入胚胎，37℃孵育2 h。

（7）PBS+PVP清洗3次，每次3 min，在96孔板中加入足够量的稀释好的荧光二抗，20～37℃孵育1 h，PBS+PVP浸洗3次，每次3 min（注意：从加荧光二抗起，后面所有操作步骤都尽量在较暗处进行）。

（8）Hoechst33342做滴，放入胚胎，避光孵育12 min，对标本进行染核，PBS+PVP清洗4～5次，每次5 min，洗去多余的Hoechst。

（9）将染好的胚胎放入含抗荧光淬灭剂的玻片上，盖上盖玻片封片，然后在荧光显微镜下观察采集图像，紫外光激发核染料为蓝色光，绿光激发二抗为红色光。照相系统为"CellSens Standard"。之后，用Image-Pro Plus和Excel对图片进行分析。

9. 统计分析

应用Image-Pro Plus分析图片，R语言、Excel和SPSS 21.0统计软件处理数据，样本检验中$P > 0.05$为差异不显著，$P < 0.05$为差异显著，$P < 0.01$为差异极显著。

（三）结果与分析

1. 孤雌胚胎的卵裂率和囊胚率

表5-21 孤雌胚胎的卵裂率和囊胚率

组 别	卵裂率(%)	囊胚率(%)
对照	67.94（±0.38）	16.72（±0.43）
6 h-5 μmol/L	62.37（±0.48）	17.37（±0.37）
6 h-10 μmol/L	66.13（±0.26）	14.14（±0.52）*
12 h-5 μmol/L	65.44（±0.41）	11.37（±0.67）**
12 h-10 μmol/L	65.69（±0.15）	8.65（±1.01）**
12 h以上	15以下	—

注："*"表示处理组与对照组相比差异显著，"**"表示处理组与对照组相比差异极显著，下同。

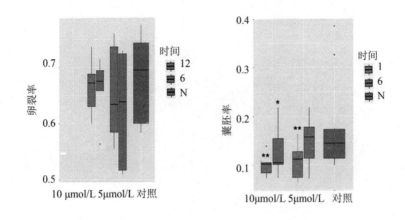

图5-24　孤雌胚胎卵裂率和囊胚率统计图

为找出PsA处理的最适浓度和时间，我们经过多次实验，观察各组胚胎的发育情况，记录胚胎的卵裂数和囊胚数，计算胚胎的卵裂率和囊胚率。

孤雌胚胎用20 μmol/L PsA处理胚胎时，胚胎虽有卵裂但卵裂率较低且胚胎质量较差，几乎没有胚胎发育为囊胚，用PsA处理24 h时，胚胎卵裂率非常低且胚胎质量较差，几乎没有胚胎发育为囊胚；因此，排除此浓度和时间。从表5-21中可以看出，处理时间6 h、12 h，处理浓度5 μmol/L、10 μmol/L的实验组与对照组相比，卵裂率差异不显著，说明PsA对胚胎的卵裂影响不大。

图5-24、5-25、5-26为孤雌胚胎卵裂率和囊胚率的散点图和箱图，可以明显地看出数据的分散情况和差异变化。与对照组相比胚胎的囊胚率，处理12 h的两组都极显著降低（$P < 0.01$），6 h 10 μmol/L显著降低（$P < 0.05$），6 h 5 μmol/L组囊胚率增加但差异不显著（$P > 0.05$），表明低剂量和短时间的PsA处理对孤雌囊胚的发育影响不大，高剂量和长时间的PsA处理反而降低了囊胚率，影响胚胎的发育；与对照组相比，胚胎的卵裂率实验组差异不显著（$P > 0.05$），表明PsA处理基本不影响孤雌胚胎的卵裂。

2. 孤雌胚胎Q-PCR结果分析

使用Q-PCR对牛孤雌囊胚凋亡基因BCL、HDAC1、多能基因Nanog、抗氧化基因SOD、HDAC1和DNMTI的相对表达量进行分析，如图5-27所示。

凋亡基因BCL：与对照组相比，实验组BCL的相对表达量都降低，其中6 h 5 μmol/L组差异不显著（$P > 0.05$），其他三组极显著降低（$P < 0.01$），表明PsA处理使牛孤雌胚胎的凋亡增加。

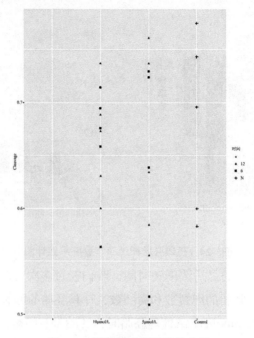

图5-25 孤雌胚胎卵裂率散点图

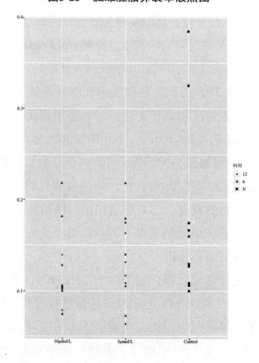

图5-26 孤雌胚胎囊胚率散点图

多能基因Nanog：与对照组相比，实验组6 h 5 μmol/L极显著降低（P < 0.01），6 h 10 μmol/L Nonog的相对表达量极显著增加（P < 0.01），12 h 5 μmol/L相对表达量降低但不显著（P > 0.05），12h 10 μmol/L显著降低（P < 0.05）。

抗氧化基因SOD：与对照组相比，实验组SOD的相对表达量极显著降低（P < 0.01）。

HDAC1基因：与对照组相比，实验组HDAC1的相对表达量极显著降低（P < 0.01），其中12h 10 μmol/L组的表达量最低。

DNMTI基因：与对照组相比，实验组6 h 5 μmol/L显著降低（P < 0.05），其他三组极显著降低（P < 0.01），其中12 h 5 μmol/L组的表达量最低。

卵裂率和囊胚率以及Q-PCR的实验主要是为了筛选出表观遗传药物PsA最佳的处理浓度和时间，根据表5-21和图5-24、5-27对卵裂率和囊胚率以及各基因表达情况以及对胚胎在体外发育和质量进行评估，可筛选出PsA最佳的处理浓度和时间，为10 μmol/L 6 h。

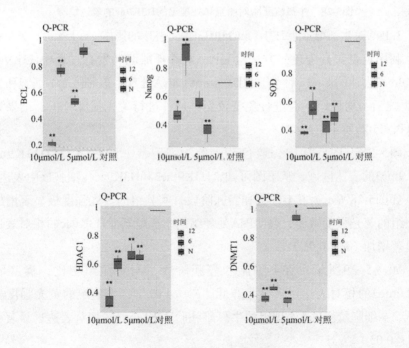

图5-27　孤雌胚胎中基因的表达

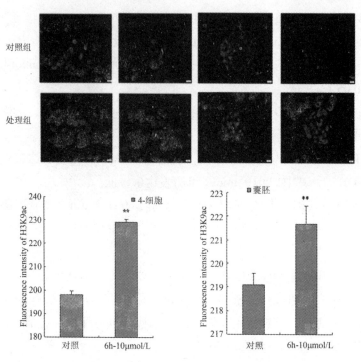

图5-28　牛孤雌胚胎对照组和处理组的H3K9ac的表达情况

3. PsA对牛孤雌胚胎H3K9me3和H3K9ac表达的影响

利用免疫荧光染色的方法检测PsA对牛孤雌胚胎发育过程中H3K9ac和H3K9me3表达的影响。本实验用10 μmol/L PsA处理牛孤雌胚胎4-细胞和囊胚6 h，之后与对照组一起进行免疫荧光染色，进行荧光强度分析，结果如图5-28和图5-29所示。

图5-28、图5-29中，蓝色荧光的为细胞核，红色荧光为H3K9ac和H3K9me3的表达区域，从下图可知，H3K9me3和H3K9ac在细胞核中表达。

如图5-28所示，在4-细胞和囊胚阶段，实验组的荧光强度极显著增加，对照组的荧光强度微弱，表明PsA处理组的牛孤雌胚胎H3K9ac的相对表达量极显著增加（$P < 0.01$）。

如图5-29所示，在4-细胞和囊胚阶段，与对照组相比，囊胚阶段H3K9me3的相对表达量极显著降低（$P < 0.01$）；实验组的荧光强度显著降低，4-细胞阶段PsA处理组的牛孤雌胚胎H3K9me3的相对表达量显著降低（$P < 0.05$）。

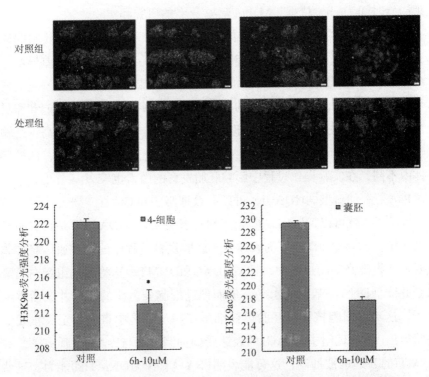

图5-29　牛孤雌胚胎对照组和处理组6h-10 μmol/L 的H3K9me3的表达情况

（四）讨论

PsA是一种HDACi，对HDAC1具有很强的抑制作用。表观遗传药物PsA可以有效提高小鼠胚胎的发育率和质量，并可以提高健康克隆小鼠的出生率；在他的研究中，10 μmol/L PsA处理鼠胚胎16 h能更好地提高卵裂率和囊胚率，并促进胚胎发育。VPA和PSA相似。根据Costa-Borges等人的研究，用其处理小鼠胚胎8 h（包括激活6 h和激活后2 h），可以促进B6CBAF1鼠胚胎的体外发育[176]。

另外，Miyoshi[154]等人也使用VPA处理了微型猪SCNT胚胎，VPA处理激活后的卵母细胞48 h后，促进了胚胎的体外发育并且提高了Oct4基因的表达。这为我们的研究提供了理论依据和重要的参考价值。

本实验的首要目的是筛选出表观遗传药物PsA处理对牛胚胎发育的最适浓度和时间。在本实验中，选择了5 μmol/L作为PsA的初始浓度，依据是Garaia等人[177]在急性髓细胞白血病的研究中使用了这个浓度，并且能够提高组蛋白乙酰化并降低HDAC1的活性。对于挑选处理时间，本实验选择的PsA

处理初始时间为6 h，依据是Mallol等人[178, 179]的研究和实验。

本实验得出的结果：表观遗传药物PsA几乎不影响牛孤雌胚胎的卵裂率；低剂量和短时间的PsA处理能够提高孤雌胚胎的囊胚率，但差异不显著（$P > 0.05$），而高剂量和长时间的PsA处理对孤雌胚胎的发育有一定的毒害作用（见表5-21）。牛孤雌胚胎的卵裂率和囊胚率有异常值，可能和卵巢的质量、温度和运输时间等有关。卵巢的质量不好、温度过低或过高、运输时间过长都会影响卵母细胞的质量。并且，本实验是在体外进行的，体外环境与体内不同，在实验操作过程中影响胚胎发育的因素也较多。

PsA是一种新型的HDACi，可以有效抑制HDAC活性。研究表明，纳摩尔浓度的PSA就可以抑制HDAC和DNMT的活性，对HDAC1更是具有明显的抑制作用。HDAC和DNMT的表达对于胚胎发育过程中的表观遗传修饰非常重要。在表观修饰的过程中，抑制HDAC和DNMT表达将增加组蛋白乙酰化水平并降低DNA甲基化的水平，进而促进细胞染色质的开放并激活重编程因子，这对体细胞核移植胚胎供核细胞在卵母细胞中重编程至关重要。本实验得出PsA处理组中HDAC1的表达受到抑制，这与PsA的性质有关，并且DNMTI的表达也被抑制，这可能表明PSA具有作为DNMTi的能力。这些结果对提高体细胞核移植的重编程率起到了关键性作用。

Nanog是胚胎干细胞（ESCs）转录中的关键转录因子，可以维持细胞的多能性，并在细胞分化和自我更新过程中发挥重要作用。另外，Yamagchi[63]等人的研究表明，Nanog基因在小鼠胚胎卵裂阶段不表达，最早的表达在囊胚的内细胞团中。因此，本实验旨在研究囊胚中的基因表达。本实验中，PSA处理组中的Nanog基因的相对表达水平在6 h 10 μmol/L时升高（$P > 0.05$），但是6 h 5 μmol/L和12 h 5 μmol/L组的相对表达水平降低，但差异不显著（$P > 0.05$）；12 h 10 μmol/L组表达显著下降（$P < 0.05$）（见图5-27）。Nanog基因的表达降低，这与Boiani等人的研究结果类似[63]。这表明PSA的6 h 10 μmol/L处理增加了Nanog基因的表达，并且在诱导胚胎重编程和维持胚胎的全能性起到了非常重要的作用。

在生命体中，BCL在细胞凋亡过程中起着至关重要的作用，它具有抗细胞凋亡的作用，可以保护细胞免于凋亡；SOD是一种能够清除体内新陈代谢产生的有害物质的活性物质，具有抗氧化作用。在实验中，PSA处理组中BCL的表达量都发生了降低，低剂量与短时间PsA处理差异不显著（$P >$

0.05）;而实验组中SOD的相对表达则极显著降低（$P<0.01$）（见图5-27）这可能归因于体外光线较强、氧含量高、PsA具有的轻微毒性和培养基中胚胎的新陈代谢产物较多等，这些原因加剧了细胞氧化和细胞凋亡，导致BCL和SOD的表达量降低。

H3K9是一种相对常见的组蛋白修饰。在哺乳动物基因组中，组蛋白有许多修饰，例如甲基化和乙酰化[4]。组蛋白H3K9ac修饰被HATs调控，可以使一个染色质结构开放并增加基因表达；而组蛋白H3K9的甲基化则由HMT调节，它与基因的转录抑制和异染色质有关。两者之间的相互调控在胚胎的转录和染色质结构方面起着非常重要的作用。本实验中，使用免疫荧光染色对对照组和10 μmol/L 6 h PsA处理组4-细胞期和囊胚进行分析，可以看出，PsA处理增加了H3K9ac的表达并抑制了H3K9me3的表达。H3K9ac修饰的增加可以促进染色质开放，而H3K9me3修饰的减少可以增强基因转录。这一结果表明10 μmol/L 6 h的PsA处理可以提高染色质的开放性，激活基因表达并对胚胎的重编程起到重要作用。

通过本节实验，得出结论：

（1）6 h和12 h的PsA处理，牛孤雌胚胎的卵裂率差异不显著，卵裂率在65%～67%之间；12 h以上的PsA处理没有囊胚形成，囊胚率在8%～11.5%，显著降低了胚胎的囊胚率；而6 h的PsA处理囊胚率在14%～18%之间。结果表明，随着PsA浓度的增加和处理时间的延长，牛孤雌胚胎的卵裂率和囊胚率降低。

（2）表观遗传药物PsA抑制了牛孤雌胚胎HDACs和DNMTs的活性，降低了BCL和SOD的表达，而6 h 10 μmol/L的PsA处理能够促进多能基因的表达。综合发育率的结果，本实验筛选出的PsA的最佳处理浓度和时间为10 μmol/L 6 h。

（3）PsA处理促进了牛孤雌囊胚抑制了H3K9me3的表达、H3K9ac的表达，进而提高染色质的开放，激活基因的表达，对胚胎的重编程起着重要的作用。

二、表观药物PsA对牛体细胞核移植胚胎发育的影响

PsA是一种天然的HDACi。有研究表明，表观遗传药物PsA能促进核的重编程，激活前后处理8～9 h、16 h或24 h，能有效地的提高鼠胚胎的发育

率和质量，并且能够使健康克隆鼠出生的概率增加[178]。另外，还有研究表明，使用维生素C-PsA、100 μmol/L维生素C和10 μmol/L PsA混合物分别处理鼠重构胚16 h（包括激活6 h和激活后10 h），维生素C-PsA组增强了核的重编程，PsA组囊胚率显著降低而卵裂率显著增加，但是，健康克隆牛的克隆效率仍然较低，并且PsA也未应用到克隆牛的研究中。因此，PsA对其他动物的研究为我们研究SCNT重编程机制提供了可行性技术方法和理论依据，为克隆效率提供丰富的资源，在研究和应用中起到非常重要的作用和价值。

（一）材料

1. 实验材料

卵母细胞取自长春本地屠宰场。

2. 实验试剂和耗材

同本节"一"。

3. 实验仪器

同本节"一"。

（二）研究方法

1. 卵母细胞的获取

同本节"一"。

2. 牛成纤维细胞（供核细胞）的获取、培养和冻存

从牛场购买45日龄的牛胎儿，无菌条件下剪取一块牛胎儿腹部皮肤组织，用含有青霉素和链霉素的PBS洗涤，然后用干热灭菌处理的剪刀镊子，将组织在培养皿中切成细碎小块，加入含有10%血清和1%双抗的DMEM细胞培养液，然后直接放入CO_2-细胞培养箱中。定期监控细胞生长情况并及时更换培养液。细胞盖住培养皿底部后，小心取出组织块并进行细胞传代。取3～5代细胞作为核供体细胞。

成纤维细胞的冻存：成纤维细胞覆盖整个培养皿底部后，吸出培养液，加入适量的胰蛋白酶并在37℃下孵育3 min，在倒置显微镜下观察到细胞从培养皿底部分离，并从纺锤形变为球形即可，加入胎牛血清以终止消化，用无菌PBS（2 000 r/min，离心5 min）洗涤两次，再加入含10%二甲基亚砜的胎牛血清，用移液枪吹吸混匀，移至细胞冻存管放入Dianrui盒中（逐渐降温），在−80℃的低温冰箱中冷冻24 h，然后将其存储在液氮中。

3. 体外受精

首先，在38.5℃，5%CO$_2$的培养箱中平衡20 min以上的DPBS精子洗液和TALP受精液。从液氮中取出冷冻精子，于38.5℃水浴中解冻，然后用酒精棉擦拭。将冻精管在超净台中剪开，让精子流入热好的DPBS洗液中，水平离心机离心以去除上清液，然后用TALP离心机洗涤，最后将稀释的精子与TALP混合以制成微滴（100 μL/滴，总共3滴）盖油，并且此过程需要确保每滴中的精子浓度和活力都满足自然受精范围；将培养至成熟的对照组或下调组MⅡ期卵母细胞在TALP微滴中清洗后，移至精子滴中进行体外受精；约22 h后，将其转移到SOF胚胎培养液中进一步培养；每48 h换液一次，注意胚胎卵裂并每12 h记录一次，记录并统计卵裂率。

4. 体细胞核移

（1）实验前准备：6-DMAP、SOF和KSOM培养滴，放入温箱中平衡4 h；预热透明质酸酶400 μL（放入1.5 mL离心管中）；操作滴（含有CB）；洗液（3 cm皿操作液2 mL）。

（2）架针，开机器：用提前制作好的持卵针和注射针安装到显微操作显微镜上，调节角度到适合的位置进行显微操作。

（3）去颗粒细胞：用枪从成熟液中吸出卵母细胞放入预热的透明质酸酶中，吹吸混匀50次，用枪吸出放空皿里，镜下捡出放入操作液中，用操作液清洗离心管2次，捡出漏掉的卵，之后放入操作液中清洗，挑成熟。

（4）去核：在操作滴中进行，若针堵住了，在胰酶滴中清洗。用持卵针固定卵的位置，注射针吸取第一极体及其周围部分胞质。去核1 h后进行注核（这段时间是卵母细胞修复期）。

（5）成纤维细胞的获取：在去核时进行消化，在镜下观察细胞的生长状况，吸出细胞培养液，加入胰酶38.5℃消化3 min，镜下观察细胞消化情况，之后加入血清终止消化，加入操作液吹吸打散成纤维细胞，移到离心管中，1 500 r/min 5 min离心2次，去除上清，加入100 μL细胞培养液混匀，取出一部分放入显微操作滴中用于注核，剩余的用于传代。

（6）注核：用注射针吸取圆润饱满的成纤维细胞，注入去核后的卵母细胞的卵周隙中，尽量紧贴细胞质。

（7）将注完核的卵母细胞在操作液中洗2遍，放入融合液中清洗，之后放入注有融合液的融合槽中进行电融合。电融合参数为：直流电电压

100 V，10 μs脉冲时长，2次脉冲。

（8）化学激活：挑选融合成功的重构胚，用离子霉素5 min联合6-DMAP 4 h（含有表观遗传药物或不含）的方法进行胚胎激活，激活后转移到KSOM（含有表观遗传药物或不含）中继续培养（见图5-30），每48 h加一次血清，每12 h观察记录一次胚胎卵裂情况，记录并统计卵裂率。

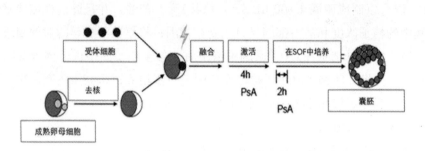

图5-30　SCNT及PsA处理的图解说明

5.胚胎的培养和收集

同本节"一"。

6.cDNA的制取和RNA的反转录

同本节"一"。

7.荧光定量PCR

同本节"一"。

8.免疫荧光染色和图像分析

同本节"一"。

9.统计分析

同本节"一"。

（三）结果

1.PsA对牛克隆胚胎发育的影响

本实验分为3组，对胚胎的卵裂数和囊胚数进行统计，经过多次实验计算出卵裂率和囊胚率，结果所示：与IVF组相比，PsA处理组和SCNT组，囊胚率降低，而IVF组与其他两组相比差异显著（$P < 0.05$），PsA处理组和SCNT组相比差异不显著（$P > 0.05$），其中IVF组的卵裂率和囊胚率最高；PsA处理组和IVF两组与SCNT相比，卵裂率升高，差异极显著（$P < 0.01$）（见表5-22、图5-31）。

表5- 22　SCNT和IVF胚胎的卵裂率和囊胚率

组　别	卵裂率(%)	囊胚率(%)
SCNT	47.29±1.36	11.01±0.51
SCNT-PsA	53.76±0.99**	12.15±0.24
IVF	54.44±0.85**	12.26±0.39*

注："**"表示SCNT-PsA和IVF组与SCNT组相比差异极显著（$P < 0.01$）。

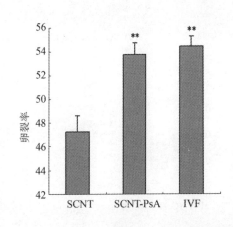
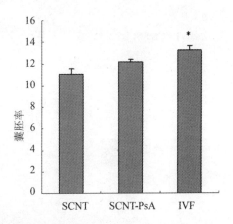

图5-31　SCNT和IVF胚胎卵裂率和囊胚率统计图

2. PsA对牛克隆胚胎基因表达的影响

使用Q-PCR对牛SCNT和IVF囊胚的凋亡基因BCL、多能基因Nanog、抗氧化基因SOD、HDAC1和DNMTI的相对表达量进行分析，如图5-32所示。

凋亡基因BCL，与IVF和SCNT组相比，实验组BCL的相对表达量升高，三组的差异不显著（$P > 0.05$），表明PsA处理对SCNT胚胎的凋亡有一定的抑制作用。

多能基因Nanog，与IVF组相比，实验组Nanog的相对表达量降低但高于SCNT组，三组的差异不显著（$P > 0.05$）。

抗氧化基因SOD，与IVF组相比，实验组SOD的相对表达量升高但低于SCNT组，三组的差异不显著（$P > 0.05$）。

HDAC1基因，与SCNT组相比，IVF组HDAC1的相对表达量显著降低（$P < 0.05$）实验组的极显著降低（$P < 0.01$）且在三组中表达量最低，符合PsA的性质。

DNMTI基因，与IVF和SCNT组相比，实验组DNMTI的相对表达量升高，三组的差异不显著（$P > 0.05$）。

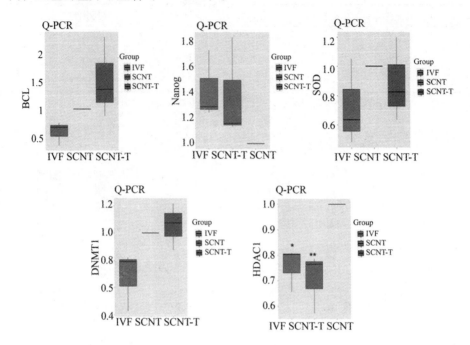

图5-32　SCNT和IVF胚胎中基因的表达

3. PsA对牛克隆胚胎H3K9ac和H3K9me3表达的影响

用免疫荧光染色的方法对IVF、SCNT和PsA处理的SCNT囊胚进行染色，并对其荧光强度进行了分析，通过这些结果分析PsA处理对牛SCNT胚胎H3K9me3和H3K9ac表达的影响。

对于H3K9me3的表达，PsA处理组的荧光强度较弱，在4-细胞中PsA处理极显著低于其他两组；而在囊胚中，与SCNT组相比显著降低（$P < 0.05$），但与IVF组的三甲基化水平相似，差异不显著（$P > 0.05$）（见图5-33、图5-34）。对于H3K9ac的表达，荧光图片可以明显看出PsA处理组4-细胞和囊胚的荧光强度较强，与其他两组相比，PsA处理组4-细胞中差异极显著（$P < 0.01$），囊胚中差异显著（$P < 0.05$）（见图5-33、图5-34）。

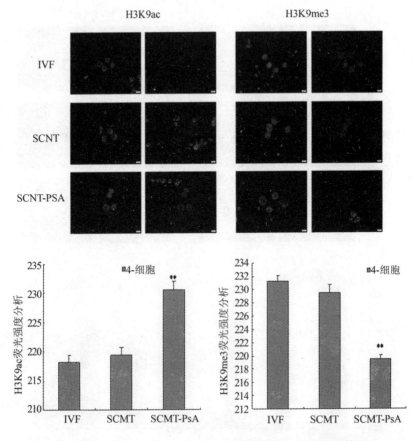

图5-33　SCNT和IVF 4-细胞H3K9ac和H3K9me3的表达情况

注："*"表示SCNT-PsA组与SCNT和IVF组相比差异极显著（$P < 0.01$）。

（四）讨论

在本次实验中，我们使用PsA处理孤雌胚胎分析的结果应用到SCNT胚胎实验中，分析PsA处理对牛SCNT胚胎发育的影响。

TSA，一种HDACi，处理鼠胚胎8 h（包括激活6 h和激活后2 h）能够显著增强囊胚阶段的体外发育，进而增强克隆效率。而维生素C，是一种抗氧化剂，可以防止氧化应激从而保护细胞。有研究显示，维生素C能够提高分化细胞核的重编程率，并且当把维生素C加入卵母细胞成熟液或者胚胎培养液中时，能够促进卵母细胞成熟和胚胎发育。在Anna等人[178]的研究中，使用维生素C-PsA、100 µmol/L 维生素C和10 µmol/L PsA混合物分别处理重构胚16 h（包括激活6 h和激活后10 h），结果显示：PsA组与其他组相比，卵

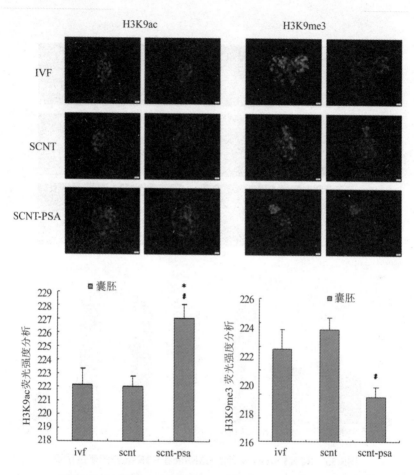

图5-34　SCNT和IVF囊胚H3K9ac和H3K9me3的表达情况

注："*"表示SCNT-PsA组与IVF组相比差异显著（$P < 0.05$）；"#"表示SCNT-PsA组与SCNT组相比差异显著（$P < 0.05$）。

裂率显著增加而囊胚率显著降低；与维生素C组相比，维生素C-PsA组增强了核的重编程。此外，Mallol等人[179]研究表明，10 μmol/L PsA处理鼠胚胎16 h能更好地提高卵裂率和囊胚率，促进胚胎的发育，并且能够提高健康克隆鼠的出生率。

在本实验中，10 μmol/L PsA处理胚胎的时间段为激活4 h和激活后2 h，共6 h的处理时间，之后我们对卵裂率和囊胚率进行了分析，结果为：对于IVF组，它在三组中卵裂率和囊胚率最高，与SCNT组比差异显著，但与PsA处理组比差异不显著（见表5-22，图5-31）；与SCNT组相比，处理组提高了SCNT胚胎的卵裂率和囊胚率，卵裂率的差异极显著（$P < 0.01$）（见表5-22，图5-31），与Mallol等人[179]的研究结果相符。这一结果表明一定量的PsA处理一定的时间能够促进胚胎的发育和提高胚胎的质量。

HDAC是一种水解酶，在管式催化结构域中有锌的结合位点。一个小分子如TSA，能够抑制人类全部的11个HDACs的去乙酰化酶的活性。而TSA是第一个成功应用于SCNT中的HDACi，有研究显示，TSA处理能够促进牛[181]、猪[182]的胚胎发育，并能显著提高克隆鼠的成活率。PsA作为一种新型的针对HDAC的前体药物与TSA有相同的性质，可有效地抑制其活性。在本实验中，PsA的处理极显著降低了HDAC1的表达（$P < 0.01$），但对DNMTI的表达影响不大（$P > 0.05$），这一结果与PsA作为HDACi的性质相符。

多能性基因Nanog在囊胚阶段的内细胞团中表达，本实验分析SCNT囊胚的Nanog基因的表达，结果为：实验组Nanog的相对表达量高于SCNT组（$P > 0.05$），相对提高了胚胎发育的多能性，但低于IVF组（$P > 0.05$），差异不显著。这一结果与Mallol等人[182]的研究结果相符，说明PsA能够促进多能基因的表达，在维持胚胎多能性方面有重要的影响。

细胞凋亡是评估胚胎发育情况的另一个重要因素。在本实验中，PsA的处理降低了抗氧化基因SOD的表达水平，但三组间差异不显著（$P > 0.05$）（见图5-32）。此外，PsA处理升高了抗凋亡基因BCL的表达水平，但差异不显著（$P > 0.05$）（见图5-32）。与未处理的细胞相比，PsA对抑制细胞凋亡有一定的作用。表明PsA的处理对SOD的表达影响不大。

在早期胚胎发育过程中，组蛋白的乙酰化和甲基化修饰在特异性基因表达中至关重要。H3K9ac是一个在转录中激活染色质的表观遗传标志，而H3K9me3是转录沉默的标志。在本实验中，SCNT-PsA组整体的H3K9ac表达水平比SCNT和IVF组高（见图5-33，图5-34）。DNA甲基化可阻断DNA的转录激活因子与目标基因结合，并结合染色质重塑辅抑制因子复合物使沉默基因表达，起到抑制转录的作用。此外，组蛋白的高度乙酰化可诱发染色质重塑，缓和转录抑制，促进各种因素进入核小体内，并有助于重新编程。而本实验中H3K9me3的表达SCNT-PsA组低于SCNT和IVF组（见图5-33，图5-34），这可能与组蛋白的高度乙酰化有关，因为有研究显示表观修饰的这种类型呈负相关作用。以上结果表明，PsA处理使组蛋白高度乙酰化和低甲基化，可缓和转录抑制，提高细胞核的重编程，在SCNT胚胎的发育中具有较高的发展潜能。

（1）在牛孤雌胚胎发育中，6 h和12 h的PsA处理对胚胎卵裂率的影响差异不显著，对照组囊胚率在16.7%左右，6 h的PsA处理囊胚率在14%~18%之间，12 h的处理囊胚率在8%~11.5%之间，这表明随着PsA浓度的增加和处理时间的延长，牛孤雌胚胎的卵裂率和囊胚率降低。

（2）PsA处理对在牛孤雌胚胎相关基因表达的分析显示，PsA处理抑制了HDAC1和DNMT1的活性，10 μmol/L 6 h的处理促进了多能基因Nanog的表达。对发育率和基因表达进行评估分析，我们挑选10 μmol/L 6 h为牛胚胎发育的最适浓度和时间。

（3）我们以10 μmol/L 6 h的PsA浓度和时间对牛孤雌胚胎的H3K9ac和H3K9me3的表达进行了分析，结果显示：PsA处理上调了H3K9ac的表达、下调了H3K9me3的表达，有助于染色质的开放，促进了核的重编程，这对SCNT胚胎的发育提供了重要的理论依据和研究价值。

（4）在牛SCNT胚胎发育中，PsA处理提高了SCNT胚胎的卵裂率和囊胚率，发育率提高了6.47%，囊胚率提高了1.14%，表明PsA处理能够提高SCNT胚胎的发育和质量。

（5）PsA处理抑制了SCNT胚胎HDAC1的表达，但不影响DNMT1的表达，提高了抗凋亡基因BCL的表达，促进了多能基因Nanog的表达，但对SOD的影响差异不显著，升高了H3K9的乙酰化，降低了组蛋白H3K9的三甲基化，这有助于SCNT胚胎的重编程。总体数据表明，PsA处理提高了SCNT胚胎的发育和质量。

附　录

表5- 23　英文缩写词表

英文缩写	英文名称	中文名称
SCNT	Somatic cell nuclear transfer	体细胞核移植
HDAC	Histone deacetylases	组蛋白去乙酰酶
HDACi	Histone deacetylases inhibitor	组蛋白去乙酰酶抑制剂
DNMT	DNA methyltransferase	DNA甲基转移酶
DNMTi	DNA methyltransferase inhibitor	DNA甲基转移酶抑制剂
PsA	Psammaplin A	
DMRs	differentially methylated regions	差异甲基化区域
HMTs	histone methyltransferase	组蛋白甲基转移酶
HATs	histone acetyltransferase	组蛋白乙酰基转移酶
5-AZA-CdR	5-aza-2-deoxycytidine	5-氮杂-2-脱氧胞苷
TSA	trichostatin A	曲古抑菌素
NaBu	sodium butyrate	丁酸钠
5-aza-dC	5-Aza-2′ -deoxyazacytidine	5-杂氮-2-脱氧胞嘧啶
APN	Aminopeptidase N	氨肽酶N
VEGF	Vascular endothelial growth factor	血管内皮生长因子
HIF-1α	Hypoxia-inducible factor-1α	缺氧诱导因子-1α
SAHA	Suberoylanilide hydroxamic acid	辛二酰苯胺异羟肟酸
FBS	Fetal bovine serum	胎牛血清
PBS	Phosphate buffered saline	磷酸盐缓冲液
DMEM	Dulbecco's modified eagle medium	杜氏改良伊格尔培养基
IVF	in vitro fertilization	体外受精
CB	Cytochalasin B	细胞松弛素B
Q-PCR	Real-time Quantitative PCR	实时荧光定量核酸扩增
DMSO	Dimethyl sulfoxide	二甲亚砜

参考文献

[1]Kishikawa H, Wakayama T, Yanagimachi R. Comparison of oocyte-activating agents for mouse cloning[J]. Cloning, 1999; 1: 153-159.

[2]Batchelder CA, Hoffert KA, Bertolini M, Moyer AL, Mason JB, Petkov SG, Famula TR, Anderson GB. Effect of the nuclear-donor cell lineage, type, and cell donor on development of somatic cell nuclear transfer embryos in cattle[J]. Cloning Stem Cells, 2005; 7: 238-254.

[3]Oback B, Wells DN. Donor cell differentiation, reprogramming, and cloning efficiency: elusive or illusive correlation[J]? Mol Reprod Dev, 2007; 74: 646-654.

[4]Sung LY, Gao S, Shen H, Yu H, Song Y, Smith SL, Chang CC, Inoue K, Kuo L, Lian J, Li A, Tian XC, Tuck DP, Weissman SM, Yang X, Cheng T. Differentiated cells are more efficient than adult stem cells for cloning by somatic cell nuclear transfer[J]. Nat Genet, 2006; 38: 1323-1328.

[5]Enright BP, Jeong BS, Yang X, Tian XC. Epigenetic characteristics of bovine donor cells for nuclear transfer: levels of histone acetylation[J]. Biology of Reproduction, 2003; 69: 1525.

[6]Rizos D, Burke L, Duffy P, Wade M, Mee JF, O'Farrell KJ, Macsiurtain M, Boland MP, Lonergan P. Comparisons between nulliparous heifers and cows as oocyte donors for embryo production in vitro[J]. Theriogenology, 2005; 63: 939-949.

[7]Khatir H, Lonergan P, Mermillod P. Kinetics of nuclear maturation and protein profiles of oocytes from prepubertal and adult cattle during in vitro maturation[J]. Theriogenology, 1998; 50: 917-929.

[8]Ibáñez E, Albertini DF, Overström EW. Demecolcine-induced oocyte enucleation for somatic cell cloning: coordination between cell-cycle egress, kinetics of cortical cytoskeletal interactions, and second polar body extrusion[J]. Biology of Reproduction, 2003; 68: 1249.

[9]Memili E, Dominko T, First NL. Onset of transcription in bovine oocytes and preimplantation embryos. Molecular Reproduction & Development, 1998; 51: 36-41.

[10]Liu L, Shin T, Pryor JH, Kraemer D, Westhusin M. Regenerated bovine fetal fibroblasts support high blastocyst development following nuclear transfer[J]. Cloning, 2001; 3: 51-58.

[11]Kaufman MH, Gardner RL. Diploid and haploid mouse parthenogenetic development following in vitro activation and embryo transfer[J]. J Embryol Exp Morphol, 1974; 31: 635-642.

[12]Steinhardt RA, Epel D, Carroll EJ, Yanagimachi R. Is calcium ionophore a universal activator for unfertilised eggs[J]? Nature, 1974; 252: 41-43.

[13]Balakier H, Casper RF. Experimentally induced parthenogenetic activation of human oocytes[J]. Human Reproduction, 1993; 8: 740.

[14]Bianchi S, Macchiarelli G, Micara G, Linari A, Boninsegna C, Aragona C, Rossi G, Cecconi S, Nottola SA. Ultrastructural markers of quality are impaired in human metaphase II aged oocytes: a comparison between reproductive and in vitro aging[J]. J Assist Reprod Genet, 2015; 32: 1343-1358.

[15]Cheng JM, Li J, Tang JX, Chen SR, Deng SL, Jin C, Zhang Y, Wang XX, Zhou CX, Liu YX. Elevated intracellular pH appears in aged oocytes and causes oocyte aneuploidy associated with the loss of cohesion in mice[J]. Cell Cycle, 2016; 15: 2454-2463.

[16]Hall VJ, Compton D, Stojkovic P, Nesbitt M, Herbert M, Murdoch A, Stojkovic M. Developmental competence of human in vitro aged oocytes as host cells for nuclear transfer[J]. Hum Reprod, 2007; 22: 52-62.

[17]Jiang W, Li Y, Zhao Y, Gao Q, Jin Q, Yan C, Xu Y. l-carnitine supplementation during in vitro culture regulates oxidative stress in embryos from bovine aged oocytes[J]. Theriogenology, 2020; 143: 64-73.

[18]Pavlok A, Kalab P, Bobak P. Fertilisation competence of bovine normally matured or aged oocytes derived from　different antral follicles: morphology, protein synthesis, H1 and MBP kinase activity[J]. Zygote, 1997; 5: 235-246.

[19]Takahashi T, Igarashi H, Amita M, Hara S, Matsuo K, Kurachi H. Molecular mechanism of poor embryo development in postovulatory aged oocytes: mini review[J]. J Obstet Gynaecol Res, 2013; 39: 1431-1439.

[20]Tanaka H, Kanagawa H. Influence of combined activation treatments on the success of bovine nuclear transfer using young or aged oocytes. Anim Reprod Sci, 1997; 49: 113-123.

[21]Yu JN, Wang M, Wang DQ, Li SH, Shao GB, Wu CF, Liu HL. [Chromosome changes of aged oocytes after ovulation[J]. Yi Chuan, 2007; 29: 225-229.

[22]Yamazaki W, Ferreira CR, Meo SC, Leal CL, Meirelles FV, Garcia JM. Use of strontium in the activation of bovine oocytes reconstructed by somatic cell nuclear transfer[J]. Zygote, 2005; 13: 295-302.

[23]Wells DN, Misica PM, Tervit HR, Vivanco WH. Adult somatic cell nuclear transfer is used to preserve the last surviving cow of the Enderby Island cattle breed[J]. Reprod Fertil Dev, 1998; 10: 369-378.

[24]Lanza RP, Dresser BL, Damiani P. Cloning Noah's ark[J]. Sci Am, 2000; 283: 84-89.

[25]Balbach ST, Esteves TC, Houghton FD, Siatkowski M, Pfeiffer MJ, Tsurumi C, Kanzler B, Fuellen G, Boiani M. Nuclear reprogramming: kinetics of cell cycle and metabolic progression as determinants of success[J]. PLoS One, 2012; 7: e35322.

[26]Mizutani E, Yamagata K, Ono T, Akagi S, Geshi M, Wakayama T. Abnormal chromosome

segregation at early cleavage is a major cause of the full-term developmental failure of mouse clones[J]. Dev Biol, 2012; 364: 56-65.

[27]Aston KI, Li GP, Hicks BA, Sessions BR, Pate BJ, Hammon D, Bunch TD, White KL. Effect of the time interval between fusion and activation on nuclear state and development in vitro and in vivo of bovine somatic cell nuclear transfer embryos[J]. Reproduction, 2006; 131: 45-51.

[28]Choi JY, Kim CI, Park CK, Yang BK, Cheong HT. Effect of activation time on the nuclear remodeling and in vitro development of nuclear transfer embryos derived from bovine somatic cells[J]. Mol Reprod Dev, 2004; 69: 289-295.

[29]Ziller MJ, Gu H, Muller F, Donaghey J, Tsai LT, Kohlbacher O, De Jager PL, Rosen ED, Bennett DA, Bernstein BE, Gnirke A, Meissner A. Charting a dynamic DNA methylation landscape of the human genome[J]. Nature, 2013; 500: 477-481.

[30]Okae H, Chiba H, Hiura H, Hamada H, Sato A, Utsunomiya T, Kikuchi H, Yoshida H, Tanaka A, Suyama M, Arima T. Genome-wide analysis of DNA methylation dynamics during early human development[J]. PLoS Genet, 2014; 10: e1004868.

[31]Dean W, Santos F, Stojkovic M, Zakhartchenko V, Walter J, Wolf E, Reik W. Conservation of methylation reprogramming in mammalian development: aberrant reprogramming in cloned embryos[J]. Proc Natl Acad Sci USA, 2001; 98: 13734-13738.

[32]Gurdon JB, Wilmut I. Nuclear transfer to eggs and oocytes[J]. Cold Spring Harb Perspect Biol, 2011; 3.

[33]Chan MM, Smith ZD, Egli D, Regev A, Meissner A. Mouse ooplasm confers context-specific reprogramming capacity[J]. Nat Genet, 2012; 44: 978-980.

[34]Akiyama T, Nagata M, Aoki F. Inadequate histone deacetylation during oocyte meiosis causes aneuploidy and embryo death in mice[J]. Proc Natl Acad Sci U S A, 2006; 103: 7339-7344.

[35]Chen ZX, Mann JR, Hsieh CL, Riggs AD, Chedin F. Physical and functional interactions between the human DNMT3L protein and members of the de novo methyltransferase family[J]. J Cell Biochem, 2005; 95: 902-917.

[36]Klose RJ, Bird AP. Genomic DNA methylation: the mark and its mediators[J]. Trends Biochem Sci, 2006; 31: 89-97.

[37]Inoue K, Kohda T, Sugimoto M, Sado T, Ogonuki N, Matoba S, Shiura H, Ikeda R, Mochida K, Fujii T, Sawai K, Otte AP, Tian XC, Yang X, Ishino F, Abe K, Ogura A. Impeding Xist expression from the active X chromosome improves mouse somatic cell nuclear transfer[J]. Science, 2010; 330: 496-499.

[38]Hill JR, Schlafer DH, Fisher PJ, Davies CJ. Abnormal expression of trophoblast major histocompatibility complex class I antigens in cloned bovine pregnancies is associated with a pronounced endometrial lymphocytic response[J]. Biol Reprod, 2002; 67: 55-63.

[39]Heyman Y, Chavatte-Palmer P, LeBourhis D, Camous S, Vignon X, Renard JP. Frequency and occurrence of late-gestation losses from cattle cloned embryos[J]. Biol Reprod, 2002; 66: 6-13.

[40]Watanabe S, Nagai T. Survival of embryos and calves derived from somatic cell nuclear transfer in cattle: a nationwide survey in Japan[J]. Anim Sci J, 2011; 82: 360-365.

[41]Cibelli JB, Campbell KH, Seidel GE, West MD, Lanza RP. The health profile of cloned animals[J]. Nat Biotechnol, 2002; 20: 13-14.

[42]Wells DN. Animal cloning: problems and prospects[J]. Rev Sci Tech, 2005; 24: 251-264.

[43]Wrenzycki C, Lucas-Hahn A, Herrmann D, Lemme E, Korsawe K, Niemann H. In vitro production and nuclear transfer affect dosage compensation of the X-linked gene transcripts G6PD, PGK, and Xist in preimplantation bovine embryos[J]. Biol Reprod, 2002; 66: 127-134.

[44]Fujii T, Moriyasu S, Hirayama H, Hashizume T, Sawai K. Aberrant expression patterns of genes involved in segregation of inner cell mass and trophectoderm lineages in bovine embryos derived from somatic cell nuclear transfer[J]. Cell Reprogram, 2010; 12: 617-625.

[45]Yang L, Chavatte-Palmer P, Kubota C, O'Neill M, Hoagland T, Renard JP, Taneja M, Yang X, Tian XC. Expression of imprinted genes is aberrant in deceased newborn cloned calves and relatively normal in surviving adult clones[J]. Mol Reprod Dev, 2005; 71: 431-438.

[46]Zenk F, Loeser E, Schiavo R, Kilpert F, Bogdanovic O, Iovino N. Germ line-inherited H3K27me3 restricts enhancer function during maternal-to-zygotic transition[J]. Science, 2017; 357: 212-216.

[47]Gong ZJ, Zhou YY, Xu M, Cai Q, Li H, Yan JB, Wang J, Zhang HJ, Fan SY, Yuan Q, Huang SZ, Zeng F. Aberrant expression of imprinted genes and their regulatory network in cloned cattle[J]. Theriogenology, 2012; 78: 858-866.

[48]Akagi S, Kaneyama K, Adachi N, Tsuneishi B, Matsukawa K, Watanabe S, Kubo M, Takahashi S. Bovine nuclear transfer using fresh cumulus cell nuclei and in vivo- or in vitro-matured cytoplasts[J]. Cloning Stem Cells, 2008; 10: 173-180.

[49]Cibelli JB, Stice SL, Golueke PJ, Kane JJ, Jerry J, Blackwell C, Ponce DLF, Robl JM. Cloned transgenic calves produced from nonquiescent fetal fibroblasts[J]. Science, 1998; 280: 1256-1258.

[50]Iwamoto D, Kasamatsu A, Ideta A, Urakawa M, Matsumoto K, Hosoi Y, Iritani A, Aoyagi Y, Saeki K. Donor cells at the G1 phase enhance homogeneous gene expression among blastomeres in bovine somatic cell nuclear transfer embryos[J]. Cell Reprogram, 2012; 14:

20-28.

[51]Sirard MA, Richard F, Blondin P, Robert C. Contribution of the oocyte to embryo quality[J]. Theriogenology, 2006; 65: 126-136.

[52]Sugimura S, Akai T, Hashiyada Y, Somfai T, Inaba Y, Hirayama M, Yamanouchi T, Matsuda H, Kobayashi S, Aikawa Y, Ohtake M, Kobayashi E, Konishi K, Imai K. Promising system for selecting healthy in vitro-fertilized embryos in cattle[J]. PLoS One, 2012; 7: e36627.

[53]Akagi S, Adachi N, Matsukawa K, Kubo M, Takahashi S. Developmental potential of bovine nuclear transfer embryos and postnatal survival rate of cloned calves produced by two different timings of fusion and activation[J]. Mol Reprod Dev, 2003; 66: 264-272.

[54]Lee SG, Park CH, Choi DH, Kim HS, Ka HH, Lee CK. In vitro development and cell allocation of porcine blastocysts derived by aggregation of in vitro fertilized embryos[J]. Mol Reprod Dev, 2007; 74: 1436-1445.

[55]Boiani M, Eckardt S, Leu NA, Scholer HR, McLaughlin KJ. Pluripotency deficit in clones overcome by clone-clone aggregation: epigenetic complementation[J]? EMBO J, 2003; 22: 5304-5312.

[56]Misica-Turner PM, Oback FC, Eichenlaub M, Wells DN, Oback B. Aggregating embryonic but not somatic nuclear transfer embryos increases cloning efficiency in cattle[J]. Biol Reprod, 2007; 76: 268-278.

[57]Shi YJ, Matson C, Lan F, Iwase S, Baba T, Shi Y. Regulation of LSD1 Histone Demethylase Activity by Its Associated Factors[J]. Molecular Cell, 2005; 19: 857-864.

[58]Ono Y, Shimozawa N, Ito M, Kono T. Cloned mice from fetal fibroblast cells arrested at metaphase by a serial nuclear transfer[J]. Biol Reprod, 2001; 64: 44-50.

[59]Kim JM, Ogura A, Nagata M, Aoki F. Analysis of the mechanism for chromatin remodeling in embryos reconstructed by somatic nuclear transfer[J]. Biol Reprod, 2002; 67: 760-766.

[60]Saunders CM, Larman MG, Parrington J, Cox LJ, Royse J, Blayney LM, Swann K, Lai FA. PLC zeta: a sperm-specific trigger of Ca(2+) oscillations in eggs and embryo development[J]. Development, 2002; 129: 3533-3544.

[61]Liu Y, Han XJ, Liu MH, Wang SY, Jia CW, Yu L, Ren G, Wang L, Li W. Three-day-old human unfertilized oocytes after in vitro fertilization/intracytoplasmic sperm injection can be activated by calcium ionophore a23187 or strontium chloride and develop to blastocysts[J]. Cell Reprogram, 2014; 16: 276-280.

[62]Prather RS, Kuhholzer B, Lai L, Park KW. Changes in the structure of nuclei after transfer to oocytes[J]. Cloning, 2000; 2: 117-122.

[63]Yamauchi Y, Ward MA, Ward WS. Asynchronous DNA replication and origin licensing in

the mouse one-cell embryo[J]. J Cell Biochem, 2009; 107: 214-223.

[64]Hirasawa R, Chiba H, Kaneda M, Tajima S, Li E, Jaenisch R, Sasaki H. Maternal and zygotic Dnmt1 are necessary and sufficient for the maintenance of DNA methylation imprints during preimplantation development[J]. Genes Dev, 2008; 22: 1607-1616.

[65]Maenohara S, Unoki M, Toh H, Ohishi H, Sharif J, Koseki H, Sasaki H. Role of UHRF1 in de novo DNA methylation in oocytes and maintenance methylation in preimplantation embryos[J]. PLoS Genet, 2017; 13: e1007042.

[66]Matoba S, Zhang Y. Somatic Cell Nuclear Transfer Reprogramming: Mechanisms and Applications[J]. Cell Stem Cell, 2018; 23: 471-485.

[67]Gao L, Wu K, Liu Z, Yao X, Yuan S, Tao W, Yi L, Yu G, Hou Z, Fan D, Tian Y, Liu J, Chen ZJ, Liu J. Chromatin Accessibility Landscape in Human Early Embryos and Its Association with Evolution[J]. Cell, 2018; 173: 248-259.

[68]Wu J, Huang B, Chen H, Yin Q, Liu Y, Xiang Y, Zhang B, Liu B, Wang Q, Xia W, Li W, Li Y, Ma J, Peng X, Zheng H, Ming J, Zhang W, Zhang J, Tian G, Xu F, Chang Z, Na J, Yang X, Xie W. The landscape of accessible chromatin in mammalian preimplantation embryos[J]. Nature, 2016; 534: 652-657.

[69]Inoue A, Jiang L, Lu F, Suzuki T, Zhang Y. Maternal H3K27me3 controls DNA methylation-independent imprinting[J]. Nature, 2017; 547: 419-424.

[70]Djekidel MN, Inoue A, Matoba S, Suzuki T, Zhang C, Lu F, Jiang L, Zhang Y. Reprogramming of Chromatin Accessibility in Somatic Cell Nuclear Transfer Is DNA Replication Independent[J]. Cell Rep, 2018; 23: 1939-1947.

[71]Chung YG, Matoba S, Liu Y, Eum JH, Lu F, Jiang W, Lee JE, Sepilian V, Cha KY, Lee DR, Zhang Y. Histone Demethylase Expression Enhances Human Somatic Cell Nuclear Transfer Efficiency and Promotes Derivation of Pluripotent Stem Cells[J]. Cell Stem Cell, 2015; 17: 758-766.

[72]Liu W, Liu X, Wang C, Gao Y, Gao R, Kou X, Zhao Y, Li J, Wu Y, Xiu W, Wang S, Yin J, Liu W, Cai T, Wang H, Zhang Y, Gao S. Identification of key factors conquering developmental arrest of somatic cell cloned embryos by combining embryo biopsy and single-cell sequencing[J]. Cell Discov, 2016; 2: 16010.

[73]Akiyama T, Suzuki O, Matsuda J, Aoki F. Dynamic replacement of histone H3 variants reprograms epigenetic marks in early mouse embryos[J]. PLoS Genet, 2011; 7: e1002279.

[74]Inoue A, Zhang Y. Nucleosome assembly is required for nuclear pore complex assembly in mouse zygotes[J]. Nat Struct Mol Biol, 2014; 21: 609-616.

[75]Zhang M, Wang F, Kou Z, Zhang Y, Gao S. Defective chromatin structure in somatic cell

cloned mouse embryos[J]. J Biol Chem, 2009; 284: 24981-24987.

[76]Nashun B, Yukawa M, Liu H, Akiyama T, Aoki F. Changes in the nuclear deposition of histone H2A variants during pre-implantation development in mice[J]. Development, 2010; 137: 3785-3794.

[77]Wen D, Banaszynski LA, Rosenwaks Z, Allis CD, Rafii S. H3.3 replacement facilitates epigenetic reprogramming of donor nuclei in somatic cell nuclear transfer embryos[J]. Nucleus, 2014; 5: 369-375.

[78]Wen D, Banaszynski LA, Liu Y, Geng F, Noh KM, Xiang J, Elemento O, Rosenwaks Z, Allis CD, Rafii S. Histone variant H3.3 is an essential maternal factor for oocyte reprogramming[J]. Proc Natl Acad Sci U S A, 2014; 111: 7325-7330.

[79]Chan MM, Smith ZD, Egli D, Regev A, Meissner A. Mouse ooplasm confers context-specific reprogramming capacity[J]. Nat Genet, 2012; 44: 978-980.

[80]Shinagawa T, Takagi T, Tsukamoto D, Tomaru C, Huynh LM, Sivaraman P, Kumarevel T, Inoue K, Nakato R, Katou Y, Sado T, Takahashi S, Ogura A, Shirahige K, Ishii S. Histone variants enriched in oocytes enhance reprogramming to induced pluripotent stem cells[J]. Cell Stem Cell, 2014; 14: 217-227.

[81]Gao S, Chung YG, Parseghian MH, King GJ, Adashi EY, Latham KE. Rapid H1 linker histone transitions following fertilization or somatic cell nuclear transfer: evidence for a uniform developmental program in mice[J]. Dev Biol, 2004; 266: 62-75.

[82]Wang F, Kou Z, Zhang Y, Gao S. Dynamic reprogramming of histone acetylation and methylation in the first cell cycle of cloned mouse embryos[J]. Biol Reprod, 2007; 77: 1007-1016.

[83]Liu W, Liu X, Wang C, Gao Y, Gao R, Kou X, Zhao Y, Li J, Wu Y, Xiu W, Wang S, Yin J, Liu W, Cai T, Wang H, Zhang Y, Gao S. Identification of key factors conquering developmental arrest of somatic cell cloned embryos by combining embryo biopsy and single-cell sequencing[J]. Cell Discov, 2016; 2: 16010.

[84]Liu X, Wang Y, Gao Y, Su J, Zhang J, Xing X, Zhou C, Yao K, An Q, Zhang Y. H3K9 demethylase KDM4E is an epigenetic regulator for bovine embryonic development and a defective factor for nuclear reprogramming[J]. Development, 2018; 145.

[85]Zheng H, Huang B, Zhang B, Xiang Y, Du Z, Xu Q, Li Y, Wang Q, Ma J, Peng X, Xu F, Xie W. Resetting Epigenetic Memory by Reprogramming of Histone Modifications in Mammals[J]. Mol Cell, 2016; 63: 1066-1079.

[86]Inoue A, Jiang L, Lu F, Suzuki T, Zhang Y. Maternal H3K27me3 controls DNA methylation-independent imprinting[J]. Nature, 2017; 547: 419-424.

[87]Guo F, Li X, Liang D, Li T, Zhu P, Guo H, Wu X, Wen L, Gu TP, Hu B, Walsh CP, Li J,

Tang F, Xu GL. Active and passive demethylation of male and female pronuclear DNA in the mammalian zygote[J]. Cell Stem Cell, 2014; 15: 447-459.

[88]Gu TP, Guo F, Yang H, Wu HP, Xu GF, Liu W, Xie ZG, Shi L, He X, Jin SG, Iqbal K, Shi YG, Deng Z, Szabo PE, Pfeifer GP, Li J, Xu GL. The role of Tet3 DNA dioxygenase in epigenetic reprogramming by oocytes[J]. Nature, 2011; 477: 606-610.

[89]Iqbal K, Jin SG, Pfeifer GP, Szabo PE. Reprogramming of the paternal genome upon fertilization involves genome-wide oxidation of 5-methylcytosine[J]. Proc Natl Acad Sci U S A, 2011; 108: 3642-3647.

[90]Inoue A, Shen L, Matoba S, Zhang Y. Haploinsufficiency, but not defective paternal 5mC oxidation, accounts for the developmental defects of maternal Tet3 knockouts[J]. Cell Rep, 2015; 10: 463-470.

[91]Liu X, Wang C, Liu W, Li J, Li C, Kou X, Chen J, Zhao Y, Gao H, Wang H, Zhang Y, Gao Y, Gao S. Distinct features of H3K4me3 and H3K27me3 chromatin domains in pre-implantation embryos[J]. Nature, 2016; 537: 558-562.

[92]Matoba S, Wang H, Jiang L, Lu F, Iwabuchi KA, Wu X, Inoue K, Yang L, Press W, Lee JT, Ogura A, Shen L, Zhang Y. Loss of H3K27me3 Imprinting in Somatic Cell Nuclear Transfer Embryos Disrupts Post-Implantation Development[J]. Cell Stem Cell, 2018; 23: 343-354.

[93]Ogura A, Inoue K, Wakayama T. Recent advancements in cloning by somatic cell nuclear transfer[J]. Philos Trans R Soc Lond B Biol Sci, 2013; 368: 20110329.

[94]Byrne JA, Pedersen DA, Clepper LL, Nelson M, Sanger WG, Gokhale S, Wolf DP, Mitalipov SM. Producing primate embryonic stem cells by somatic cell nuclear transfer[J]. Nature, 2007; 450: 497-502.

[95]Zhao J, Hao Y, Ross JW, Spate LD, Walters EM, Samuel MS, Rieke A, Murphy CN, Prather RS. Histone deacetylase inhibitors improve in vitro and in vivo developmental competence of somatic cell nuclear transfer porcine embryos[J]. Cell Reprogram, 2010; 12: 75-83.

[96]Akagi S, Matsukawa K, Mizutani E, Fukunari K, Kaneda M, Watanabe S, Takahashi S. Treatment with a histone deacetylase inhibitor after nuclear transfer improves the preimplantation development of cloned bovine embryos[J]. J Reprod Dev, 2011; 57: 120-126.

[97]Lee JT, Bartolomei MS. X-inactivation, imprinting, and long noncoding RNAs in health and disease[J]. Cell, 2013; 152: 1308-1323.

[98]Matoba S, Inoue K, Kohda T, Sugimoto M, Mizutani E, Ogonuki N, Nakamura T, Abe K, Nakano T, Ishino F, Ogura A. RNAi-mediated knockdown of Xist can rescue the impaired postimplantation development of cloned mouse embryos[J]. Proc Natl Acad Sci USA, 2011; 108: 20621-20626.

[99]Ruan D, Peng J, Wang X, Ouyang Z, Zou Q, Yang Y, Chen F, Ge W, Wu H, Liu Z, Zhao Y, Zhao B, Zhang Q, Lai C, Fan N, Zhou Z, Liu Q, Li N, Jin Q, Shi H, Xie J, Song H, Yang X, Chen J, Wang K, Li X, Lai L. XIST Derepression in Active X Chromosome Hinders Pig Somatic Cell Nuclear Transfer[J]. Stem Cell Reports, 2018; 10: 494-508.

[100]Matoba S, Liu Y, Lu F, Iwabuchi KA, Shen L, Inoue A, Zhang Y. Embryonic development following somatic cell nuclear transfer impeded by persisting histone methylation[J]. Cell, 2014; 159: 884-895.

[101]Liu Z, Cai Y, Wang Y, Nie Y, Zhang C, Xu Y, Zhang X, Lu Y, Wang Z, Poo M, Sun Q. Cloning of Macaque Monkeys by Somatic Cell Nuclear Transfer[J]. Cell, 2018; 174: 245.

[102]Gao S, Chung YG, Williams JW, Riley J, Moley K, Latham KE. Somatic cell-like features of cloned mouse embryos prepared with cultured myoblast nuclei[J]. Biol Reprod, 2003; 69: 48-56.

[103]Hormanseder E, Simeone A, Allen GE, Bradshaw CR, Figlmuller M, Gurdon J, Jullien J. H3K4 Methylation-Dependent Memory of Somatic Cell Identity Inhibits Reprogramming and Development of Nuclear Transfer Embryos[J]. Cell Stem Cell, 2017; 21: 135-143.

[104]Tachibana M, Amato P, Sparman M, Gutierrez NM, Tippner-Hedges R, Ma H, Kang E, Fulati A, Lee HS, Sritanaudomchai H, Masterson K, Larson J, Eaton D, Sadler-Fredd K, Battaglia D, Lee D, Wu D, Jensen J, Patton P, Gokhale S, Stouffer RL, Wolf D, Mitalipov S. Human embryonic stem cells derived by somatic cell nuclear transfer[J]. Cell, 2013; 153: 1228-1238.

[105]Chung YG, Eum JH, Lee JE, Shim SH, Sepilian V, Hong SW, Lee Y, Treff NR, Choi YH, Kimbrel EA, Dittman RE, Lanza R, Lee DR. Human somatic cell nuclear transfer using adult cells[J]. Cell Stem Cell, 2014; 14: 777-780.

[106]Yamada M, Johannesson B, Sagi I, Burnett LC, Kort DH, Prosser RW, Paull D, Nestor MW, Freeby M, Greenberg E, Goland RS, Leibel RL, Solomon SL, Benvenisty N, Sauer MV, Egli D. Human oocytes reprogram adult somatic nuclei of a type 1 diabetic to diploid pluripotent stem cells[J]. Nature, 2014; 510: 533-536.

[107]Yamanaka S, Blau HM. Nuclear reprogramming to a pluripotent state by three approaches[J]. Nature, 2010; 465: 704-712.

[108]Takahashi K, Yamanaka S. Induction of pluripotent stem cells from mouse embryonic and adult fibroblast cultures by defined factors[J]. Cell, 2006; 126: 663-676.

[109]Yu J, Vodyanik MA, Smuga-Otto K, Antosiewicz-Bourget J, Frane JL, Tian S, Nie J, Jonsdottir GA, Ruotti V, Stewart R, Slukvin II, Thomson JA. Induced pluripotent stem cell lines derived from human somatic cells[J]. Science, 2007; 318: 1917-1920.

[110]Gorman GS, Chinnery PF, DiMauro S, Hirano M, Koga Y, McFarland R, Suomalainen A,

Thorburn DR, Zeviani M, Turnbull DM. Mitochondrial diseases[J]. Nat Rev Dis Primers, 2016; 2: 16080.

[111]Deuse T, Wang D, Stubbendorff M, Itagaki R, Grabosch A, Greaves LC, Alawi M, Grunewald A, Hu X, Hua X, Velden J, Reichenspurner H, Robbins RC, Jaenisch R, Weissman IL, Schrepfer S. SCNT-derived ESCs with mismatched mitochondria trigger an immune response in allogeneic hosts[J]. Cell Stem Cell, 2015; 16: 33-38.

[112]Bock C, Kiskinis E, Verstappen G, Gu H, Boulting G, Smith ZD, Ziller M, Croft GF, Amoroso MW, Oakley DH, Gnirke A, Eggan K, Meissner A. Reference Maps of human ES and iPS cell variation enable high-throughput characterization of pluripotent cell lines[J]. Cell, 2011; 144: 439-452.

[113]Nishino K, Toyoda M, Yamazaki-Inoue M, Fukawatase Y, Chikazawa E, Sakaguchi H, Akutsu H, Umezawa A. DNA methylation dynamics in human induced pluripotent stem cells over time[J]. PLoS Genet, 2011; 7: e1002085.

[114]Ma H, Morey R, O'Neil RC, He Y, Daughtry B, Schultz MD, Hariharan M, Nery JR, Castanon R, Sabatini K, Thiagarajan RD, Tachibana M, Kang E, Tippner-Hedges R, Ahmed R, Gutierrez NM, Van Dyken C, Polat A, Sugawara A, Sparman M, Gokhale S, Amato P, Wolf DP, Ecker JR, Laurent LC, Mitalipov S. Abnormalities in human pluripotent cells due to reprogramming mechanisms[J]. Nature, 2014; 511: 177-183.

[115]Merkle FT, Ghosh S, Kamitaki N, Mitchell J, Avior Y, Mello C, Kashin S, Mekhoubad S, Ilic D, Charlton M, Saphier G, Handsaker RE, Genovese G, Bar S, Benvenisty N, McCarroll SA, Eggan K. Human pluripotent stem cells recurrently acquire and expand dominant negative P53 mutations[J]. Nature, 2017; 545: 229-233.

[116]Soufi A, Donahue G, Zaret KS. Facilitators and impediments of the pluripotency reprogramming factors' initial engagement with the genome. Cell, 2012; 151: 994-1004.

[117]Tan W, Proudfoot C, Lillico SG, Whitelaw CB. Gene targeting, genome editing: from Dolly to editors[J]. Transgenic Res, 2016; 25: 273-287.

[118]Ferguson-Smith AC. Genomic imprinting: the emergence of an epigenetic paradigm[J]. Nat Rev Genet, 2011; 12: 565-575.

[119]Netchine I, Rossignol S, Azzi S, Brioude F, Le Bouc Y. Imprinted anomalies in fetal and childhood growth disorders: the model of Russell-Silver and Beckwith-Wiedemann syndromes[J]. Endocr Dev, 2012; 23: 60-70.

[120]Buiting K, Williams C, Horsthemke B. Angelman syndrome - insights into a rare neurogenetic disorder[J]. Nat Rev Neurol 2016; 12: 584-593.

[121]Cassidy SB, Schwartz S, Miller JL, Driscoll DJ. Prader-Willi syndrome[J]. Genet Med,

2012; 14: 10-26.

[122]Ioannides Y, Lokulo-Sodipe K, Mackay DJ, Davies JH, Temple IK. Temple syndrome: improving the recognition of an underdiagnosed chromosome 14 imprinting disorder: an analysis of 51 published cases[J]. J Med Genet, 2014; 51: 495-501.

[123]Mackay DJ, Temple IK. Transient neonatal diabetes mellitus type 1[J]. Am J Med Genet C Semin Med Genet, 2010; 154C: 335-342.

[124]Graves JA, Renfree MB. Marsupials in the age of genomics[J]. Annu Rev Genomics Hum Genet, 2013; 14: 393-420.

[125]Rai A, Cross JC. Development of the hemochorial maternal vascular spaces in the placenta through endothelial and vasculogenic mimicry[J]. Dev Biol, 2014; 387: 131-141.

[126]Tunster SJ, Van de Pette M, John RM. Fetal overgrowth in the Cdkn1c mouse model of Beckwith-Wiedemann syndrome[J]. Dis Model Mech, 2011; 4: 814-821.

[127]Charalambous M, Da RS, Radford EJ, Medina-Gomez G, Curran S, Pinnock SB, Ferron SR, Vidal-Puig A, Ferguson-Smith AC. DLK1/PREF1 regulates nutrient metabolism and protects from steatosis[J]. Proc Natl Acad Sci U S A, 2014; 111: 16088-16093.

[128]Hsu PP, Kang SA, Rameseder J, Zhang Y, Ottina KA, Lim D, Peterson TR, Choi Y, Gray NS, Yaffe MB, Marto JA, Sabatini DM. The mTOR-regulated phosphoproteome reveals a mechanism of mTORC1-mediated inhibition of growth factor signaling[J]. Science, 2011; 332: 1317-1322.

[129]Madon-Simon M, Cowley M, Garfield AS, Moorwood K, Bauer SR, Ward A. Antagonistic roles in fetal development and adult physiology for the oppositely imprinted Grb10 and Dlk1 genes[J]. BMC Biol, 2014; 12: 771.

[130]Madon-Simon M, Cowley M, Garfield AS, Moorwood K, Bauer SR, Ward A. Antagonistic roles in fetal development and adult physiology for the oppositely imprinted Grb10 and Dlk1 genes[J]. BMC Biol, 2014; 12: 771.

[131]van Swieten MM, Pandit R, Adan RA, van der Plasse G. The neuroanatomical function of leptin in the hypothalamus[J]. J Chem Neuroanat, 2014; 61-62: 207-220.

[132]Stern JH, Rutkowski JM, Scherer PE. Adiponectin, Leptin, and Fatty Acids in the Maintenance of Metabolic Homeostasis through Adipose Tissue Crosstalk[J]. Cell Metab, 2016; 23: 770-784.

[133]Howell KR, Powell TL. Effects of maternal obesity on placental function and fetal development[J]. Reproduction, 2017; 153: R97-R108.

[134]Chen M, Shrestha YB, Podyma B, Cui Z, Naglieri B, Sun H, Ho T, Wilson EA, Li YQ, Gavrilova O, Weinstein LS. Gsalpha deficiency in the dorsomedial hypothalamus underlies

obesity associated with Gsalpha mutations[J]. J Clin Invest, 2017; 127: 500-510.

[135]Curley JP, Pinnock SB, Dickson SL, Thresher R, Miyoshi N, Surani MA, Keverne EB. Increased body fat in mice with a targeted mutation of the paternally expressed imprinted gene Peg3[J]. FASEB J, 2005; 19: 1302-1304.

[136]Nikonova L, Koza RA, Mendoza T, Chao PM, Curley JP, Kozak LP. Mesoderm-specific transcript is associated with fat mass expansion in response to a positive energy balance[J]. FASEB J, 2008; 22: 3925-3937.

[137]Van De Pette M, Tunster SJ, McNamara GI, Shelkovnikova T, Millership S, Benson L, Peirson S, Christian M, Vidal-Puig A, John RM. Cdkn1c Boosts the Development of Brown Adipose Tissue in a Murine Model of Silver Russell Syndrome[J]. PLoS Genet, 2016; 12: e1005916.

[138]Thorvaldsen JL, Duran KL, Bartolomei MS. Deletion of the H19 differentially methylated domain results in loss of imprinted expression of H19 and Igf2[J]. Genes & Development, 1998; 12: 3693.

[139]Salozhin SV, Prokhorchuk EB, Georgiev GP. Methylation of DNA — One of the Major Epigenetic Markers[J]. Biochemistry Biokhimiia, 2005; 70: 525-532.

[140]Schoenfelder S, Smits G, Fraser P, Reik W, Paro R. Non-coding transcripts in the H19 imprinting control region mediate gene silencing in transgenic Drosophila[J]. EMBO reports, 2007; 8: 1068-1073.

[141]朱屹然. 下调TRIM28对牛早期胚胎印记甲基化维持的影响研究[J]. 吉林农业大学.

[142]Cowley M, Garfield AS, Madon-Simon M, Charalambous M, Clarkson RW, Smalley MJ, Kendrick H, Isles AR, Parry AJ, Carney S, Oakey RJ, Heisler LK, Moorwood K, Wolf JB, Ward A. Developmental programming mediated by complementary roles of imprinted Grb10 in mother and pup[J]. PLoS Biol, 2014; 12: e1001799.

[143]Cleaton MA, Dent CL, Howard M, Corish JA, Gutteridge I, Sovio U, Gaccioli F, Takahashi N, Bauer SR, Charnock-Jones DS, Powell TL, Smith GC, Ferguson-Smith AC, Charalambous M. Fetus-derived DLK1 is required for maternal metabolic adaptations to pregnancy and is associated with fetal growth restriction[J]. Nat Genet, 2016; 48: 1473-1480.

[144]Humpherys D, Eggan K, Akutsu H, Friedman A, Hochedlinger K, Yanagimachi R, Lander ES, Golub TR, Jaenisch R. Abnormal gene expression in cloned mice derived from embryonic stem cell and cumulus cell nuclei[J]. Proc Natl Acad Sci U S A, 2002; 99: 12889-12894.

[145]Yang L, Chavatte-Palmer P, Kubota C, O'Neill M, Hoagland T, Renard JP, Taneja M, Yang X, Tian XC. Expression of imprinted genes is aberrant in deceased newborn cloned calves

and relatively normal in surviving adult clones[J]. Mol Reprod Dev, 2005; 71: 431-438.

[146]Suzuki JJ, Therrien J, Filion F, Lefebvre R, Goff AK, Smith LC. In vitro culture and somatic cell nuclear transfer affect imprinting of SNRPN gene in pre- and post-implantation stages of development in cattle[J]. BMC Dev Biol, 2009; 9: 9.

[147]Suzuki JJ, Therrien J, Filion F, Lefebvre R, Goff AK, Perecin F, Meirelles FV, Smith LC. Loss of methylation at H19 DMD is associated with biallelic expression and reduced development in cattle derived by somatic cell nuclear transfer[J]. Biol Reprod, 2011; 84: 947-956.

[148]Liu JH, Yin S, Xiong B, Hou Y, Chen DY, Sun QY. Aberrant DNA methylation imprints in aborted bovine clones[J]. Mol Reprod Dev, 2008; 75: 598-607.

[149]Su H, Li D, Hou X, Tan B, Hu J, Zhang C, Dai Y, Li N, Li S. Molecular structure of bovine Gtl2 gene and DNA methylation status of Dlk1-Gtl2 imprinted domain in cloned bovines[J]. Anim Reprod Sci, 2011; 127: 23-30.

[150]Ziller MJ, Gu H, Muller F, Donaghey J, Tsai LT, Kohlbacher O, De Jager PL, Rosen ED, Bennett DA, Bernstein BE, Gnirke A, Meissner A. Charting a dynamic DNA methylation landscape of the human genome[J]. Nature, 2013; 500: 477-481.

[151]Dean W, Santos F, Stojkovic M, Zakhartchenko V, Walter J, Wolf E, Reik W. Conservation of methylation reprogramming in mammalian development: aberrant reprogramming in cloned embryos[J]. Proc Natl Acad Sci U S A, 2001; 98: 13734-13738.

[152]Borsos M, Torres-Padilla ME. Building up the nucleus: nuclear organization in the establishment of totipotency and pluripotency during mammalian development[J]. Genes Dev, 2016; 30: 611-621.

[153]Akiyama T, Suzuki O, Matsuda J, Aoki F. Dynamic replacement of histone H3 variants reprograms epigenetic marks in early mouse embryos[J]. PLoS Genet 2011; 7: e1002279.

[154]Mayne ST, Playdon MC, Rock CL. Diet, nutrition, and cancer: past, present and future[J]. Nat Rev Clin Oncol, 2016; 13: 504-515.

[155]Liu L, Liu Y, Gao F, Song G, Wen J, Guan J, Yin Y, Ma X, Tang B, Li Z. Embryonic development and gene expression of porcine SCNT embryos treated with sodium butyrate[J]. J Exp Zool B Mol Dev Evol, 2012; 318: 224-234.

[156]Isaji Y, Yoshida K, Imai H, Yamada M. An intracytoplasmic injection of deionized bovine serum albumin immediately after somatic cell nuclear transfer enhances full-term development of cloned mouse embryos[J]. J Reprod Dev, 2015; 61: 503-510.

[157]Kim D, Lee IS, Jung JH, Yang SI. Psammaplin A, a natural bromotyrosine derivative from a sponge, possesses the antibacterial activity against methicillin-resistant Staphylococcus aureus and the DNA gyrase-inhibitory activity[J]. Arch Pharm Res, 1999; 22: 25-29.

[158]Kim D, Lee IS, Jung JH, Lee CO, Choi SU. Psammaplin A, a natural phenolic compound, has inhibitory effect on human topoisomerase II and is cytotoxic to cancer cells[J]. Anticancer Res, 1999; 19: 4085-4090.

[159]Sangalli JR, Chiaratti MR, De Bem TH, de Araujo RR, Bressan FF, Sampaio RV, Perecin F, Smith LC, King WA, Meirelles FV. Development to term of cloned cattle derived from donor cells treated with valproic acid[J]. PLoS One, 2014; 9: e101022.

[160]Kim DH, Shin J, Kwon HJ. Psammaplin A is a natural prodrug that inhibits class I histone deacetylase[J]. Exp Mol Med, 2007; 39: 47-55.

[161]Matoba S, Zhang Y. Somatic Cell Nuclear Transfer Reprogramming: Mechanisms and Applications[J]. Cell Stem Cell, 2018; 23: 471-485.

[162]袁苏娅, 姬丽娜, 王勇胜, 曾晓萍, 卿素珠, 张涌. 1例转基因体细胞克隆牛主要脏器的组织病理学观察[J]. 中国兽医学报, 2013; 33: 113-118.

[163]Messerschmidt DM, de Vries W, Ito M, Solter D, Ferguson-Smith A, Knowles BB. TRIM28 is required for epigenetic stability during mouse oocyte to embryo transition[J]. Science, 2012; 335: 1499-1502.

[164]Goll MG, Bestor TH. Histone modification and replacement in chromatin activation[J]. Genes & Developmen,t 2002; 16: 1739-1742.

[165]Strahl BD, Allis CD. The language of covalent histone modifications[J]. Nature, 2000; 403: 41.

[166]Zhang S, Wang F, Fan C, Tang B, Zhang X, Li Z. Dynamic changes of histone H3 lysine 9 following trimethylation in bovine oocytes and pre-implantation embryos[J]. Biotechnol Lett, 2016; 38: 395-402.

[167]Schultz DC, Ayyanathan K, Negorev D, Maul GG, Rauscher FR. SETDB1: a novel KAP-1-associated histone H3, lysine 9-specific methyltransferase that contributes to HP1-mediated silencing of euchromatic genes by KRAB zinc-finger proteins[J]. Genes Dev, 2002; 16: 919-932.

[168]Messerschmidt DM, Knowles BB, Solter D. DNA methylation dynamics during epigenetic reprogramming in the germline and preimplantation embryos[J]. Genes Dev, 2014; 28: 812-828.

[169]Alexander KA, Wang X, Shibata M, Clark AG. TRIM28 controls genomic imprinting through distinct mechanisms during and after early genome-wide reprogramming[J]. Cell Reports, 2015; 13: 1194-1205.

[170]Z A, M C, V R, I B, H K, A S, M G, S L, De Feis I, F C. ZFP57 recognizes multiple and closely spaced sequence motif variants to maintain repressive epigenetic marks in mouse embryonic stem cells[J]. Nucleic Acids Research, 2011; 41: 101-109.

[171]Quenneville S, Verde G, Corsinotti A, Kapopoulou A, Jakobsson J, Offner S, Baglivo I,

Pedone PV, Grimaldi G, Riccio A. In Embryonic Stem Cells, ZFP57/KAP1 Recognize a Methylated Hexanucleotide to Affect Chromatin and DNA Methylation of Imprinting Control Regions[J]. Molecular Cell, 2011; 44: 361.

[172]Duan Q, Chen H, Costa M, Dai W. Phosphorylation of H3S10 blocks the access of H3K9 by specific antibodies and histone methyltransferase. Implication in regulating chromatin dynamics and epigenetic inheritance during mitosis[J]. Journal of Biological Chemistry, 2008; 283: 33585-33590.

[173]王丽君. 牛胚胎早期发育中表观修饰和重编程因子的研究.: 西北农林科技大学; 2013.

[174]Pina IC, Gautschi JT, Wang GY, Sanders ML, Schmitz FJ, France D, Cornell-Kennon S, Sambucetti LC, Remiszewski SW, Perez LB, Bair KW, Crews P. Psammaplins from the sponge Pseudoceratina purpurea: inhibition of both histone deacetylase and DNA methyltransferase[J]. J Org Chem, 2003; 68: 3866-3873.

[175]Baud MG, Leiser T, Haus P, Samlal S, Wong AC, Wood RJ, Petrucci V, Gunaratnam M, Hughes SM, Buluwela L, Turlais F, Neidle S, Meyer-Almes FJ, White AJ, Fuchter MJ. Defining the mechanism of action and enzymatic selectivity of psammaplin A against its epigenetic targets[J]. J Med Chem, 2012; 55: 1731-1750.

[176]Costa-Borges N, Santalo J, Ibanez E. Comparison between the effects of valproic acid and trichostatin A on the in vitro development, blastocyst quality, and full-term development of mouse somatic cell nuclear transfer embryos[J]. Cell Reprogram, 2010; 12: 437-446.

[177]Garcia J, Franci G, Pereira R, Benedetti R, Nebbioso A, Rodriguez-Barrios F, Gronemeyer H, Altucci L, de Lera AR. Epigenetic profiling of the antitumor natural product psammaplin A and its analogues[J]. Bioorg Med Chem, 2011; 19: 3637-3649.

[178]Mallol A, Santalo J, Ibanez E. Psammaplin a improves development and quality of somatic cell nuclear transfer mouse embryos[J]. Cell Reprogram, 2014; 16: 392-406.

[179]Mallol A, Pique L, Santalo J, Ibanez E. Morphokinetics of cloned mouse embryos treated with epigenetic drugs and blastocyst prediction[J]. Reproduction, 2016; 151: 203-214.

[180]Boiani M, Eckardt S, Scholer HR, McLaughlin KJ. Oct4 distribution and level in mouse clones: consequences for pluripotency[J]. Genes Dev, 2002; 16: 1209-1219.

[181]Wongsrikeao P, Nagai T, Agung B, Taniguchi M, Kunishi M, Suto S, Otoi T. Improvement of transgenic cloning efficiencies by culturing recipient oocytes and donor cells with antioxidant vitamins in cattle[J]. Mol Reprod Dev, 2007; 74: 694-702.

[182]Kere M, Siriboon C, Lo NW, Nguyen NT, Ju JC. Ascorbic acid improves the developmental competence of porcine oocytes after parthenogenetic activation and somatic cell nuclear transplantation[J]. J Reprod Dev, 2013; 59: 78-84.